全国高等职业教育"十三五"规划教材

液压与气动技术学习指南

主　编　李新德
副主编　李景辉　　韩祥凤　　牛晓敏　　王　丽
参　编　黄　蓓　　张凤莉　　王桂林　　郭君霞

机械工业出版社

本书是与《液压与气动技术》配套使用的辅助教材，全书内容设置与主教材同步，具有内容丰富、新颖实用、设问合理、回答简明，以及系统性、先进性、知识性和实用性的特点。

本书采用一问一答的形式，通过对液压与气动技术学习和使用中常见的基本概念和可能遇到的一些问题进行解释和说明，重点介绍了液压与气动技术的基本知识和在设计制造、安装调试及使用维护中遇到的实际问题的处理方法。本书能够帮助学生在今后使用液压设备过程中降低故障率、缩短停机时间、降低维修成本、提高生产效率。

本书适合高职高专院校机械类、近机械类专业的学生使用，也可供从事液压与气动设备管理、操作和维修的人员参考。

图书在版编目（CIP）数据

液压与气动技术学习指南/李新德主编 . —北京：机械工业出版社，2018.1

全国高等职业教育"十三五"规划教材

ISBN 978-7-111-59851-0

Ⅰ.①液… Ⅱ.①李… Ⅲ.①液压传动—高等职业教育—教材 ②气压传动—高等职业教育—教材 Ⅳ.①TH137 ②TH138

中国版本图书馆 CIP 数据核字（2018）第 088309 号

机械工业出版社（北京市百万庄大街22号 邮政编码100037）
策划编辑：曹帅鹏 责任编辑：曹帅鹏 程足芬
责任校对：郑 婕 责任印制：常天培
北京铭成印刷有限公司印刷
2018 年 7 月第 1 版第 1 次印刷
184mm×260mm·13 印张·312 千字
0001—3000 册
标准书号：ISBN 978-7-111-59851-0
定价：39.00 元

前言

液压与气动技术在机床、冶金、工程机械、矿山机械、塑料机械、农林机械、汽车、船舶、航空航天、建筑机械、食品机械、医疗机械、自动化生产线等行业得到了广泛的应用和发展，已成为包括传动、控制和检测在内的一种完整的自动控制技术，在国民经济和国防建设中的地位和作用十分重要。为了保证学生学习"液压与气动技术"的质量，特编写与《液压与气动技术》教材配套使用的本书，帮助读者学习，提高读者的学习效果。本书能够帮助读者在今后液压设备使用过程中降低故障率、缩短停机时间、降低维修成本、提高生产率。

本书是编者在长期从事液压与气动设备教学、科研、维修工作，总结工程实践经验基础上，结合在与同行们共同交流、讨论中获得的宝贵经验，同时广泛搜集资料编写而成的。本书采用一问一答的形式，通过对液压与气动技术中常见的基本概念和可能遇到的一些问题的解释和说明，重点介绍了液压与气动技术的基本知识和设计制造、安装调试及使用维护中实际问题的处理方法。全书内容设置与主教材学习同步，内容丰富、新颖实用、设问合理、回答简明，具有系统性、先进性、知识性和实用性的特点。

本书由李新德担任主编，并负责本书的统稿工作，由李景辉、韩祥凤、牛晓敏、王丽担任副主编。

由于编者的水平有限，书中难免有疏忽和不当之处，恳请各位读者多提一些宝贵的意见和建议。

编　者

目录

项目1

液压传动技术的认知

 1-1　什么是液压传动？什么是液力传动？

液体传动是以液体（油、合成液体）作为工作介质，利用液体的压力能来进行能量传递的传动方式，它包括液压传动和液力传动。液力传动是主要利用非封闭状态下液体的动能或位能来进行工作的传动方式（如离心泵、液力变矩器等）；液压传动是主要利用密闭系统中的受压液体来传递运动和动力的传动方式。

 1-2　液压传动有哪些优缺点？

与机械传动和电力拖动系统相比，液压传动具有以下优点：

1）液压元件的布置不受严格的空间位置限制，系统中各部分用管道连接，布局安装有很大的灵活性，能构成用其他方法难以组成的复杂系统。

2）可以在运行过程中实现大范围的无级调速，调速范围可达2000∶1。

3）液压传动和液气联动传递运动均匀平稳，易于实现快速起动、制动和频繁的换向。

4）操作控制方便、省力，易于实现自动控制、中远程距离控制以及过载保护。液压传动可与电气控制、电子控制相结合，易于实现自动工作循环和自动过载保护。

5）液压元件属于机械工业基础件，标准化、系列化和通用化程度较高，有利于缩短机器的设计、制造周期和降低制造成本。

除此之外，液压传动突出的优点还有单位质量输出功率大。因为液压传动的动力元件可采用很高的压力（一般可达32MPa，个别场合更高），因此，在同等输出功率下具有体积小、质量小、运动惯性小、动态性能好的特点。

液压传动的缺点如下：

1）在传动过程中，能量需经两次转换，传动效率偏低。

2）由于传动介质的可压缩性和泄漏等因素的影响，不能严格保证定比传动。

3）液压传动性能对温度比较敏感，不能在高温下工作，采用石油基液压油作传动介质时还需注意防火问题。

4）液压元件制造精度高，系统工作过程中发生故障不易诊断。

总得来说，液压传动的优点是主要的，其缺点将随着科学技术的发展会不断得到克服。例如，将液压传动与气压传动、电力传动、机械传动合理地联合使用，构成气液、电液（气）、机液（气）等联合传动，以进一步发挥各自的优点，相互补充，弥补某些不足之处。

1-3 液压传动的基本原理是什么?

可以归纳出液压传动工作原理如下:

1) 液压传动是以液体(液压油)作为传递运动和动力的工作介质。

2) 液压传动经过两次能量转换,先把机械能转换为便于输送的液体压力能,然后把液体压力能转换为机械能对外做功。

3) 液压传动是依靠密封容积(或密封系统)内容积的变化来传递能量的。

 1-4 液压传动系统由哪些部分组成? 图形符号有哪些?

以图 1-1 所示组合机床工作台液压传动系统为例说明其组成。

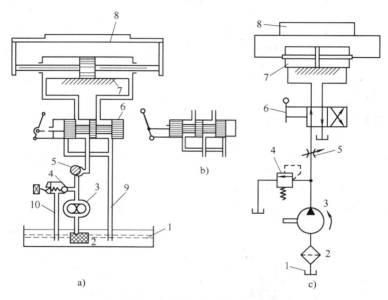

图 1-1 典型液压系统原理图

a) 典型液压系统原理结构示意图 b) 阀6阀芯位置的改变 c) 典型液压系统原理图形符号图

1—油箱 2—过滤器 3—液压泵 4—溢流阀 5—流量控制阀 6—换向阀 7—液压缸 8—工作台 9、10—管道

液压泵 3 由电动机驱动旋转,从油箱 1 中吸油,经过滤器 2 后被液压泵吸入并输出给系统。当换向阀 6 阀芯处于图 1-1a 所示位置时,液压油经流量控制阀 5、换向阀 6 和管道进入液压缸 7 的左腔,推动活塞向右运动。液压缸右腔的油液经管道、换向阀 6、管道 9 流回油箱。改变换向阀 6 阀芯的工作位置,使之处于左端时,如图 1-1b 所示,液压缸活塞反向运动。

工作台的移动速度是通过流量控制阀来调节的。阀口开大时,进入缸的流量较大,工作台的速度较快;反之,工作台的速度较慢。为适应克服大小不同阻力的需要,泵输出油液的压力应当能够调整。工作台低速移动时,流量控制阀开口小,泵输出多余的油液经溢流阀 4 和管道 10 流回油箱,调节溢流阀弹簧的预压力,就能调节泵输出口的油液压力。

从上面的例子可以看出,液压传动系统主要由以下五部分组成:

1) 动力元件。将机械能转换成流体压力能的装置。常见的是液压泵,为系统提供液压油液，如图 1-1 中的液压泵 3。

2）执行元件。将流体的压力能转换成机械能输出的装置。它可以是做直线运动的液压缸，也可以是做回转运动的液压马达、摆动缸，如图 1-1 中的液压缸 7。

3）控制元件。对系统中流体的压力、流量及流动方向进行控制和调节的装置，以及进行信号转换、逻辑运算和放大等功能的信号控制元件，如图 1-1 中的溢流阀、节流阀和换向阀。

4）辅助元件。保证系统正常工作所需的上述三种以外的装置，如图 1-1 中的过滤器、油箱和管件。

5）工作介质。用它进行能量和信号的传递。液压系统以液压油作为工作介质。

图 1-1a 和图 1-1b 中的各个元件是半结构式图形画出来的，直观性强，易理解，但难于绘制，元件多时更是如此。在工程实际中，除某些特殊情况外，一般都用简单的图形符号绘制，如图 1-1c 所示。图形符号只表示元件的功能，不表示具体结构和参数。国家标准 GB/T 786.1—2009 中规定了液压与气动元（辅）件图形符号。每一类元件的图形符号都要求熟记。

 1-5　液压系统元件总体布局如何？

液压系统元件的总体布局分为四部分：执行元件、液压油箱、液压泵装置及液压控制装置。液压油箱装有过滤器、液面指示器和清洗孔等。液压泵装置包括不同类型的液压泵、驱动电动机及它们之间的联轴器等。液压控制装置是指组成液压系统的各阀类元件及其连接体。除执行元件外，液压系统元件的连接形式有集中式（液压站）和分散式。

 1-6　我国液压传动技术的发展状况如何？

液压与气压传动相对于机械传动来说是一门新兴技术。从 1795 年世界上第一台水压机诞生起，已有几百年的历史，但液压与气压传动在工业上被广泛采用和有较快的发展是在 20 世纪中期以后。液压技术已渗透到很多领域，不断在民用工业、在机床、工程机械、冶金机械、塑料机械、农林机械、汽车、船舶等行业得到广泛的应用和发展，而且发展成为包括传动、控制和检测在内的一门完整的自动化技术。现今，采用液压传动的程度已成为衡量一个国家工业水平的重要标志之一。如发达国家生产的 95% 的工程机械、90% 的数控加工中心、95% 以上的自动线都采用了液压传动技术。

近年来，我国液压气动密封行业坚持技术进步，加快新产品开发，取得了良好的成效，涌现出一批各具特色的高新技术产品。北京机床研究所的直动式电液伺服阀、杭州精工液压机电制造有限公司的低噪声比例溢流阀（拥有专利）、宁波华液机器制造有限公司的电液比例压力流量阀（已申请专利），均为机电一体化的高新技术产品，并已投入批量生产，取得了较好的经济效益。北京华德液压工业集团有限公司的恒功率变量柱塞泵，填补了国内大排量柱塞泵的空白，适用于冶金、锻压、矿山等大型成套设备的配套。天津特精液压股份有限公司的三种齿轮泵，具有结构新颖、体积小、耐高压、噪声低、性能指标先进等特点。榆次液压有限公司的高性能组合齿轮泵，可广泛用于工程、冶金、矿山机械等领域。另外，还有广东广液集团有限公司的高压高性能叶片泵、宁波永华液压器材有限公司的超高压软管总成、无锡气动技术研究所有限公司为各种自控设备配套的 WPI 新型气缸系列都是很有特色的新产品。

为应对我国加入世界贸易组织（WTO）后的新形势，我国液压行业各企业加速科技创新，不断提升产品市场竞争力，一批优质产品成功地为国家重点工程和重点主机配套，取得了较好的经济效益和社会效益。

天津市精研工程机械传动有限公司的天然气输送管道生产线液压设备是国家西气东输工程的配套设备；慈溪博格曼密封材料公司的高温高压 W 型缠绕垫片，现已成功地用于加氢裂化装置上；大连液压有限公司和山西长治液压有限公司的转向叶片泵，是中、重型汽车转向系统中的关键部件，目前两个厂的年产量已达 10 万台以上；青岛基珀密封工业有限公司的新型组合双向密封和大型防泥水油封分别为一汽解放牌 9t 车和一拖拖拉机配套的密封件；此外天津特精液压股份有限公司的静液压传动装置和多路阀、湖州生力液压有限公司的多功能滑阀、威海气动元件有限公司的组合调压阀的空气减压阀、贵州枫阳液压有限责任公司的液压泵站和液压换挡阀等，都深受用户的好评。

液压传动产品等在国民经济和国防建设中的地位和作用十分重要。它的发展决定了机电产品性能的提高。它不仅能最大限度满足机电产品实现功能多样化的必要条件，也是完成重大工程项目、重大技术装备的基本保证，更是机电产品和重大工程项目和装备可靠性的保证。所以，液压传动产品的发展是实现生产过程自动化、工业自动化不可缺少的重要手段。

我国拥有具有一定生产能力和技术水平的生产科研体系。尤其是近十年来基础产品工业得到了国家的支持，装备水平有所提高，目前已能生产品种规格齐全的液压产品，已能为汽车、工程机械、农业机械、机床、注射机、冶金矿山、发电设备、石油化工、铁路、船舶、港口、轻工、电子、医药以及国防工业提供品种齐全的产品。通过科研攻关和产学研相结合，在液压伺服比例系统和元件等方面的成果已用于生产；在产品 CAD 和 CAT 等方面已取得可喜的进展，并得到了广泛应用。在国内建立了不少独资、合资企业，在提高我国行业技术水平的同时，为主机提供了急需的高性能和高水平产品，填补了国内空白。

虽然液压系统取得了一定的成果，但和目前国内的需求和国外先进水平相比还有较大差距，包括产品趋同化、构成不合理、性能低、可靠性差、创新和自我开发能力弱、自行设计水平低。

我国与国外先进水平的差距具体表现在产品水平、产品体系与市场需求存在较大的结构性矛盾。我国用户对产品的要求各异，各种高品质、高性能的液压元件市场需求量很大，而大部分国内企业所能提供的产品，无论在档次上还是种类上，都还远远不能满足这些需求。因此，国外产品在国内市场占得了一席之地。这表明，在市场丰富多样的需求面前，国内液压行业现有产品体系的结构性过剩与结构性短缺两个矛盾同时并存，也表明我国在产品的多样性、层次分布性和市场适应性等方面亟待调整和改善。我国企业在产品更新、装备改造等方面的投入能力不足。

 1-7　液压传动技术主要的发展趋势如何？

1. 减少能耗，充分利用能量

1）减少压力能的损失。减少元件和系统的内部压力损失，以减少功率损失。采用集成化回路和铸造流道，可减少管道损失和漏油损失。

2）减少节流损失，尽量不采用节流系统来调节流量和压力。

3）采用静压技术和新型密封材料，以减少摩擦损失。

4）改善液压系统性能。

2. 泄漏控制

泄漏控制是提高液压传动和电气、机械传动竞争能力的一个重要课题，主要包括两个方面：一是防止液体泄漏到外部造成环境污染；二是防止外部环境对系统的侵害。

控制泄漏采取的措施有：发展无泄漏元件和系统；发展集成化和复合化的元件和系统，实现无管连接，研制新型密封和无泄漏管接头，使用电动机和泵的组合装置（电动机转子中间装有泵，以减少泵轴封的漏油）。

注意解决系统的密封问题，如隔离式油箱，设计新型的活塞杆防护装置等。

3. 污染控制

1）发展封闭式密封系统。防止灰尘、污物、空气、化学物品侵入系统。建立有关保证元件清洁度的技术规范和研究经济有效的清洗方法。

2）改进元件设计，使之具有更大的耐污染能力，允许元件和系统承受各种污染物的侵蚀。

3）发展耐污染能力强的高效过滤材料和过滤器。

4）开发油水分离净化装置、排湿装置以及清除油液中气泡的过滤器，以清除油中所含的气体和水分。

5）发展新的污染检测方法，对污染物进行在线测量。

4. 主动维护

发现有故障苗头时，预先进行维修，清除故障隐患，避免恶性事故的发生。液压系统故障诊断现代化，加强专家系统的研究，开发液压系统故障诊断专家系统通用工具软件。开发液压系统自补偿系统，包括自调整、自润滑、自校正，在故障发生之前，进行自补偿，是液压行业努力的方向。

5. 机电一体化

1）电液伺服比例技术的应用将不断扩大。压力、流量、位置、温度、速度、加速度等传感器应实现标准化。计算机接口也应实现统一和兼容。

2）液压系统的流量、压力、温度、油的污染等数值将实现自动测量和诊断，由于计算机的价格降低，监控系统，包括集中监控和自动调整系统将得到发展。

3）计算机仿真标准化，特别对高精度、"高级"系统更加有此要求。

4）电子直接控制液压泵，采用通用的标准化调节机构，改变电子控制器的程序，即可实现泵的各种调节方式。

5）提高液压元件性能，适应机电一体化需求。发展内藏式传感器以及带有计算机和自我管理机能（故障诊断、故障排除）的智能化液压元件。

6. 计算机技术的应用

1）充实现有的液压CAD设计软件，进行二次开发，要集中液压专家的经验和智慧，建立知识库信息系统，它将构成设计—制造—销售—使用—设计的闭式循环。

2）将计算机的仿真及实时控制结合起来，将模型放入"硬"件系统中，借此在建造实际样机之前，便可在软件里修改其特性参数，以达到最佳设计结果。

3）长远的目标：利用CAD技术全面开发液压产品，从概念设计、外观设计、性能设

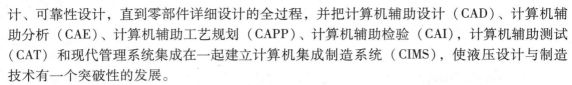
计、可靠性设计，直到零部件详细设计的全过程，并把计算机辅助设计（CAD）、计算机辅助分析（CAE）、计算机辅助工艺规划（CAPP）、计算机辅助检验（CAI），计算机辅助测试（CAT）和现代管理系统集成在一起建立计算机集成制造系统（CIMS），使液压设计与制造技术有一个突破性的发展。

4）紧密与高新技术结合，特别是微电子技术、计算机技术、传感器技术等。

7. 可靠性和性能稳定性继续提高

1）新材料、新工艺、新结构的不断引入，诸如工程塑料、复合材料、精细陶瓷、低阻耐磨材料、高强度轻合金以及记忆合金等新一代材料将逐步进入实用阶段。普遍减少由于黏附擦伤、气蚀而引起的损伤。

2）系统可靠性设计理论将成熟并普及应用。合理地进行元器件选择匹配，尽可能地对可以预见的诸因素进行全面分析，最大限度地消除诱发故障的潜在因素，成为系统设计中必不可少的可靠性设计内容。

3）强化、完善系统介质的过滤技术。研究证明：大于间隙的微粒进入是产生磨损的根本原因。不断强化和完善过滤技术是延长元器件使用寿命，保证系统可靠、稳定工作的根本措施。

通过采用高精度过滤器（$1 \sim 3 \mu m$）和玻璃纤维等新材料、新结构的过滤器，可以有效提高纳垢容量，降低淤积程度，增强过滤效率。

8. 增强对工作环境的适应性

（1）高度重视能耗控制技术　随着压力的提高，能耗控制更加重要，这与液压技术的进一步发展前景问题息息相关。

（2）进一步降低工作噪声　降噪、隔噪结构并用的泵电动机全封闭式动力组合，可望取得降噪的优良效果。系统降噪的关键是提高设计水平，引入动态设计概念。当然，研究减冲击、无冲击、动作时间可调的电磁切换是很有必要的。

（3）改善代用介质的性能及其适应性研究

1）目前已被证明在一定条件下可用的环保介质有天然酯或合成酯及植物油两大类。以菜油为代表的植物油类较为理想，这是一种有应用前景的环保介质。

2）水基介质是一种十分有前途的抗燃介质，包括水-乙二醇、水油乳化液、高水基介质（HWBF）等。此类介质可提高稳定性和重要的品质指标，可以逐步推广应用。国际上还在继续开发其他高品质抗燃介质，如抗燃性极好的三氟氯乙烯（CTFE）已在军事装备中得到应用。

3）电流变液体是一种固体粒子与基础液体混合的两相悬浮液。在电场作用下，它具有可灵敏控制的液固态之间相互迅速转换的电流变效应。实现了以电流变液体为介质的控制，流动阻抗可以直接感受电场信号而调节变化，这种具备特有性质的液体一旦研究成熟，将会引起液压技术一场重大的变革。

4）材质适应性研究是代用介质、新兴介质使用过程中，不可回避的技术问题。首先是密封材料，还有最适宜的摩擦副材料等，需要进行大量耗时的试验，选择寻求相容性好的材料，摈弃不能用的材料。

（4）发展横向派生系列产品　连接尺寸标准化，核心零件通用化，发展横向派生系列产品是满足各种环境下，市场不同层次的多样化需求的有效办法。例如同规格的电磁阀，除基型外，可以派生高压、高速、低能耗、低噪、无冲击、适合水基介质用等系列的品种，任由用户选用。

9. 高度集成化，提高元器件的功能密度

（1）单功能元件的组合向多功能元件发展　仅仅改变分离式元件阀体外形，按功能需要组合成的集成式多功能元器件是集成化的初级形式。从工作原理看仍然与分离元件类似，如叠加阀块等，其组合程度和结构紧凑性受到很大限度。

多功能阀是着眼于功能核心部分阀芯的彻底改造，利用压力、压差、流量信号的变化，通过不同部分的相对运动来实现不同的功能。外形类似于单功能元器件，因此能使结构高度紧凑。如用于工程机械闭式泵——马达系统的一种多功能阀，能够完成单向补油、高压溢流、旁路和压力释放四种功能。

（2）集成器件子系统化　以具有代表性功能为目标而组成的集成化器件，或是具有一定的功能灵活性，甚至包括能量转换元件泵或缸等，具有较强的通用性。使用者只需连上执行机构或动力源，就能组成性能优良的系统，极大地方便了用户。这种模块式子系统化的集成器件，使得系统和元器件的界线日益模糊，有利于提高用户的技术水平。

由阀芯、阀套、弹簧构成的插装阀核心组件是高度简化、通用性极强的结构形式，只需配备适当的先导控制元件和阀体、阀套部分就能形成各种液压系统。显然，这比用成熟的单一功能常规元件连接成系统涉及的技术问题更多。因此只有制造厂家本身把技术含量高的部分承担起来，才能发展相对独立、有一定灵活性的功能块。

以泵为核心的动力源集成子系统，以液压马达或缸为核心的集成子系统，甚至包括电动机、泵、缸在内的结构十分紧凑的整体式液压动力装置等，均以各具特色的形式逐步问市。

（3）强化电子部分，开发智能型一体化器件　集成电路的发展使得弱电控制部分逐步从控制柜中移出，包括 A/D、D/A 转换、整流、放大电路等，直接集成于液压元器件内，形成功能密度极高的一体化器件，便于直接与计算机接口相连。把小型微处理器集成于泵控制电路中，在操纵指令和比例阀间加设智能电子器件，不仅可实现各种灵活的调节方式，而且可使它们能够修正人为控制信号，实现合理分配功率，自动保持最佳工作状态，实现软起动和制动等附加智能功能。

10. 发展轻小型器件和微型液压技术

鉴于航天、航空、潜艇、轿车、机器人、医用器械等特殊应用部门对液压技术的需求不断增加，它们共同的特点是安装空间狭小，需求低附加质量、高功率密度、响应频带宽，速度快，只有大力发展轻、小、微型液压技术，才能满足这种对液压技术的挑战和苛求。

（1）提高轻小型器件的功率密度　小型叠加阀、小通径（6mm、10mm）螺纹式插装阀均已先后问世。插装阀原来只是用于大流量的一种阀类，如今已突破不小于 16mm 通径的界限，而且压力级别不断提高，有望达到 50MPa 以上。用少数几种零件就可组成结构紧凑、可靠性高的各种轻小型高功率密度的油路块，且使用很方便。

（2）微型液压技术领域的开发　微型液压技术领域中的问题采用常规的结构和方式已不能解决，它将面临结构材料、工艺、装配、检验等一系列有待研究解决的新课题。

综上所述，为适应机械产品向高性能、高精度和自动化方向发展的需要，液压产品的主要发展方向是：节省能耗，提高效率；提高控制性能，以适应机电一体化的发展；提高可靠性、寿命、安全性和维修性；适应环境保护（降低噪声和振动、无泄漏）。

项目2
液压传动基础

2-1 什么是液压油？为什么要了解液压油的主要物理性质？

液压油是液压传动与控制系统中用来传递能量的工作介质，同时具有润滑、密封、冷却和防锈的作用。液压油通常由深度精制的石油润滑油或合成润滑油加入抗磨和抗氧剂等调制而成。液压油广泛用于机床、矿山工程机械、农业机械、交通运输机械、航空航天等方面。

液压传动是以液压油（通常为矿物油）作为工作介质来传递动力和信号的。因此液压油质量（物理、化学性能）的优劣，尤其是力学性能对液压系统工作的影响很大。所以，在研究液压系统时，必须对所用的液压油及其性能进行较深入的了解，以便进一步理解液压传动的基本原理。

2-2 什么是液体的密度？

单位体积液体的质量称为该液体的密度，即

$$\rho = \frac{m}{V} \tag{2-1}$$

式中　V——体积，单位为 m^3；

　　　m——体积为 V 的液体的质量，单位为 kg；

　　　ρ——液体的密度，单位为 kg/m^3。

密度是液体一个重要的物理量参数。随着温度或压力的变化，液体的密度也会发生变化，但变化量一般很小，可以忽略不计。一般液压油的密度为 $900kg/m^3$。

2-3 什么是液体的黏性？

液体在外力作用下流动时，液体分子间内聚力会阻碍分子间的相对运动而产生一种内摩擦力，这一特性称为液体的黏性。黏性是液体的重要物理特性，也是选择液压油的依据。

由于液体在外力作用下才有黏性，因此液体在静止状态下是不呈现黏性的。液体黏性的大小用黏度来表示。

2-4 液压油的黏性用什么来衡量？

液压油的黏性高低用液体的黏度来衡量。常用的黏度有三种，即动力黏度、运动黏度和相对黏度。一般提到油的牌号实际是运动黏度。

2-5 什么是动力黏度？

在我国法定计量单位制及 SI 制中，动力黏度 μ 的单位是 $Pa \cdot s$ 或 $N \cdot s/m^2$。

在 CGS 制中，μ 的单位为 $dgn \cdot s/cm^2$（达因·秒/厘米^2），又称为 P（泊），其换算关系如下：

$$1Pa \cdot s = 10P = 10^3 cP$$

 2-6 什么是运动黏度？

动力黏度 μ 和该液体密度 ρ 之比，称为运动黏度，即

$$v = \frac{\mu}{\rho} \tag{2-2}$$

运动黏度 v 没有明确的物理意义。因为在其单位中只有长度和时间的量纲，所以称为运动黏度。它是工程实际中经常用到的物理量。

在我国法定计量单位制及 SI 制中，运动黏度 v 的单位是 m^2/s。

在 CGS 制中，v 的单位是 cm^2/s，通常称为 St（斯）。1St（斯）= 100cSt（厘斯）。两种单位制的换算关系为

$$1m^2/s = 10^4 St = 10^6 cSt$$

就运动黏度的物理意义来说，v 并不是一个黏度的量，但工程中常用它来表示液体的黏度。例如，液压油的牌号，就是这种油液在 40℃ 时运动黏度 v（mm^2/s）的平均值，如 L-AN32 液压油就是指这种液压油在 40℃ 时运动黏度的平均值为 $32mm^2/s$。

 2-7 什么是相对黏度？

相对黏度又称条件黏度，它是采用特定的黏度计在规定的条件下测出来的液体黏度。根据测量条件的不同，各国采用的相对黏度的单位也不同。中国、德国及苏联等国家采用恩氏黏度（$°E_t$），美国采用赛氏黏度（SSU），英国采用雷氏黏度（R）等。

恩氏黏度由恩氏黏度计测定，即将 200mL 被测液体装入底部有 $\phi2.8mm$ 小孔的恩氏黏度计的容器中；在某一特定温度 t（℃）时，测定液体在自重作用下流过小孔所需的时间 t_1 和同体积的蒸馏水在 20℃ 时流过同一小孔所需的时间 t_2 之比值，便是该液体在 t℃ 时的恩氏黏度。恩氏黏度用符号 $°E_t$ 表示

$$°E_t = \frac{t_1}{t_2} \tag{2-3}$$

工业上常用 20℃、50℃、100℃ 作为测定恩氏黏度的标准温度，由此而得来的恩氏黏度分别用 $°E_{20}$、$°E_{50}$ 和 $°E_{100}$ 表示。

恩氏黏度和运动黏度的换算关系可以查询手册或相关书籍。

 2-8 什么是调和油的黏度？

选择合适黏度的液压油，对液压系统的工作性能有十分重要的作用。有时现有的油液黏度不能满足要求，可把同一型号两种黏度不同的油按适当的比例混合起来使用，称为调和油。当油液产品的黏度不符合要求时，调和油的黏度可用下面的经验公式计算：

$$\degree E = \frac{\alpha_1 \degree E - \alpha_2 \degree E_2 - c(\degree E_1 - \degree E_2)}{100}$$

式中　$\degree E_1$、$\degree E_2$——混合前后两种油液的恩氏黏度，取 $\degree E_1 > \degree E_2$；

　　　$\degree E$——混合后调和油的恩氏黏度；

　　　α_1、α_2——两种油液各占的体积分数（$\alpha_1 + \alpha_2 = 100\%$）；

　　　c——实验系数，见表 2-1。

表 2-1　系数 c 的数值

a	10	20	30	40	50	60	70	80	90
b	90	80	70	60	50	40	30	20	10
c	6.7	13.1	17.9	22.1	25.5	27.9	28.2	25	17

2-9　黏度随温度是如何变化的？

温度对油液的黏度影响很大，当油液温度升高时，其黏度显著下降。油液黏度的变化直接影响液压系统的性能和泄漏量，因此希望黏度随温度的变化越小越好。不同的油液有不同的黏度温度变化关系，这种关系称为油液的黏温特性。

液体的黏温特性常用黏度指数 VI 来度量。VI 表示该液体的黏度变化的程度与标准油液的黏度变化程度之比。通常在各种工作介质的质量标准中都给出黏度指数。黏度指数高，说明黏度随温度的变化小，其黏温特性好。一般要求工作介质的黏度指数应在 90 以上，优异的在 100 以上。几种常见工作介质的黏度指数见表 2-2。几种国产油液黏温图如图 2-1 所示。

表 2-2　常见工作介质的黏度指数

介质种类	黏度指数 VI	介质种类	黏度指数 VI
通用液压油 L-HL	90	高含水液压油 L-HFA	130
抗磨液压油 L-HM	95	油包水乳化液 L-HFB	130~170
低温液压油 L-HV	130	水-乙二醇液 L-HFC	140~170
高黏度液压油 L-HR	160	磷酸酯液 L-HFDR	130~180

2-10　黏度随压力是如何变化的？

压力对油液的黏度也有一定的影响。压力越高，分子间的距离越小，因此黏度变大。不同的油液有不同的黏度压力变化关系。这种关系称为油液的黏压特性。

在液压系统中，若系统的压力不高，压力对黏度的影响较小，一般可以忽略不计。当压力较高或压力变化较大时，则压力对黏度的影响必须考虑。

2-11　什么是液体的可压缩性？影响液体可压缩性的因素有哪些？

液体受压力的作用而发生体积减小变化称为液体的可压缩性。

液压油中混入空气时，其可压缩性将显著增加，并将严重影响液压系统的工作性能。因此在液压系统中尽量减少油液中混入的气体及其他挥发性物质（如汽油、煤油、乙醇和苯等）的含量。可压缩性用体积压缩系数 k 表示，并定义为单位压力变化下的液体体积的相对

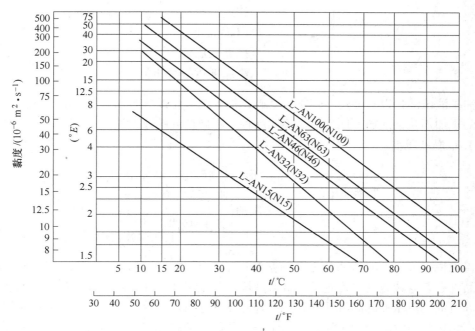

图 2-1 几种国产油液黏温图

变化量。设体积为 V_0 的液体，其压力变化量为 Δp，液体体积减少 ΔV，则

$$k = -\frac{1}{\Delta p}\frac{\Delta V}{V_0} \tag{2-4}$$

体积压缩系数 k 的单位为 m^2/N。由于压力增大时液体的体积减小，因此，式（2-4）等号的右边必须加负号，以使 k 值为正值。液体的可压缩性很小，在很多情况下可以忽略不计。但受压液体体积较大或进行液压系统动态分析时，必须考虑液体的可压缩性。常用液压油的体积压缩系数 $k=(5\sim7)\times10^{-10}m^2/N$。

液体的体积压缩系数 k 的倒数称为液体的体积弹性模数，用 K 表示，即

$$K = \frac{1}{k} = -\frac{\Delta p V_0}{\Delta V} \tag{2-5}$$

液压油的体积弹性模数为 $(1.4\sim1.9)\times10^9N/m^2$。

 2-12 液压油液除黏性和可压缩性外，还有哪些特性？

液压油液还有一些其他的物理化学性质，如抗燃性、抗氧化性、抗凝性、抗泡沫性、抗乳化性、防锈性、润滑性、导热性、稳定性以及相容性（主要指对密封材料、软管等不侵蚀、不溶胀的性质）等，这些性质对液压系统的工作性能有重要影响。对于不同品种的液压油，这些性质的指标是不同的，具体应用时可查油类产品手册。

2-13 液压油是如何分类的？液压油有哪些类型？

液压油的分类方法很多，常用的有以下两种分类：
（1）石油基液压油

$$石油基液压油\begin{cases}普通液压油\\汽轮机油\\抗磨液压油\\高黏度指数液压油\end{cases}$$

石油基液压油是以石油的精炼物为基础，加入抗氧化或抗磨剂等混合而成的液压油，加入不同的添加剂就会形成不同性能、不同品种、不同精度的液压油。

（2）难燃液压油

$$难燃液压油\begin{cases}合成液压油——磷酸酯液压油\\含水液压油\begin{cases}水-乙二醇液压油\\乳化液\begin{cases}油包水乳化液\\水包油乳化液\end{cases}\end{cases}\end{cases}$$

总得来说，可以把液压油分为石油基液压油（矿油型）和难燃液压油。石油基液压油的主要品种有普通液压油、汽轮机油抗磨液压油、低温液压油、高黏度指数液压油和液压导轨油等。石油基液压油的润滑性和防锈性好，黏度等级范围也较宽，因而在液压系统中应用很广。汽轮机油是汽轮机专用油，常用于一般液压传动系统中。普通液压油的性能可以满足液压传动系统的一般要求，广泛适用于在常温下工作的中低压系统。抗磨液压油、低温液压油、高黏度指数液压油、液压导轨油等，专用于相应的液压系统中。矿油型液压油具有可燃性，为了安全起见，在一些高温、易燃、易爆的工作场合，常用水包油、油包水等乳化液，或水-乙二醇、磷酸酯等合成液。

 2-14　什么是合成液压油？

合成液压油即磷酸酯液压油，是难燃液压油之一。它的使用温度范围宽，可达-54～135℃，抗燃性、氧化安定性和润滑性都很好；缺点是与多种密封材料的相容性很差，有一定的毒性。

 2-15　什么是乙二醇液压油？

这种液体由水、乙二醇和添加剂组成，而蒸馏水占35%～55%，因而抗燃性好。这种液体的凝固点低，达-50℃，黏度指数高（130～170），为牛顿流体；缺点是能使油漆涂料变软，但对一般密封材料无影响。

 2-16　什么是乳化液？

乳化液属于抗燃液压油，它由水、基础油和各种添加剂组成。乳化液分为水包油乳化液和油包水乳化液，前者含水量达90%～95%，后者含水量达40%。

 2-17　液压油的主要品种、ISO代号及其特性和用途如何？

液压油的主要品种、ISO代号及其特性和用途见表2-3。

表 2-3　液压油的主要品种、ISO 代号及其特性和用途

类型	名称	ISO 代号	特性和用途
矿油型	通用液压油	L-HL	精制矿油加添加剂，可提高抗氧化性和防锈性，适用于室内一般设备的中低压系统
	抗磨液压油	L-HM	L-HL 油加添加剂，改善抗磨性能，适用于工程机械、车辆液压系统
	低温液压油	L-HV	L-HM 油加添加剂，改善黏温特性，可用于环境温度在−20～−40℃的高压系统
	高黏度液压油	L-HR	L-HL 油加添加剂，改善黏温特性，VI 值达 175 以上，适用于对黏温特性有特殊要求的低压系统，如数控机床液压系统
	液压导轨油	L-HG	L-HM 油加添加剂，改善黏-滑特性，适用于机床中液压和导轨润滑合用的系统
	全损耗系统用油	L-HH	普通精制矿油，抗氧化性、抗泡沫性较差，主要用于机械润滑，也可作液压代用油，用于要求不高的低压系统
	汽轮机油	L-TSA	深度精制矿油，改善抗氧化性、抗泡沫等性能，为汽轮机专用，可作液压代用油，用于一般液压系统
乳化型	水包油乳化液	L-HFA	又称水基液，特点是难燃、黏温特性好，有一定的防锈能力，润滑性差，易泄漏。适用于有抗燃要求、油液用量大的系统
	油包水乳化液	L-HFB	既具有矿油型液压油的抗磨、防锈性能，又具有抗燃性，适用于有抗燃要求的中压系统
合成型	水-乙二醇液	L-HFC	难燃，黏温特性和耐蚀性好，能在−30～60℃使用，适用于有抗燃要求的中压系统
	磷酸酯液	L-HFDR	难燃，润滑抗磨性能和抗氧化性能良好，能在−54～135℃温度范围内使用，缺点是有毒性。适用于有抗燃要求的高压精密液压系统

 2-18　油液品种如何选择?

液压传动系统使用的液压油一般应满足的要求有：对人体无害且成本低廉；黏度适当，黏温特性好；润滑性能好，防锈能力强；质地纯净，杂质少；对金属和密封件的相容性好；氧化稳定性好，不变质；抗泡沫性和抗乳化性好；体积膨胀系数小；燃点高，凝点低等。对于不同的液压系统，则需根据具体情况突出某些方面的使用性能要求。

选择油液品种时，可以参照表 2-3 并根据是否专用、有无具体工作压力、工作温度及工作环境等条件，从而进行综合考虑。

 2-19　液压油的黏度等级如何选择?

确定好液压的品种，就要选择液压油的黏度等级。黏度对液压系统工作的稳定性、可靠性、效率、温升以及磨损都有显著的影响，在选择黏度时应注意液压系统的工作情况。

（1）工作压力　为了减少泄漏，对于工作压力较高的系统，宜选用黏度较大的液压油。

（2）运动速度　为了减轻液流的摩擦损失，当液压系统的工作部件运动速度较高时，宜选用黏度较小的液压油。

（3）环境温度　环境温度较高时宜选用黏度较大的液压油。

（4）液压泵的类型　在液压系统的所有元件中，以液压泵对液压油的性能最为敏感，因为泵内零件的运动速度很高，承受的压力较大，润滑要求苛刻而且温升高。因此，常根据液压泵的类型及要求来选择液压油的黏度。

各类液压泵用油的黏度范围及推荐牌号见表 2-4。

表 2-4　液压泵用油的黏度范围及推荐牌号

名称	运动黏度/($10^{-6}\times m^2/s$)		工作压力/MPa	工作温度/℃	推荐用油
	允许	最佳			
叶片泵（1200r/min） 叶片泵（1800r/min）	16~220 20~220	26~54 25~54	7	5~40	L-HH32；L-HH46
				40~80	L-HH46；L-HH68
			14 以上	5~40	L-HL32；L-HL46
				40~80	L-HL46；L-HL68
齿轮泵		25~54	12.5	5~40	L-HL32；L-HL46
				40~80	L-HL46；L-HL68
			10~20	5~40	L-HL46；L-HL68
				40~80	L-HM46；L-HM68
			16~32	5~40	L-HM32；L-HM68
				40~80	L-HM46；L-HM68
径向柱塞泵 轴向柱塞泵	10~65 4~76	16~48 16~47	14~35	5~40	L-HM32；L-HM46
				40~80	L-HM46；L-HM68
			35 以上	5~40	L-HM32；L-HM68
				40~80	L-HM68；L-HM100
螺杆泵	19~49	19~49	10.5 以上	5~40	L-HL32；L-HL46
				40~80	L-HL46；L-HL68

2-20　对液压油的要求有哪些？

1）不得含有蒸汽、空气及其他容易汽化和产生气体的杂质，否则会起气泡，使机构发生颤动，影响工作平稳性，且影响低温工作。水的质量分数不得超过 0.025%，因水分会形成水气，使液压油的使用性能恶化，且影响低温工作。

液压油抗泡沫性能要好，消泡性要强。大气中矿物油通常能溶解 5%~10% 的空气，这是泡沫产生的主要原因。若液压泵吸油管安装不当或管路密封不好，也会产生泡沫，它使液压泵产生噪声和振动，动特性变坏，因此，要求液压油能够迅速而充分地消泡，否则会造成功率损失增大，温度上升，动作不平稳。

2）不腐蚀机件及破坏密封装置，即不含水溶性酸及碱类成分。

3）在工作温度和压力下，具有优良的润滑性、剪切稳定性和一定的油膜强度。

4）化学稳定性好。在储存及工作过程中不应氧化生成胶质，能长期使用不变质。当系统内的温度、压力及流速有变化时，仍保持其原有的性质，在使用过程中不变质，不析出沥青、焦油等胶质沉淀。

5）尽量减少油中的杂质，不允许有沉淀，以免磨损机件、堵塞管道及液压部件，影响系统正常工作。

6）适宜的黏度和良好的黏温特性，在工作温度变化范围内，黏度变化最小。黏度太大，阻力大，磨损增加，灵敏度降低；黏度太小，则泄漏严重，功率损失增大。

7）满足防火、安全的要求，油的闪点要高。对于专用液压油（如航空液压油、机床液压油等），根据不同的油品、不同的要求，还需加入添加剂（如抗氧化、抗磨损、防泡沫、防锈蚀、降凝和提高黏度指数等添加剂），以改善使用性能。

 2-21　液压油污染的危害有哪些？

液压油被污染是指油中含有水分、空气、微小固体颗粒及胶状生成物等杂质。液压油污染对液压系统造成的危害如下：

1）堵塞过滤器，使液压泵吸油困难，产生振动和噪声；堵塞小孔或缝隙，造成阀类元件动作失灵。

2）固体颗粒会加速零件磨损，擦伤密封件，增大泄漏量。

3）水分和空气会使油液润滑性能下降，产生锈蚀；空气也会使系统出现振动或爬行现象。

 2-22　液压油中污染物的来源有哪些？

液压油中污染物的来源有：

（1）残留的固体颗粒　在液压元件装配、维修等过程中，因洗涤不干净而残留下的固体颗粒，如砂粒、铁屑、磨料、焊渣、棉纱及灰尘等。

（2）空气中的尘埃　液压设备工作的周围环境恶劣，空气中含有尘埃、水滴。它们从可侵入渠道（如从液压缸外伸的活塞杆、油箱的通气孔和注油孔等处）进入系统，造成油液污染。

（3）生成物污染　在工作过程中产生的自生污染物主要有金属微粒、锈斑、液压油变质后的胶状生成物及涂料和密封件的剥离片等。

 2-23　防止液压油污染的措施有哪些？

根据统计，液压系统发生故障的原因有75%是由于油液污染造成的，因此，液压油的防污对保证系统正常工作是非常重要的。

为了延长液压元件的使用寿命，保证液压系统可靠工作，防止液压油污染，将液压油污染控制在某一允许限度内，工程上常采取如下预防措施：

（1）力求减少外来污染　在安装液压系统和维修液压元件时要认真严格清洗，且在无尘区进行；油箱与大气相通的孔上要安装过滤器并注意定期清洗；向油箱添加液压油时应通过过滤器。

（2）滤除油液中的杂质　在液压系统相关位置应设置过滤器，滤除液压油中的杂质，注意定期检查、清洗和更换滤芯。

（3）合理控制液压油的温度　避免液压油工作温度过高，防止油液氧化变质，产生各种生成物。一般液压系统的工作温度最好控制在60℃以下，机床液压系统的油温应更低些。

（4）定期检查和更换液压油　每隔一定时间，对液压系统中的液压油应进行抽样检查，分析其污染程度是否还在系统允许的使用范围之内，如果不符合要求，应及时更换液压油。

 2-24　为什么要建立设备档案?

为了加强责任制，做到有据可查，有关液压油的部分，应记载液压油品种、牌号、数量、加油日期、补油数量和补油日期等，并指定专人负责检查考核，大的工厂可归口润滑站等管理部门。这对于了解系统的密封漏油状况、避免误用异种油品、决定换油周期有很大参考价值。

 2-25　怎样保存液压油?

液压油应存放在清洁、通风良好的室内，此储存室应满足一切适用的安全标准。未打开的油桶不得存放在室外，且应遵守以下规则:

1）油桶宜以侧面存放且借助木质垫板或滑行架保持底面清洁，以防下部锈蚀，绝不允许直接放在易腐蚀金属的表面上。

2）油桶绝不可在上边打一大孔或完全去掉一端。因为即使孔被盖上，污染的概率也大为增加。同理，更不应该将一个敞开容器沉入油液中汲油。因为这样做不仅有可能使空气中的污物侵入，而且汲取容器本身外侧的污物也可能污染油液。

3）油桶要以其外侧面放置在适当高度的木质托架上，用开关控制向外释放油液。开关下要备有集液槽。另一个办法是，使油桶直立，借助于手动或电动泵汲取油液。

4）如果由于种种原因，油桶不得不以端部存放时，则应高出地面且应倒置，即桶盖作为桶底。如不这样，则应把桶覆盖上，以使雨水不能聚集在四周，浸泡桶盖。水污染无论对哪类油液都是不良的。放置在露天的油桶会受到昼热和夜冷的影响，导致油桶膨胀和收缩。这种情形是由于桶内液面上部空间在白天受热而压力稍高于大气压，在夜晚变冷而压力又低于大气压，稍有真空的作用。这种压力变化可以达到足以产生"呼吸"作用的程度，从而使空气白天被压出油桶，夜晚又吸入油桶。因此，如果通过包围着水的桶盖产生"呼吸"作用，则一些水可能被吸入到桶内，且经过一段时间后，桶内就可能积存大量的水。

5）用来分配液压流体的容器、漏斗及管子等必须保持清洁，并且备作专用。这些容器要定期清洗，并用不起毛的棉纤维拭干。

6）当油液存放在大容器中时，很可能产生冷凝水和精细的灰尘结合到一起且在箱底形成一层淤泥的情形。所以，储液油箱底应是碟形的或倾斜的，并且底部要设排污塞。这些排污塞可以定期排除掉沉渣。有条件的单位，最好制订一个对大容器储液油箱日常净化的保养制度。

7）要对储油器进行常规检查和漏损检验。

 2-26　怎样更换或补充液压油?

取用前要确认液压油的种类和牌号，切勿弄错。从取油到注油的全过程都应保持桶口、罐口、漏斗等器皿的清洁；注油时应进行过滤，存放过久的油最好先进行理化检验，加油时应采用专门的加油小推车，无加油小推车时，可在油箱的入口处放置150～200目的滤网过滤。

1. 换油周期的确定

液压油在高温、高压下使用时，随着时间的延长会逐渐老化变质，因此，使用一段时间后，必须更换，更换周期一般视情况而定。目前确定换油周期的方法有以下三种：

（1）根据经验换油 这种方法凭操作者和现场技术人员的经验，通过"看、嗅、摇、摸"等简易方法进行确定，规定当油液变黑、变脏到某一程度便换油，具体情况可参阅表2-5 与表 2-6。

（2）固定周期换油 这种方法是根据不同的设备和不同的油品，规定使用半年或一年或运转 1000~2000h 后换油。

（3）综合研究分析换油 这种方法是通过定期取油样化验，测定必要项目，以便连续监视油液变质情况，根据实际情况确定何时换油，具体情况可参阅表2-7~表 2-13。

以上三种方法，前两种方法应用广泛，但不太科学，不太经济。第三种方法较为科学，但需要一套理化检验仪器，这种方法又称油质换油法。

表 2-5 国产油品的颜色识别参看表

油品种类	鉴别方法			
	看	嗅	摇	摸
汽油	浅黄色、浅红色、橙黄色	强烈的汽油味	气泡随时产生随时消失	发涩，有凉感
溶剂油	白色	汽油味，稍带芳香	气泡消失快	挥发快、手凉、手发白
灯用煤油	白色、浅黄色、透明	煤油味	气泡消失快	稍光滑，挥发慢
轻柴油	茶黄色表面发紫	柴油味	气泡少，消失快	光滑，手浸后有油感
重柴油	棕褐色	稍带柴油味，发臭	气泡带黄色，消失较慢	—
5号、7号机械油	浅黄色到黄色、有蓝色荧光	—	气泡多，消失较快，油发白，瓶不挂色	—
10号、12号机械油	黄褐色到棕色、有蓝色荧光	—	气泡多，消失较快，瓶不挂色，稍挂瓶	—
20号、30号、40号机械油	黄褐色到棕色、有蓝色荧光不明显	—	气泡较多，消失较慢，油挂瓶，有黄色	—
汽油机油柴油机油	深棕色到发蓝黑	有酸性气味	气泡少而大，消失慢，油挂瓶较多，有黄色	浸水捻后稍有乳化，黏稠
液压油	浅黄色到黄色发蓝光	有酸味	气泡产生后，很快消失，稍挂瓶	—
导轨油	黄色到棕色	有硫黄味	—	手捻拉丝很长
汽轮机油	淡黄色、荧光发蓝	—	气泡大、多、无色，消失快	浸水捻不乳化
变压器油	浅黄色、荧光	稍有柴油味	气泡多，白色	—
压缩机油	蓝绿色、透红	—	气泡少，消失慢，油挂瓶，有浅棕色	—
22号汽轮机油	浅黄、发蓝光、有透明度	无气味	气泡产生后，很快消失，油稍挂瓶	—

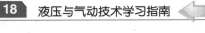

（续）

油品种类	鉴别方法			
	看	嗅	摇	摸
8 号液力传动油	红色、有透明度	无气味	气泡产生后，消失稍快	—
30 号清洁液压油	淡黄色、有透明度	有酸性气味	气泡产生后，消失稍快	—
磷酸酯油	无色、有透明度	有硫黄味	气泡产生后，消失稍快	—
油包水乳化液	淡乳白色、无透明度	无气味	气泡立即消失，不挂瓶	—
水-乙二醇液压油	浅黄	无气味		光滑，感觉热
矿物油制动液	淡红	—	—	
合成制动液	苹果绿	醚味	—	
水包油乳化液		无味	—	
蓖麻油制动液	淡黄透明	强烈的酒精味	—	光滑，感觉凉

表 2-6　现场鉴定液压油的变质项目

试验项目	检查项目	鉴定内容
外观	颜色、雾状、透明度、杂质	气泡、水分、其他油脂、尘埃、油变质老化
气味	与新油比较，气味恶臭、焦臭	是否油变质、是否混入异种油
酸性值	pH 试纸或硝酸浸蚀试验用指示剂	油变质程度
硝酸浸蚀试验	滴一滴油于滤纸上，放置 30min～2h，观察油浸润的情况	油浸润的中心部分，若出现透明的浓圆点即是灰尘或磨损颗粒，要注意油已变质
裂化实验	在热钢板上滴油，检查是否有爆裂声音	水分的有无与多少（声音大，响声长，则水分多）

表 2-7　液压装置液压油污染判断标准

使用条件	计数器（NAS 级）/（个/100mL）	重量法/（mg/100mL）
一般液压装置	—	10
使用伺服阀及 10μm 以下过滤器的装置	NAS9 级（5～10μm 的粒子 128000）	（0.05）
使用电磁阀及流量阀的装置，由流量控制装置及有直径间隙在 15μm 以下的滑动副的液压元件的装置	NAS11 级（5～15μm 的粒子 512000）	NAS102 级（0.01）
将液压设备一部分或全部作为安全装置（或长时间在加压状态下保压的装置）的设备，带有电磁阀或其他精密控制阀的设备	NAS12 级（5～15μm 的粒子 1024000）	NAS108 级（0.4）
液压元件与设备的试验台	12	—

表2-8 污染管理标准

回路分类	NAS 级	过滤清洁方法
一般液压回路	10 级左右	在泵吸油侧及回路回油侧安装 105~74μm（进油侧）和 25μm（回油侧）的过滤器
使用电磁比例阀的回路	8 级左右	在泵出油侧、阀前及回油侧安装 10μm 左右的过滤器
使用电液伺服阀的回路	6 级左右	在与电磁比例阀回路相同的位置上，安装 5μm 左右的过滤器

表2-9 液压装置的允许污染度

液压装置	100me 中的粒子表		
	5μm 以上	15μm 以上	25μm 以上
HST（固定安装液压传动装置）	3×10^4	2×10^3	4×10^2
	ISO 码 15/11		
	5~15μm（NSA7 级）	15~25μm（NSA6 级）	25~50μm（NSA5 级）
建筑机械	1×10^5	1×10^4	2×10^3
	ISO 码 17/14		
	5~15μm（NSA9 级）	15~25μm（NSA8 级）	25~50μm（NSA7 级）
农业机械	5×10^5	4×10^4	8×10^4
	ISO 码 19/16		
	5~15μm（NSA11 级）	15~25μm（NSA10 级）	25~50μm（NSA9 级）

表2-10 液压油的分析及使用界限（新油的变化量）

分析项目	警戒值	临界值	性质变化的原因
比重（15/4℃）	±0.03	±0.05	混入其他油脂类
燃点/℃	−30	−60	混入燃料油，混入其他轻质油
黏度（%） 黏度指数 全酸值/（mgKOH/g）	±10 ±5（−10） ±0.4	±4 ±10（−20） ±0.7	混入燃料油、轻质油及恶化进行中，混入润滑脂及其他油类，混入水分灰尘及积存的磨损粉末（剪断黏度指数提高时，强酸值在 0.00 以下）
酸性值（pH 值）	−2.5（4.0）	−3.5（3.2）	恶化中（警戒实数临界 pH 值在 3.2 以下）
表面张力/（dyn/cm） 色调（联合比色）	−10 3	−15 4	恶化进行中，混入其他油类
戊烷不溶量（%）	0.03	0.10	油的恶化生成物，混入异物磨耗粉末的合计
苯不溶量（%）	0.02	0.04	油的恶化生成物，混入异物磨耗粉末的合计，油劣化生成物大半已经除去
树脂量（%）	0.02	0.05	油劣化生成物大半是戊烷不溶量和苯不溶量的差
水分（%）	0.05	0.2	侵入油箱的水，冷却破损
污染度（微量过滤法） 5μm 以上的粒子数/100mL 过滤残渣质量/（mg/100mL）	600000 20	1200000 40	固体混入异物以及磨损粉末为主，包括硬质的油劣化生成物（炭质）

表 2-11　SCA ASTM AIA 的污染指标

等级	各种粒径（μm）允许个数				
	5～10	10～25	25～50	50～100	100 以上
0	2700	670	93	16	1
1	4600	1340	210	28	3
2	9700	2680	380	56	5
3	24000	5360	780	110	11
4	32000	10700	1510	225	21
5	87000	21400	3130	430	41
6	128000	42000	6500	1000	92

注：0 级为新液压油；1 级为特别干净的系统；2 级为良好的导弹火箭系统；3、4 级为一般用。

表 2-12　液压油污染等级与污染粒子数（NAS1638）（100mL 中污染粒子个数）

粒径/μm	等级												
	00	0	1	2	3	4	5	6	7	8	9	10	11	12
5～15	125	250	500	1000	2000	4000	8000	16000	32000	64000	128000	256000	512000	1024000
15～25	22	44	89	178	356	712	1425	2850	5700	11400	22800	45600	91200	182400
25～50	4	8	16	32	63	126	253	506	1012	2025	4050	8100	16200	32400
50～100	1	2	3	6	11	22	45	90	180	360	720	1440	1880	5760
100 以上	0	0	1	1	2	4	8	16	32	64	128	256	512	1024
部门	（目前实现困难）			导弹火箭				数控机床、工业用机器、机械手		液压机、压铸机、注射机等		清洗机等		

表 2-13　MIL Std 1246A 标准（美国军用标准）（100mL 中污染粒子个数）

清洁标准	粒径/μm	计数粒子允许个数	清洁标准	粒径/μm	计数粒子允许个数
10	5 以上	3	300	55 以上	7000
25	5 以上	21		50 以上	1000
	15 以上	43 未满		100 以上	90
	25 以上	1		250 以上	3 未满
50	5 以上	180	500	50 以上	11000
	15 以上	25		100 以上	950
	25 以上	7		250 以上	25
	50 以上	1		500 以上	1
100	15 以上	280	750	100 以上	6500
	25 以上	25		250 以上	170
	50 以上	11		500 以上	7
	100 以上	1		750 以上	1
200	15 以上	4100	1000	250 以上	1000
	25 以上	1100		500 以上	45
	50 以上	180		750 以上	7
	100 以上	16		1000 以上	1

2. 现场鉴定油质的方法

（1）点滴法（用于一般设备）　在已运转2h的设备油箱中，用试棒取一滴油滴在定量滤纸上，在室温下静置2~3h。质量合格的油渍均匀一致，污染的油质中间有一核影，并且黑黄界限分明，根据核影颜色的深浅程度及黑圈与黄圈直径之比来确定油的污染的程度。

（2）简易化验法（用于精、稀设备）　黏度的检定方法是在一块带有刻度的洁净玻璃上，滴上三滴与试油黏度、牌号相同的新油和一滴被试油，然后倾斜玻璃板，观察油滴流动的速度，如其速度相近，则其黏度也就相近。如黏度不相近但其他质量指标均合乎要求，则可采用黏度掺配法来增大油黏度。

（3）杂质的测定　取少量样油，用两倍洁净汽油稀释、摇匀后，对着阳光观察油里杂质或其他沉淀。

（4）腐蚀性的鉴定　将两小块用细砂纸打光和用汽油清洗净的纯铜片，分别装入有试油的试管中，再把有塞试管在水浴中加热3h。取出铜片，若铜片保持原来光亮，无黄褐色斑点，则认为合格。

（5）水分的检定　可按表2-6所述的简易方法检定，也可按图2-2所示的方法进行检查，把摇均匀的被试油装满试管一半，在管塞上插上200℃温度计并入油，再把试管加热到120℃以内，若油内有响声，根据声响大小和持续时间长短，可判断油中含水量的多少。为了定量地测定油中的水分，可由图2-2所示方法收集水分含量。

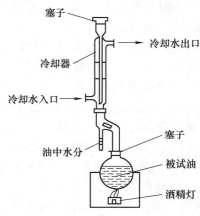

图 2-2　蒸馏法水分测定装置

3. 液压油的更换

污染严重的在用液压油更换时，要尽量放尽液压系统内的旧油，并且要冲洗液压系统，以便去掉附着于泵、阀等元件及管道内壁的劣化生成物、锈斑、铁屑、机油泥等杂质。

（1）排除旧油

1）可向在用油中加入冲洗促化剂，将油温保持在40~60℃，油压保持在1MPa，进行5~6h的运转。

2）在热状态下放出在用液压油，并且将液压缸、蓄能器及配管等装置的油管接头拆开排油，尽可能地将旧油排泄干净。

3）油箱排油后，用煤油和海绵彻底擦洗，不得使用脱落纤维的棉纱或织物。如油管内部生锈，则需进行酸洗。

（2）第一次冲洗

1）用50℃黏度为10~20mm²/s的精制矿物油、汽轮机油、主轴油作为清洗油，污染严重时则用冲洗油。清洗油的用量为油箱液位的70%左右。清洗油不得使用汽油、酒精、蒸汽或水等。

2）将液压缸、液压马达的进出油管短路，以清洗主系统的油路管道为主，并在回油管上安装网格直径为20~30μm的过滤器。

3）使油温升至60~70℃，适时转换控制阀，并使液压泵间歇运转。

4）冲洗时间取决于系统的脏污程度，当回油过滤器完全不再有杂质时，冲洗即告结

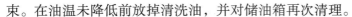

束。在油温未降低前放掉清洗油，并对储油箱再次清理。

（3）第二次冲洗

1）将液压系统恢复为正常运转状态，注入实际作业时使用的液压油，过滤器换成 10μm 网格的过滤器。

2）先以最低运转压力运转，然后逐渐转为正常运转，每隔 3~4h 检查过滤器上的附着物，直到没有尘埃杂质时，第二次冲洗即告结束，液压油可继续使用。

2-27   什么是液压冲击？液压冲击的类型有哪些？产生原因是什么？应该采取哪些措施减少液压冲击？

在液压系统中，由于某种原因液体压力会在一瞬间突然升高，产生很高的压力峰值，这种现象称为液压冲击。

液压冲击产生的压力峰值往往比正常工作压力高好几倍，且常伴有噪声和振动，从而损坏液压元件、密封装置和管件等。

1. 液压冲击的类型

1）液流通道迅速关闭或液流迅速换向使液流速度的大小或方向突然变化时，由于液流的惯性力引起的液压冲击。

2）运动着的工作部件突然制动或换向时，因工作部件的惯性引起的液压冲击。

3）某些液压元件动作失灵或不灵敏，使系统压力升高而引起的液压冲击。

2. 液压冲击的产生原因

1）阀门突然关闭引起液压冲击。

2）运动部件突然制动或换向时引起液压冲击。

3. 减少液压冲击的措施

液压冲击的危害是很大的。发生液压冲击时管路中的冲击压力往往会急增很多倍，而使按工作压力设计的管道破裂。此外，所产生的液压冲击波会引起液压系统的振动和冲击噪声。因此在液压系统设计时要考虑这些因素，应当尽量减少液压冲击的影响。为此，一般可采用如下措施：

1）缓慢关闭阀门，削减冲击波的强度。

2）在阀门前设置蓄能器，以减小冲击波传播的距离。

3）应将管中流速限制在适当的范围内，采用橡胶软管也可以减小液压冲击。

4）在系统中安装安全阀，可起卸载作用。

2-28   什么是气穴（空穴）现象？产生原因是什么？有哪些危害？应该采取哪些措施？

1. 气穴现象

一般液体中溶解有空气，水中溶解有约 2%（体积分数）的空气，液压油中溶解有 6%~12% 的空气。呈溶解状态的气体对油液体积弹性模量没有影响，呈游离状态的小气泡则会对油液体积弹性模量产生显著的影响。空气的溶解度与压力成正比。当压力降低时，原先压力较高时溶解于油液中的气体成为过饱和状态，于是就分解出游离状态的微小气泡，其速率较低，但当压力低于空气分离压 p_g 时，溶解的气体就要以很高的速度分解出来，成为游离的微小气泡，并聚合长大，使原来充满油液的管道变为混有许多气泡的不连续状态，这种现象称为空穴现象。油液的空气分离压力随油温及空气溶解度而变化，当油温 $t = 50℃$ 时，$p_g < 4×10^6 Pa$（0.4bar）（绝对压力）。

2. 空穴产生的原因

管道中发生空穴现象时，气泡随着液流进入高压区时，体积急剧缩小，气泡又凝结成液体，形成局部真空，周围液体质点以极大的速度来填补这一空间，使气泡凝结处瞬间局部压力可高达数百帕，温度可达近千摄氏度。在气泡凝结附近壁面，因反复受到液压冲击与高温作用，以及油液中逸出气体具有较强的酸化作用，使金属表面产生腐蚀。因空穴产生的腐蚀，一般称为气蚀。泵吸油管路连接、密封不严使空气进入管道，回油管高出油面使空气冲入油中而被泵吸油管吸入油路以及泵吸油管道阻力过大，流速过高均是造成空穴的原因。

此外，当油液流经节流部位，流速增高，压力降低，在节流部位前后压差 $p_1/p_2 \geqslant 3.5$ 时，将发生节流空穴。

3. 空穴造成的危害

空穴造成的危害表现在以下几个方面：

1）影响运动平稳性。

2）系统动态性能变坏。

3）造成气蚀，降低元件使用寿命。

4）产生冲击和振动。

4. 空穴产生部位

泵的吸油口、油液流经节流部位、突然启闭的阀门、带大惯性负载的液压缸、液压马达在运转中突然停止或换向等。

5. 预防空穴的措施

1）减小小孔和缝隙前后的压力降，希望 $p_1/p_2 < 3.5$。

2）增大直径、降低高度、限制流速。

3）提高管道的密封性能，防止空气渗入。

4）提高零件耐蚀能力，采用耐蚀能力强的金属材料，减小表面粗糙度值。

5）整个管路尽可能平直，避免急转弯缝隙，合理配置。

2-29　作用在液体上的力有哪两种类型？

作用在液体上的力有两种类型：一种是质量力，另一种是表面力。

2-30　什么是作用在液体上的质量力？

质量力作用在液体所有质点上，它的大小与质量成正比，重力、惯性力等属于质量力。单位质量液体受到的质量力称为单位质量力，在数值上等于重力加速度。

2-31　什么是作用在液体上的表面力？

表面力作用于所研究液体的表面上，如法向力、切向力。表面力可以是其他物体（例如活塞、大气层）作用在液体上的力，也可以是一部分液体作用在另一部分液体上的力。对于液体整体来说，其他物体作用在液体上的力属于外力，而液体间作用力属于内力。由于理想液体质点间的内聚力很小，液体不能抵抗拉力或切向力，即使是微小的拉力或切向力都会使液体发生流动。因为静止液体不存在质点间的相对运动，也不存在拉力或切向力，所以静止液体只能承受压力。

2-32 什么是静压力？静压力是如何计算的？静压力的特征有哪些？

所谓静压力是指静止液体单位面积上所受的法向力，用 p 表示。

如果在液体内某点处微小面积 ΔA 上作用有法向力 ΔF，则 $\Delta F/\Delta A$ 的极限就定义为该点处的静压力，通常以 p 表示，即

$$p = \lim_{\Delta A \to 0} \frac{\Delta F}{\Delta A} \tag{2-6}$$

若法向力均匀地作用在面积 A 上，则压力表示为

$$p = \frac{F}{A} \tag{2-7}$$

式中　A——液体有效作用面积；

　　　F——液体有效作用面积 A 上所受的法向力。

静压力具有两个重要特征：

1）液体压力的方向总是沿着内法线方向作用于承压面，即静止液体承受的只是法向压力，而不受剪切力和拉力。

2）静止液体内任一点处所受到的静压力在各个方向上的压力都相等。

2-33 液体静力学基本方程式是怎样的？

静止液体内部受力情况可用图 2-3 来说明。设容器中装满液体，在任意一点 A 处取一微小面积 $\mathrm{d}A$，该点距液面深度为 h，距坐标原点高度为 Z，容器液平面距坐标原点为 Z_0。为了求得任意一点 A 的压力，可取 $\mathrm{d}A \cdot h$ 这个液柱为分离体（图 2-3b）。根据静压力的特性，作用于这个液柱上的力在各方向都呈平衡，现求各作用力在 Z 方向的平衡方程。微小液柱顶面上的作用力为 $p_0\mathrm{d}A$（方向向下），液柱本身的重力 $G=\rho g h \mathrm{d}A$（方向向下），液柱底面对液柱的作用力为 $p\mathrm{d}A$（方向向上），则平衡方程为

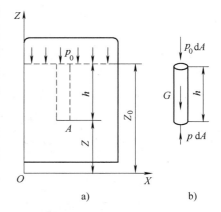

图 2-3　静压力的分布规律

$$p\mathrm{d}A = p_0\mathrm{d}A + \rho g h \mathrm{d}A$$
$$p = p_0 + \rho g h \tag{2-8}$$

式中　p_0——作用在液面上的压力；

　　　ρ——液体密度。

式（2-8）为液体静力学的基本方程。

为了更清晰地说明静压力的分布规律，将式（2-8）按坐标 Z 变换一下，即以 $h=Z_0-Z$ 代入式（2-8）整理后得

$$p + \rho g Z = p_0 + \rho g Z_0 \tag{2-9}$$

式（2-9）是液体静力学基本方程的另一种形式。

由液体静力学基本方程可知：

1）静止液体内部任一点处的压力 p 都由液面上的压力 p_0 和该点以上液体自重形成的压力 $\rho g h$ 两部分组成。当液面上只受大气压力 p_a 时，可得

$$p = p_a + \rho g h$$

2）静止液体内部的压力 p 随液体深度 h 呈线性规律分布。

3）离液面深度相同处各点的压力均相等，由压力相等的点组成的面称为等压面，在重力的作用下，静止液体中的等压面是一个水平面。

2-34 压力的表示方法有几种？

压力的表示方法有两种，即绝对压力和相对压力（表压力）。

以绝对真空为基准来度量的压力，称为绝对压力。

以大气压力为基准来度量的压力，称为相对压力（表压力）。在地球的表面上用压力表所测得的压力数值就是相对压力，液压技术中的压力一般也都是相对压力。

若液体中某点的绝对压力小于大气压力，那么比大气压力小的那部分数值称为真空度。

2-35 绝对压力、相对压力和真空度之间的关系如何？

绝对压力、相对压力和真空度之间的关系如图2-4所示。

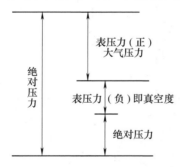

图2-4 绝对压力、相对压力与
真空度之间的关系

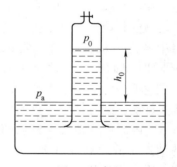

图2-5 真空

由图2-4可知，绝对压力总是正值，相对压力（表压力）则可正可负，负的表压力就是真空度，如真空度为 $4.052\times10^4\text{Pa}$，其表压力为 $-4.052\times10^4\text{Pa}$。我们把下端开口，上端具有阀门的玻璃管插入密度为 ρ 的液体中，如图2-5所示。如果在上端抽出一部分封入的空气，使管内压力低于大气压力，则在外界的大气压力 p_a 的作用下，管内液体将上升至 h_0，这时管内液面压力为 p_0，由流体静力学基本公式可知：$p_a = p_0 + \rho g h_0$。显然，$\rho g h_0$ 就是大气压力 p_a 与管内液面压力 p_0 的差值，即管内液面上的真空度。由此可见，真空度的大小可以用液柱高度 $h_0 = (p_a - p_0) \rho g$ 来表示。在理论上，当 p_0 等于零时，即管中呈绝对真空时，h_0 达到最大值，设为 $(h_{0\max})_r$，在标准大气压下

$$(h_{0\max})_r = p_a/\rho g = 10.1325/(9.8066\rho) = 1.033/\rho$$

水的密度 $\rho = 10^{-3}\text{kg/cm}^3$，汞的密度为 $13.6\times10^{-3}\text{kg/cm}^3$。所以 $(h_{0\max})_r = 1.033 \div 10^{-3} =$

$1033 cmH_2O = 10.33 mH_2O$ 或 $(h_{0max})_r = 1.03313.6 \div 10^{-3} = 76 cmHg = 760 mmHg$。

理论上在标准大气压下的最大真空度可达 10.33m 水柱或 760mm 汞柱。根据上述归纳如下：

$$绝对压力 = 大气压力 + 表压力$$
$$表压力 = 绝对压力 - 大气压力$$
$$真空度 = 大气压力 - 绝对压力$$

2-36　什么是理想液体?

液体具有黏性，并在流动时表现出来，因此研究流动液体时就要考虑其黏性，而液体的黏性阻力是一个很复杂的问题，这就使得流动液体的研究变得复杂。因此，引入了理想液体的概念，理想液体就是指没有黏性、不可压缩的液体。首先对理想液体进行研究，然后再通过实验验证的方法对所得的结论进行补充和修正。这样，不仅使问题简单化，而且得到的结论在实际应用中仍具有足够的精确性。既具有黏性又可压缩的液体称为实际液体。

2-37　什么是恒定流动?

液体流动时，液体中任意点处的压力、流速和密度都不随时间而变化，称为恒定流动。反之，流体的运动参数中，只要有一个运动参数随时间而变化，液体的运动就是非定常流动或非恒定流动。

在图 2-6a 中，对容器出流的流量给予补偿，使其液面高度不变，这样，容器中各点的液体运动参数 p、v、ρ 都不随时间而变，这就是定常流动。在图 2-6b 中，不对容器的出流给予流量补偿，则容器中各点的液体运动参数将随时间而改变，例如随着时间的消逝，液面高度逐渐减低，因此，这种流动称为非定常流动。

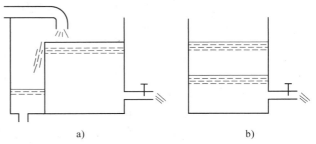

a)　　　　　　　　b)

图 2-6　恒定出流与非恒定出流
a）恒定出流　b）非恒定出流

2-38　什么是流量?

单位时间内通过通流截面的液体的体积称为流量，用 q 表示，流量的常用单位为 L/min。对微小流束，通过 dA 上的流量为 dq，其表达式为

$$dq = u dA$$

流过整个通流截面的流量为

$$q = \int_A u dA \tag{2-10}$$

当已知通流截面上的流速 u 的变化规律时，可以由式（2-10）求出实际流量。

2-39　什么是流量连续性方程? 流量连续性方程式如何?

液体流动的连续性方程是质量守恒定律在流体力学中的应用。液体在密封管道内作恒定流动时，设液体是不可压缩的，则单位时间内流过任意截面的质量相等。

流体在图 2-7 所示的导管中流动，两端的通流截面面积分别为 A_1、A_2。在管内取一微小流束，其两端截面面积分别为 dA_1、dA_2，流速分别为 u_1、u_2。若液流为恒定流动，且不可压缩，根据质量守恒定律，在 dt 时间内流过两个微小截面的液体质量应相等，即

$$\rho u_1 dA_1 dt = \rho u_2 dA_2 dt$$

或 $$u_1 dA_1 = u_2 dA_2$$

对上式积分，得到流过流管通流截面 A_1 和 A_2 的流量为

$$\int_{A_1} u_1 dA_1 = \int_{A_2} u_2 dA_2$$

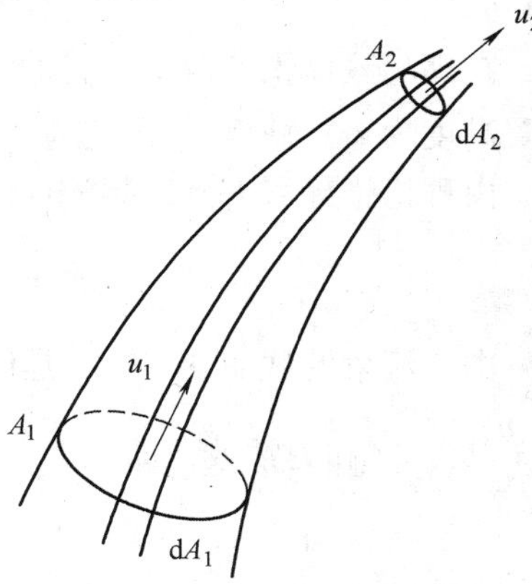

用 v_1、v_2 表示通流截面 A_1 和 A_2 的平均流速，得

$$A_1 v_1 = A_2 v_2$$

由于两通流截面是任意选取的，因此

$$q = Av = c（c 为常数） \tag{2-11}$$

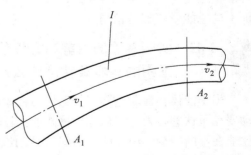

图 2-7　液体的微小流束
连续性流动示意图

式（2-11）是液体流动的连续性方程，它说明液体流过不同截面的流量是不变的。由式（2-11）可知，当流量一定时，通流截面上的平均速度与其截面面积成反比。

2-40　什么是动量方程？恒定流动液体的动量方程是怎样计算的？

动量方程是动量定理在流体力学中的具体应用。流动液体的动量方程是流体力学的基本方程之一，它是研究液体运动时作用在液体上的外力与其动量的变化之间的关系。在液压传动中，应采用动量方程计算液流作用在固体壁面上的力。

动量定律指出：作用在物体上的力的大小等于物体在力作用方向上的动量的变化率，即

$$F = \frac{d(mv)}{dt} \tag{2-12}$$

在流管中取一流束，如图 2-8 所示。设流束流量为 q，A_1 和 A_2 的截面的液流速度分别为 v_1、v_2，经理论推导得知，由截面 A_1 和 A_2 及周围边界构成的液流控制体 I 所受到的外力为

$$F = \rho q(\beta_2 v_2 - \beta_1 v_1) \tag{2-13}$$

式（2-13）为恒定流动液体的动量方程，是一个矢量式。若要计算外力在某一方向的分量，需要将该力向给定方向进行投影计算，如计算 x 方向的分量，则

图 2-8　动量方程示意图

$$F_x = \rho q(\beta_2 v_{2x} - \beta_1 v_{1x})$$

式（2-13）中 β_1、β_2 为相应截面的动量修正系数，其值为液流流过的实际动量与平均流速计算得到的动量之比。对圆管来说，工程上常取 $\beta = 1.33$。

液体对壁面作用力的大小与 F 相同，但方向则与 F 相反。

2-41　什么是理想液体的伯努利方程？伯努利方程的物理意义如何？

在理想液体恒定流动中，取一定的流速，如图 2-9 所示，截面 A_1 流速为 v_1，压力为 p_1，位置高度为 z_1；截面 A_2 流速为 v_2，压力为 p_2，位置高度为 z_2。

由理论推导可得到理想液体的伯努利方程为

$$p_1 + \rho g z_1 + \frac{1}{2}\rho v_1^2 = p_2 + \rho g z_2 + \frac{1}{2}\rho v_2^2 \tag{2-14}$$

由于流束的截面 A_1 和 A_2 是任取的，因此伯努利方程表明，在同一流束各截面上的参数 z、$\dfrac{p}{\rho g}$ 及 $\dfrac{v^2}{2g}$ 之和为常数，即

$$\frac{p}{\rho g} + z + \frac{v^2}{2g} = c（c \text{ 为常数}）\tag{2-15}$$

式（2-15）左端各项依次为单位质量液体的压力能、位能和动能，或称比压能、比位能和比动能。

对伯努利方程可作如下理解：

1）伯努利方程式是一个能量方程式，它表明在空间各相应通流断面处流通液体的能量守恒规律。

2）理想液体的伯努利方程只适用于重力作用下的理想液体作恒定流动的情况。

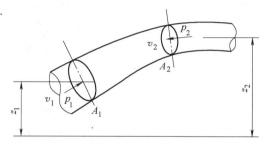

图 2-9　伯努利方程示意图

3）任一微小流束都对应一个确定的伯努利方程式，即对于不同的微小流束，它们的常量值不同。

伯努利方程的物理意义为：在密封管道内作定常流动的理想液体在任意一个通流断面上具有三种形成的能量，即压力能、势能和动能。三种能量的总和是一个恒定的常量，而且三种能量之间是可以相互转换的，即在不同的通流断面上，同一种能量的值是不同的，但各断面上的总能量值都是相同的。

 2-42　实际液体的伯努利方程是怎样的？实际液体的伯努利方程在应用时，适用的基本条件是什么？

由于液体存在着黏性，其黏性力在起作用，并表现为对液体流动的阻力。实际液体的流动要克服这些阻力，表现为机械能的消耗和损失，因此，当液体流动时，液流的总能量或总比能在不断减少。设在两断面间流动的液体单位质量的能量损失为 h_{w}；在推导理想液体伯努利方程时，可认为任取微小流束通流截面的速度相等，而实际上是不相等的。因此，需要对动能部分进行修正，设因流速不均匀引起的动能修正系数为 α。经理论推导和实验测定，对圆管来说，$\alpha = 1 \sim 2$，湍流时取 $\alpha = 1.1$，层流时取 $\alpha = 2$。因此，实际液体的伯努力方程为

$$\frac{p_1}{\rho g} + z_1 + \frac{\alpha_1 v_1^2}{2g} = \frac{p_2}{\rho g} + z_2 + \frac{\alpha_2 v_2^2}{2g} + h_{\mathrm{w}} \tag{2-16}$$

式（2-16）适用的条件如下：

1）稳定流动的不可压缩液体，即液体密度为常数。

2）液体所受质量力只有重力，忽略惯性力的影响。

3）所选择的两个通流截面必须在同一个连续流动的流场中是渐变流（即流线近于平行线，有效截面近于平面），而不考虑两截面间的流动状况。

伯努利方程是流体力学的重要方程，在液压传动中常与连续性方程一起用来解决系统中的压力和速度问题。

在液压系统中，管路中的压力常为十几个大气压到几百个大气压，而大多数情况下管路中的油液流速不超过 6m/s，管路安装高度也不超过 5m。因此，系统中油液流速引起的动能变化和高度引起的位能变化相对于压力能来说可忽略不计，则伯努利方程（2-16）可简化为

$$p_1 - p_2 = \Delta p = \rho g h_w \tag{2-17}$$

因此，在液压传动系统中，能量损失主要为压力损失 Δp。这也表明液压传动是利用液体的压力能来工作的，故又称为静压传动。

项目3

液压泵

3-1 **3-1　液压泵的作用是什么？分为哪几类？**

在液压传动系统中，液压泵是液压传动系统的动力元件，它是将原动机（如电动机）输入的机械能转换成液体压力能的能量转换装置。在液压传动系统中属于动力元件，是液压传动系统的重要组成部分，其作用是向液压系统提供液压油。

液压泵的种类很多，按其结构形式的不同，可分为齿轮式、叶片式、柱塞式和螺杆式等；按泵的排量能否改变，可分为定量泵和变量泵；按泵的输出油液方向能否改变，可分为单向泵和双向泵。工程上常用的液压泵有齿轮泵、叶片泵和柱塞泵；齿轮泵包括外啮合齿轮泵和内啮合齿轮泵；叶片泵包括双作用叶片泵和单作用叶片泵；柱塞泵包括轴向柱塞泵和径向柱塞泵。

3-2　液压泵的工作原理是什么？

在液压传动中，液压泵都是靠密封的工作容积发生变化而进行工作的，所以都属于容积式泵。

单柱塞液压泵的工作原理如图 3-1 所示。柱塞 2 在弹簧 4 的作用下始终紧压在偏心轮 1 上，偏心轮 1 转动时，柱塞便做往复运动。柱塞向右移动时，密封腔 a 因容积增大而形成一定的真空，在大气压力的作用下通过单向阀 6 从油箱中吸入油液。这时单向阀 5 将压油口封闭，以防止系统油液回流；柱塞向左移动时，密封腔 a 的容积减小，将已吸入的油液通过单向阀 5 压出，这时单向阀 6 将吸油口封闭，以防止油液回流到油箱中。如果偏心轮 1 不停地转动，泵就不断地进行吸油和压油过程。由此可见，液压泵是靠密封容积变化进行工作的，故常称其为容积式液压泵。单向阀 5 和 6 是保证液压泵正常吸油和压油所必需的配油装置。

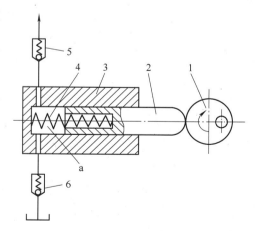

图 3-1　单柱塞液压泵的工作原理
1—偏心轮　2—柱塞　3—泵体
4—弹簧　5、6—单向阀

由图 3-1 可以看出，无论液压泵的具体结构如何，它都必须满足以下三个工作条件：

1）必须有密闭而且可以变化的容积，以便完成吸油和排油过程。

2）必须有配流装置，以便将吸油和排油分开。

3）油箱必须与大气相通，以便形成压力差，有利于吸油。

 3-3 液压泵的图形符号是怎样表示的？

液压泵的图形符号如图 3-2 所示，图 3-2a 所示为单向定量泵，图 3-2b 所示为双向定量泵，图 3-2c 所示为单向变量泵，图 3-2d 所示为双向变量泵。

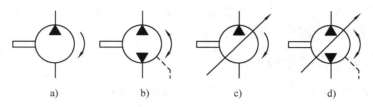

图 3-2 液压泵的图形符号

a）单向定量泵 b）双向定量泵 c）单向变量泵 d）双向变量泵

 3-4 如何使用外啮合齿轮泵？

1）齿轮泵的吸油高度一般不得大于 500mm。

2）齿轮泵应通过挠性联轴器直接与电动机连接，一般不可刚性连接或通过齿轮副或带轮机构与动力源连接，以免单边受力传力，容易造成齿轮泵泵轴弯曲、单边磨损和泵轴油封失效。

3）应限制齿轮泵的极限转速。转速不能过高或过低。转速过高，油液来不及充满整个齿间空隙，会造成空穴现象，出现噪声和振动；转速过低，不能使泵形成必要的真空度，造成吸油不畅。目前，国产齿轮泵的驱动转速为 300~1450r/min，具体情况参考齿轮泵的使用说明书。

4）CB-B 型齿轮泵和其他一些齿轮泵多为单向泵，只能在一个固定方向旋转使用，反向使用时则不能上油，并往往使油封翻转冲破，为此，在使用时一定特别注意。否则换一台新泵，油封刚一运转就会被翻转冲破。如果需要反向或双向回转，则需要专门订货。

3-5 装配外啮合齿轮泵应注意哪些事项？

修理后的齿轮泵，在装配时应注意以下事项：

1）用去毛刺的方法清除各零件上的毛刺。齿轮锐边用天然磨石倒钝，但不能倒成圆角，经平磨的零件要退磁。所有零件经煤油清洗后方可投入装配。

2）CB-B 型齿轮泵的轴向间隙由齿轮与泵体直接控制，泵体厚度一般比齿宽 0.02~0.03mm，安装时一般不允许在泵体与前后盖之间添加纸垫，否则就会引起轴向间隙过大，容积效率降低。轴向间隙过小容易引起发热，机械效率降低。

3）CB-B 型齿轮泵前盖上装在长轴上的油封，其外端面与法兰应平齐，不可打入太深，以免堵塞泄油通道，造成困油，导致油封处漏油。

4）CB-B 型齿轮泵两定位销孔，一般生产厂家作为加工工艺基准用。用户在齿轮泵维修装配时，如果在泵体前后盖三零件上先打入定位销，再拧紧 6 个压紧螺钉，往往会出现齿轮转不动的毛病。正确的方法是先对角交叉地拧紧 6 个压紧螺钉，一面用手转动长轴，若无轻重不一且转动灵活后，再配铰两销孔，打入定位销。

5）CB-B 型齿轮泵泵体容易装反，必须特别注意，否则吸不上油，也容易将骨架油封冲翻。

6）滚针轴承的滚针直径允差不能超过 0.003mm，长度允差为 0.1mm，滚针须如数装满轴承座圈。最好购入整套外购件，或采用铜套加工的轴承。

7）齿轮泵装配后，有条件的可在台架上按规定的技术标准要求进行试验，如无条件也一定要在主机上进行有关试验，方可投入使用。

3-6　如何使用内啮合齿轮泵？

1）BB-B 型摆线泵的流量、压力、出轴及连接安装参数与 CB-B 型齿轮泵相对应，二者可以互换和通用。

2）BB-B 型摆线泵采用外泄漏的结构，使用时要确保泄油通路畅通，泄油管要直接单独引回油箱。

3-7　螺杆泵的工作原理是什么？

螺杆泵实质上一种外啮合的摆线齿轮泵，泵内的螺杆可以有 2 个，也可以有 3 个。图 3-3 所示为 LB-25 型三螺杆泵的工作原理。3 个相互啮合的双头螺柱装在壳体内，主动螺杆 4 为凸螺杆，从动螺杆 5 是凹螺杆。3 个螺杆的外圆与壳体的对应弧面保持着良好的配合。在横截面内，它们的齿廓由几对摆线共轭曲线组成。螺杆的啮合线把主动螺杆和从动螺杆的螺旋槽分隔成多个相互隔离的密封工作腔。随着螺杆的旋转，这些密封工作腔一个接一个地在左端形成，不断地从左向右移动（主动螺杆每旋转一周，每个密封工作腔移动一个螺旋导程），并在右端消失。密封工作腔形成时，它的容积逐渐增大，进行吸油；消失时容积逐渐缩小，将油压出，螺杆泵的螺杆直径越大，螺旋槽越深，排量就越大；螺杆越长，吸油口和压油口之间的密封层次越多，密封越好，泵的额定压力越高。

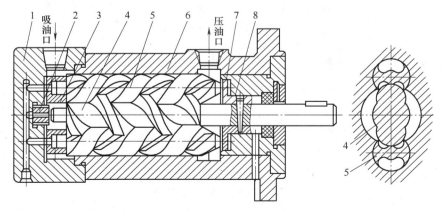

图 3-3　LB-25 型三螺杆泵的工作原理图

1—端盖　2—铜垫　3、8—铜套　4—主动螺杆
5—从动螺杆　6—泵体　7—透盖

螺杆泵结构简单、紧凑，体积小，重量轻，运动平稳，输油均匀，噪声小，允许采用高转速，容积效率较高（达90%~95%），对油液的污染不敏感，因此它在一些精密车床的液压系统中得到了应用。螺杆泵的主要缺点是螺杆形状复杂，加工较困难，不易保证精度。

 3-8 简述叶片泵的特点及分类。

叶片泵在机床液压系统中应用非常广泛。它具有结构紧凑、体积小、运转平稳、噪声小、流量脉动小、使用寿命长等优点，但也存在着结构复杂、吸油性能较差、对油液污染比较敏感等缺点。一般叶片泵的工作压力为7MPa，高压叶片泵可达14MPa，随着结构和工艺材料的不断改进，叶片泵也逐渐向中、高压方向发展，现有产品的额定压力高达28MPa。它被广泛应用于机械制造中的专用机床、自动线等中低压液压系统中。按叶片泵输出流量是否可变，可分为定量叶片泵和变量叶片泵；按每转吸、压油次数和轴、轴承等零件所承受的径向液压力又分为单作用叶片泵（变量叶片泵）和双作用叶片泵（定量叶片泵）。

 3-9 如何解决双作用叶片泵叶片压力不均衡的问题？

一般双作用叶片泵的叶片底部都采取通液压油的顶出结构，但这样做的后果会使得叶片转到吸油区时，由于顶部压力过小而紧紧地挤压在定子表面上，造成定子吸油区曲线的过度磨损，严重地影响了双作用叶片泵工作压力的进一步提高，所以在高压叶片泵的结构上，经常可以看到一些叶片径向压力均衡结构。

（1）阻尼油槽 为了减小叶片底部的油液的作用力，可以设法降低油液的压力。降低油液压力的方法是将泵的压油腔的油通过一个阻尼槽或内装式小减压阀再通到吸油区叶片的底部，从而减小了作用在叶片底部的油液压力，使叶片经过吸油腔时，叶片压向定子内表面的作用力不致过大。

（2）薄叶片结构 减小叶片底部承受液压油作用的面积，就可以减小叶片底部所受的压力，通常采用减小叶片厚度的办法，但目前的叶片最小厚度一般为1.8~2.5mm，再小就要影响叶片的强度和刚性。

（3）复合式叶片结构 图3-4a所示为一种复合式叶片（又称子母叶片）结构，叶片做成子母复合结构。在母叶片的底部中间与子叶片形成一个独立的油腔C，并通过配油盘和油槽K使C腔总是接通液压油，而母叶片底部的L腔，则借助于虚线所示的油孔，始终与顶部油液压力相同。这样，当叶片处在吸油腔时，只有C腔的液压油作用在面积很小的母叶片承载面上，减小了叶片底部的作用力，而且可以通过调整该部分面积的大小来控制油液作用力的大小。

（4）阶梯片结构 图3-4b所示为阶梯形叶片结构，液压油腔b设置在叶片的中部，这样，液压油作用给叶片的径向力由于径向承载面积的减小而减小了一半。这种方法虽然在一定程度上减小了叶片的径向力，但油液同时也作用在叶片的侧面上，造成了叶片附加的侧面压力，阻碍了叶片的顺利滑动，另外，这种结构的工艺性也较差。

（5）双叶片结构 图3-5a所示为双叶片结构，在每一槽中同时放置两片可以自由滑动

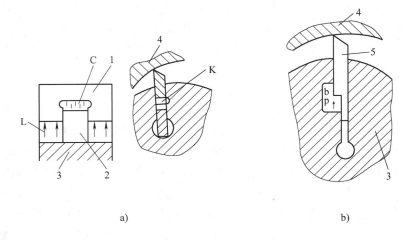

图 3-4　减小叶片作用面积

1—母叶片　2—子叶片　3—转子　4—定子　5—叶片

的叶片 1 和 2，而在两叶片的贴合面处有孔 c 与叶片的顶部形成的油腔 a 保持相通，这样，通过这个小孔 c，就可以达到使叶片顶部和底部的液体压力均衡的目的。

图 3-5b 所示为装有弹簧的叶片顶出结构，这种结构的叶片较厚，顶部与底部有小孔相通，叶片底部的油液是由叶片顶部经叶片的小孔引入的，若不考虑小孔的压力降，则叶片上下油腔油液的作用力始终是平衡的，叶片基本上是靠底部弹簧的力量紧贴在定子的内表面来保证密封的。

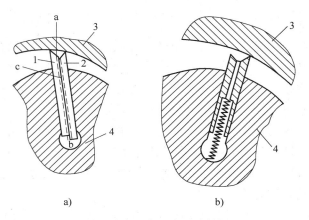

图 3-5　液压力平衡叶片结构

a) 双叶片结构　b) 装有弹簧的叶片顶出结构

1、2—叶片　3—定子　4—转子

3-10　单作用叶片泵具有哪些特点？

与双作用叶片泵相比较，单作用叶片泵具有以下特点：

（1）泵流量可以调节　改变定子和转子之间的偏心距大小便可以改变各个密封容积的变化幅度，从而达到改变泵的排量和流量的目的。

（2）吸、压油路可以反向　当转子与定子的偏心方向反向时，外部油路的吸油、压油方向也相反，所以可以实现吸、压油路方向的改变。

（3）转子的径向力不平衡　由于定子与转子的偏心安装结构，液压泵的转子受到不平衡的径向力的作用，所以这种泵一般只用于低压变量的应用场合。

单作用叶片泵多为低压变量泵，其最高工作压力一般为 7MPa。

3-11 拆修后叶片泵是如何装配与使用维护的？

1）装配前首先要清除零件上的毛刺，然后要清洗干净，方可投入装配。

2）装配在转子槽内的叶片应移动灵活，手松开后由于油的张力叶片一般不应下掉，否则表示装配过松。定量泵的配合间隙为 0.02～0.025mm，变量泵的配合间隙为 0.025～0.04mm。

3）定子和转子与配流盘的轴向间隙应保证为 0.045～0.055mm，以防止泄漏增大。

4）叶片的长度应比转子厚度小 0.05～0.01mm。同时，叶片与转子在定子中应保持正确的装配方向，不得装错。

5）注意紧固螺钉的方法：应交叉对称均匀受力，分次拧紧，同时用手转动泵轴，保证转动灵活平稳，无轻重不一的阻滞现象。

6）装好的叶片泵有条件的可在台架上按规定的技术标准要求进行试验，如无此条件也一定要在主机上进行有关试验，方可投入使用。否则须重新修理或予以更换。

 3-12 简述柱塞泵的特点、应用及分类。

柱塞泵是靠柱塞在缸体中做往复运动造成密封容积的变化来实现吸油与压油的液压泵。与齿轮泵和叶片泵相比，这种泵有许多优点：①构成密封容积的零件为圆柱形的柱塞和缸孔，加工方便，可得到较高的配合精度，密封性能好，泵的内泄漏很小，在高压条件下工作具有较高的容积效率，柱塞泵所容许的工作压力高，这是柱塞泵的最大特点；②只需改变柱塞的工作行程就能改变流量，易于实现变量；③柱塞泵中的主要零件均受压应力的作用，材料强度性能可得到充分利用。

由于柱塞泵的结构紧凑、工作压力高、效率高、流量调节方便，故在需要高压、大流量、大功率的系统中和流量需要调节的场合，如在龙门刨床、拉床、液压机、起重运输机械、铸锻设备、工程机械、矿山冶金机械、船舶等设备中，得到广泛应用。

柱塞泵按柱塞相对于驱动轴位置的排列方向的不同，可分为径向柱塞泵和轴向柱塞泵两大类。

 3-13 如何装配轴向柱塞泵？

1）装配前，应将所有待装配的零件或部件再全面检查一次，并记录检查结果。

2）清除各个部位特别是尖角部分的毛刺。

3）各零件在装配前应仔细清洗，谨防杂质、灰尘、污物等混进泵内各配合件的表面间，以免划伤各配合件的光洁表面。

4）装配时切忌用力敲打，必须敲打时不能直接用锤子敲打零件，要通过中间物（如纯铜棒）垫着。

5）装配时要谨防定心弹簧的钢球脱落，可先将钢球涂抹清洁黄油，使钢球粘在弹簧内套或回程盘上，再进行装配。否则若装配时钢球落入泵内，则运转时必然将泵内其他零件打坏，使泵无法再修理，对此务必注意。

6）泵体与配流盘的接合面上有一定位销，在一般情况下不要拔出。如因修磨配流盘端面拔出后，重新装配时应注意定位销对准泵体上销孔的正确位置，如果装错则不能正常吸油。如图 3-6 所示，若液压泵正常运转（按 A 向），则定位销必须装在孔 1 内；若液压泵反向运转（按 B 向），则定位销必须装在孔 2 内；若需将液压泵改装成液压马达使用，则无论正传或反转，定位销必须装在孔 3 内。

7）变量头装好后，应在 0°～21° 内调节自如，最后调定变量头斜角应为 20°30′，并在表面粗糙度符合要求的表面上涂上一层干净的机械油。

8）拧紧螺钉时，应交叉对称均匀受力，分次拧紧，并一面用手转动泵轴，以保证转动灵活平稳，无轻重不一的阻滞现象。

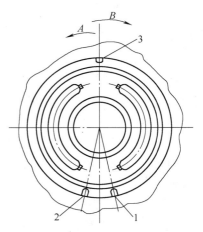

图 3-6　泵体配流面局部图

项目4
液压马达与液压缸

 4-1　液压马达与液压泵有哪些区别？液压马达是如何分类的？

从能量转换的观点来看，液压泵与液压马达是可逆工作的液压元件，向任何一种液压泵输入工作液体，都可使其变成液压马达工况；反之，当液压马达的主轴由转矩驱动旋转时，也可变为液压泵工况。因为它们具有同样的基本结构要素——密闭而又可以周期变化的工作腔和相应的配油机构。

但是，由于液压马达和液压泵的工作条件不同，对它们的性能要求也不一样，所以同类型的液压马达和液压泵之间，仍存在着许多差别。首先，液压马达应能够正转、反转，因而要求其内部结构对称；其次，液压马达的转速范围要足够大，特别对它的最低稳定转速有一定的要求，因此通常都采用滚动轴承或静压滑动轴承；最后，液压马达由于在输入液压油条件下工作，因而不必具备自吸能力，但需要有一定的初始密封性，才能提供必要的起动转矩。由于存在着这些差别，使得液压马达和液压泵在结构上比较相似，但不能可逆工作。

液压马达按其结构不同可以分为齿轮式、叶片式、柱塞式等几种。按液压马达的额定转速不同分为高速和低速两大类。额定转速高于 500r/min 的属于高速液压马达，额定转速低于 500r/min 的属于低速液压马达。高速液压马达有齿轮式、螺杆式、叶片式和轴向柱塞式等。它们的主要特点是转速较高、转动惯量较小，便于起动和制动，调节（调速及换向）灵敏度高。通常高速液压马达输出转矩不大，所以又称为高速小转矩液压马达。低速液压马达的基本型式是径向柱塞式，此外在轴向柱塞式、叶片式和齿轮式中也有低速的结构型式。低速液压马达的主要特点是排量大、体积大、转速低（有时可达每分钟几转甚至零点几转），因此可直接与工作机构连接，不需要减速装置，使传动机构大为简化。通常低速液压马达输出转矩较大，所以又称为低速大转矩液压马达。

 4-2　齿轮液压马达在使用时应注意哪些事项？

齿轮液压马达在使用过程中应注意以下几点：

1）齿轮液压马达输出轴与执行元件间的安装采用弹性联轴器，其同轴度误差不得大于 0.1mm，采用轴套式联轴器的同轴度误差不得大于 0.05mm。

2）齿轮液压马达泄油口的背压不得大于 0.05MPa。

3）齿轮液压马达工作介质推荐使用 46 号液压油或其他运动黏度 $(25\sim33)\times10^{-6}\,\mathrm{m^2/s}$（50℃时）的中性矿物油。

4-3　如何选用内曲线径向柱塞液压马达？

内曲线径向柱塞液压马达是一种多用途的低速大转矩液压马达，具有尺寸小、重量轻、转矩脉动小、径向力平衡、起动效率高，并能在很低的速度下稳定地运转等优点。径向柱塞液压马达选用时应按照以下原则：

1）内曲线径向柱塞液压马达适用于低速、大转矩的传动装置中，如果参数适当，可以不用齿轮箱减速而直接传力，节省了减速器的费用，而且体积小、结构紧凑、安装方便。

2）在内曲线径向柱塞液压马达的典型结构中，横梁式内曲线径向柱塞液压马达及球塞式内曲线径向柱塞液压马达的使用比较普遍。选择时，当转矩比较大时，可选用横梁式内曲线径向柱塞液压马达，对于比较小的转矩，可任选两者之一。

3）对于系统压力较高的场合，例如大于 16MPa 时，宜选用横梁式内曲线径向柱塞液压马达，小于该压力时，可根据需要任意选择两者之一。

4）对于输出轴承受径向力的场合，只能选择横梁式内曲线径向柱塞液压马达，球塞式内曲线径向柱塞液压马达在一般情况下因不能承受此力，故不能选用。

 4-4　内曲线径向柱塞液压马达使用时应注意哪些事项？

内曲线径向柱塞液压马达使用时应注意以下事项：

1）内曲线径向柱塞液压马达使用时必须保证一定的背压，以避免滚轮脱离导轨而引起撞击，而且应随着转速的提高而提高背压，具体背压值应根据使用说明书上的规定选取。

2）内曲线径向柱塞液压马达在使用前应向壳体内灌满清洁的工作液，以保证滚动副等的润滑。

3）内曲线径向柱塞液压马达的进、出油管在配油轴上时，应采用一段高压软管连接，以保证配油轴本身在配油套内处于浮动状态，防止配油轴和配油套卡死。

4）内曲线径向柱塞液压马达微调机构的作用是使配油处于最佳工况，以避免产生敲轨现象。该微调机构一般在出厂时已经调好，非特殊情况不要随便调动。

5）内曲线径向柱塞液压马达的外泄漏管要求接回油箱，若与回油管路相连，须保证其压力不超过一个大气压。

6）横梁式内曲线径向柱塞液压马达的输出轴容许承受径向力，其最大值不超过使用说明书的规定值。球塞式内曲线径向柱塞液压马达的输出轴无轴承支承时，则不能承受径向力。

7）液压系统中的工作油液应严格保持清洁，过滤精度不低于 $25\mu m$。

8）JDM 型径向柱塞液压马达使用时应注意以下几点：

①液压马达在低于 $5\sim20r/min$ 时会产生爬行现象，故不宜用于对低速均匀性要求高的机械。

②液压马达采用 $4\sim8^{\circ}E$（50℃的恩氏黏度）的纯净矿物油，推荐采用 L-AN68 全损耗系统用油。工作油温一般为 20～50℃。工作油中不允许含有直径大于 0.05mm 的固体杂质。

③液压马达允许在最大压力为 22MPa 的工况下运转，但连续运转时间必须减小到每小时运转 6min。

④液压马达与负载轴连接时，两轴线必须同轴。液压马达有三个溢流孔，使用时接最高

位置的溢流孔，其余孔堵死。溢流压力不超过 0.1MPa。

9）内曲线径向柱塞液压马达出油口应具有 0.5～1MPa 的背压。

内曲线径向柱塞液压马达是一种不可逆的液压元件，其出油口应具有 0.5～1MPa 的背压，以避免滚轮脱离导轨而引起噪声、撞击和零件损坏等现象。

4-5　液压马达是如何选用的？

由于液压马达和液压泵在结构上相似，因此，关于液压泵的选用原则也适用于液压马达。一般来说，齿轮马达的结构简单，价格便宜，常用于负载转矩不大、速度平稳性要求不高的场合，如研磨机、风扇等。叶片马达具有转动惯量小、动作灵敏等优点，但容积效率不高、机械特性软，适用于中高速以上、负载转矩不大，要求频繁起动和换向的场合，如磨床工作台、机床操作系统等。轴向柱塞马达具有容积效率高、调速范围大且低速稳定性好等优点，适用于负载转矩较小，有变速要求的场合，如起重机械、内燃机车和数控机床等。

4-6　液压缸漏油的原因有哪些？应采取什么对策？

在实际生产中，液压缸往往因密封不良、活塞杆弯曲、缸体或缸盖等有缺陷、产生拉缸、活塞杆或缸内径过度磨损等原因引起液压缸产生漏油。当出现漏油现象时，液压缸的工作性能急剧恶化，将导致液压缸产生爬行、出力不足、保压性能差等问题，严重影响了液压设备的平稳性、可靠性和使用寿命。

1. 液压缸漏油的部位及原因

总的来说，液压缸的泄漏一般分为内泄漏和外泄漏两种情况。外泄漏较容易发现，只要仔细观察即可做出正确的判断。液压缸的内泄漏检修较为困难，一方面内泄漏的部位因不能直接观察而难以判断其准确位置，另一方面对修理后的效果也难以做出准确的评判。

（1）液压缸外泄漏的部位及原因　液压缸的外泄漏一般有以下几种情况：

1）活塞杆与导向套间相对运动表面之间漏油。这种漏油现象是不可避免的。若液压缸在完全不漏油的条件下做往复运动，活塞杆表面与密封件之间将处于干摩擦状态，反而会加剧密封件的磨损，大大缩短其使用寿命。因此，应允许活塞杆表面与密封件之间有一定程度的漏油，以起到润滑和减少摩擦的作用，但要求活塞杆在静止时不能漏油。活塞杆每移动100mm，漏油量不得超过两滴，否则，为外泄漏严重。

沿活塞杆与导向套内密封间的外泄漏主要是由于安装在导向套上的 V 形（常用 Yx 形）密封圈损坏及活塞杆被拉伤起槽、有坑点等引起的。

2）沿缸体与导向套外密封间漏油。缸体与导向套间的密封是静密封，可能造成漏油的原因有：密封圈质量不好；密封圈压缩量不足；密封圈被刮伤或损坏；缸体质量和导向套密封沟槽的表面加工粗糙。

3）液压缸体上及相配合件上有缺陷引起漏油。液压缸体上及相配合件上的这些缺陷，在液压系统的压力脉动或冲击振动的作用下将逐渐扩大而引起漏油。例如：铸造的导向套有铸造气孔、砂眼和缩松等缺陷引起漏油；缸体上有缺陷而引起漏油；缸盖上有缺陷而引起漏油。

4）缸体与缸盖接合部的固定配合表面之间的漏油。当密封件失效、压缩量不够、老化、损伤、几何精度不合格、加工质量低劣、非正规产品或重复使用 O 形密封圈时，就会出现漏油现象。只要选择合适的 O 形密封圈即可解决问题。

（2）液压缸内泄漏的部位及原因

1）液压缸内泄漏的部位。液压缸内部有两处漏油。一处是活塞杆与活塞之间的静密封部分，只要选择合适的 O 形密封圈就可以防止漏油；另一处是活塞与缸壁之间的动密封部分。

2）液压缸内泄漏的原因：

①活塞杆弯曲或活塞与活塞杆同轴度不好。这会导致活塞与缸体的同轴度超差，造成活塞的一侧外缘与缸体间的间隙减少，使缸的内径产生偏磨而漏油，严重时还会引起拉缸使内泄漏加重。

②密封件损坏或失效。主要原因是：密封件的材料或结构类型与使用条件不符（例如，如果密封材质太软，那么液压缸在工作时，密封件极易挤入密封间隙而损伤，造成液压油的泄漏）；密封件失效、压缩量不够、老化、损伤、几何精度不合格、加工质量低劣、非正规产品；密封件的硬度、耐压等级、变形率和强度范围等指标不符合要求；如果密封件在高温环境下工作，将加速密封件的老化，导致因密封件失效而泄漏；密封件安装不当、表面磨损或硬化，以及寿命到期但未及时更换。

③存在铁屑及硬质异物。活塞外圆与缸体之间一般有 0.5mm 的间隙，若铁屑或硬质异物嵌入其中，就会引起拉缸而产生内泄漏。

④设计、加工和安装有问题。如果密封的设计不符合规范要求，密封槽的尺寸不合理，密封配合精度低、配合间隙超差，将导致密封件损伤，产生液压油泄漏；密封槽的表面粗糙度值和平面度误差过大，加工质量差，也将导致密封件损伤，产生液压油泄漏；密封结构选用不当，造成变形，使接合面不能完全接触，产生液压油泄漏；装配不细心、接合面有沙尘或因损伤而产生较大的塑性变形，也会导致液压油泄漏。

例如，液压缸的活塞半径、密封槽深度或宽度、装密封圈的孔尺寸超差或因加工问题而造成圆度超差、毛刺或凹点、镀铬脱落等，密封件就会有变形、划伤、压死或压不实等现象发生，使其失去密封功能。这都将使零件本身具有先天性的渗漏点，在装配后或使用过程中发生渗漏。

2. 预防液压缸漏油的对策

（1）防止污染物直接或间接进入液压缸　注意油箱加油孔及系统元件防雨、防尘装置的密封；维修液压系统时，应在清洁的车间内进行，不能进车间的，应选择空气清洁度高的环境；短时不能修复的，拆开部件要进行必要的密封，避免杂质侵入；当油箱加油时，要用滤网过滤，尽可能避开恶劣天气和环境；维修人员要注意个人的清洁，避免将粉尘、油污等杂质带入液压系统；拆卸液压缸前，首先要将液压缸及周围的油污、尘土等清除干净，同时注意维修工具的清洁；零件拆下修理后要进行清洗，洗后要用干燥的压缩空气吹干再进行装配；修理装配时应避免戴手套操作或用棉纱擦拭零件；装配用具及加油容器、滤网等要注意保持清洁，防止将污物带入系统；适时对油箱进行清洗，清除维修时带进的杂质以及沉积的污物；液压油的油质要定期进行检测，适时更换油液。认真做好以上工作，对控制液压油的污染，降低液压缸的磨损，预防液压缸漏油，延长液压缸的使用寿命，有着非常重要的作用。

（2）要正确装配密封圈　安装 O 形密封圈时，不要将其拉到产生永久变形的程度，也不要边滚动边套装，否则可能因密封圈的形状扭曲而漏油。安装 Y 形和 V 形密封圈时，要注意安装方向，避免因装反而漏油。对 Y 形密封圈而言，其唇边应对着压力油腔；对 Yx 形密封圈，要注意区分是轴用还是孔用，不要装错。V 形密封圈由形状不同的支承环、密封环和压环组成，当压环压紧密封环时，支承环可使密封环产生变形而起密封作用，安装时应将密封环开口面向压力油腔；调整压环时，应以不漏油为限，不可压得过紧，以防密封阻力过大。密封圈如与滑动表面配合，装配时应涂以适量的液压油。拆卸后的 O 形密封圈和防尘圈应全部换新。

（3）减少动密封件的磨损　液压系统中大多数动密封件都经过精确设计，如果动密封件加工合格、安装正确、使用合理，均可保证长时间无泄漏。从设计角度来讲，可以采用以下措施来延长动密封件的寿命：消除活塞杆和驱动轴密封件上的径向载荷；用防尘圈、防护罩和橡胶套保护活塞杆，防止粉尘等杂质进入；使活塞杆运动的速度尽可能低。

（4）合理设计和加工密封槽　液压缸密封槽设计或加工得好坏，是减少泄漏、防止油封过早损坏的先决条件。如果活塞与活塞杆静密封处的沟槽尺寸偏小，密封圈在密封槽内没有微量的活动余地，密封圈的底部就会因反作用力的作用使其损坏而导致漏油。密封槽的设计（主要是密封槽部位的结构形状、尺寸、几何公差和密封面的表面粗糙度等）应严格按照标准要求进行。

防止油液由液压缸静密封件处向外泄漏，须合理设计静密封件、密封沟槽的尺寸及公差，使安装后的静密封件受挤压变形后能填塞配合表面的微观凹坑。当零件刚度或螺栓预紧力不够大时，配合表面将在油液压力作用下分离，造成间隙过大，随着配合表面的运动，静密封就变成了动密封。

（5）采用合理、有效的维修方法

1）液压缸拆检与维修方法。液压缸缸体内表面与活塞密封损伤是引起液压缸内泄漏的主要因素。如果缸体内表面产生纵向拉痕，即使更换新的活塞密封，也不能有效地排除故障。缸体内表面，主要检查尺寸公差和几何公差是否满足技术要求，有无纵向拉痕，并测量纵向拉痕的深度，以便采取相应的解决方法。

缸体存在变形和较浅的拉痕时，采用强力珩磨工艺修复。强力珩磨工艺可修复比原公差超差 2.5 倍以内的缸体。它通过强力珩磨机对尺寸或几何误差超差的部位进行珩磨，使缸体整体尺寸、几何公差和表面粗糙度满足技术要求。

缸体内表面磨损严重，存在较深的纵向拉痕时，可更换液压缸，也可采用粘接的方法进行修复。修复时，先用丙酮溶液清洗缸体内表面，晾干后在拉伤处涂上一层胶粘剂，用特制的工具将胶刮平，待胶与缸体内表面粘在一起后，再涂上一层胶粘剂（厚度以高出缸体内表面 2mm 左右为宜），此时应上下来回用力将胶修刮平整，并稍微高出缸体内表面，尽可能均匀、光滑，待固化后再用细砂纸打磨其表面，直至与原缸体内表面高度一致时为止。

2）活塞杆、导向套的检查与维修。活塞杆与导向套间相对运动产生的磨损是引起外泄漏的主要因素。如果活塞杆表面镀铬层因磨损而剥落或产生纵向拉痕，将直接导致密封件的失效。因此，应重点检查活塞杆的表面粗糙度和几何误差是否满足技术要求。如果活塞杆弯曲应校直达到要求，或按实物进行测绘，由专业生产厂进行制造；如果活塞杆表面镀层磨损、划伤、局部剥落，可采取磨去镀层、重新镀铬的表面加工处理工艺。

3）密封件的检查与维修。活塞密封件是防止液压缸内泄漏的主要元件。对于唇形密封件应重点检查唇边有无伤痕和磨损情况，对于组合密封件应重点检查密封面的磨损量，然后判定密封件是否可以使用。另外还需检查活塞与活塞杆间的密封垫片有无挤伤情况。活塞杆密封应重点检查密封件和导向支承环的磨损情况，一旦发现密封件和导向支承环存在缺陷，应根据被修液压缸密封件的结构型式，选用相同结构型式和适宜材质的密封件进行更换，这样能最大限度地降低密封件与密封表面之间的油膜厚度，减少密封件处油液的泄漏量。

 4-7　在安装液压缸时应注意哪些问题?

液压缸是液压机械中直接拖动负载的装置，安装时要考虑到它与负载的大小、性质、方向等，在安装时必须注意以下几点：

1) 与之相连的基座必须有足够的强度。如果基座不牢固，加压时，缸体将向上翘起，导致活塞杆弯曲或折损。

2) 大直径，行程在2m以上的大液压缸，在安装时，必须安装活塞杆的导向支承环和缸体本身的中间支座，以防止活塞杆和缸体挠曲。因为挠曲会使缸体与活塞杆、活塞杆与导向套之间的间隙不均匀，造成滑动面不均匀磨损或拉伤，轻则使液压缸出现内泄漏和外泄漏，重则使液压缸不能使用。

3) 耳环式液压缸是以耳环为支点，它可以在与耳环垂直的平面内摆动的同时，做直线往复运动。所以，活塞杆顶端连接转轴孔的轴线方向，必须与耳环孔轴线的方向一致。否则，液压缸就会受到以耳环孔为支点的弯曲载荷，有时还会由于活塞杆弯曲，使杆端的头部螺纹折断。而且，由于活塞杆在弯曲状态下进行往复运动，容易拉伤缸体内表面，使导向套的磨损不均匀，发生漏油等现象。

4) 当要求耳环式液压缸能以耳环孔为中心做自由回转时，可以使用万向接头或万向联轴器。采用万向接头时，液压缸能整体自由摆动，可将"别劲"现象减到最小。

5) 铰轴式液压缸的安装方法应与耳环式液压缸相同。因为液压缸以铰轴为支点，并在与铰轴相垂直的平面内摆动的同时做往复直线运动，所以活塞杆顶端的连接销轴线，应与铰轴轴线平行。若连接销轴线与铰轴轴线相垂直，则液压缸就会变形弯曲，活塞杆顶端的螺纹部分会折断，加之有横向力的作用，活塞杆导向套和活塞面容易发生不均匀磨损或拉伤，这是造成破损和漏油的主要原因。

4-8　液压缸试运转如何操作?

液压缸安装好后，需要进行试运转。

安装后试压无漏油现象时，首先应当排气。将工作压力降至0.5~1.0MPa进行排气。

排气方法是：当活塞运动到终端，压力升高时，将处于高压腔的排气阀螺栓打开一点，使带有浊气的白色泡沫状油液从排气阀喷出，喷出时带有"嘘、嘘"的排气声。当活塞由终端开始返回的瞬间关闭排气阀。如此多次，直至喷出澄清的油液为止，然后再换另一腔排气，排气方法同上。一般要将空气排净需要25min左右的时间。排气操作必须谨慎注意安全。

液压缸设有缓冲阀的，还应对缓冲阀进行调整，主要调整缓冲效果和动作的循环时间。当液压缸上作用有工作负载时，活塞速度先按小于50mm/s运行，然后逐渐提高。开始先把缓冲阀放在缓冲节流阻力较小的位置，然后逐渐增大节流阻力，使缓冲作用逐渐加强，一直调到符合缓冲要求为止。

 4-9 如何拆卸、检查液压缸？

1. 液压缸的拆卸

一般液压缸的拆卸顺序应是：

1）将活塞移动到适于拆卸的位置。

2）松开溢流阀，使溢流阀卸荷，系统压力降为零。

3）切断电源，使液压装置停止工作。

4）拆下进、出油口的配管，松开活塞杆端的连接头、缸盖及安装螺栓。

5）拆卸活塞杆、活塞和缸体等。拆卸时一定要注意不应硬性地将活塞杆、活塞从缸体中拔出，以免损伤缸体内表面。

2. 液压缸零件的检查

（1）缸体内表面　缸体内表面有很浅的线状摩擦伤或点状痕迹，是允许的，对使用无影响。如果是纵向拉伤，必须对内孔进行研磨，或用极细的砂纸或磨石修正。当无法对纵向拉伤进行修正时，必须更换新缸体。

（2）活塞杆　在与密封圈做相对运动的活塞杆滑动面上产生的拉伤或伤痕，其检查处理方法同缸体内表面。但是，活塞杆滑动面一般是镀铬的，如果镀层的一部分因磨损产生脱落，形成纵向深痕时，对外泄漏将会有很大的影响。此时必须除去旧镀层，重新镀铬，抛光。镀铬厚度为 0.05mm。

（3）密封件　检查活塞杆、活塞上的密封件时，应当首先观察密封件的唇边有无受伤，检查密封摩擦面的磨损情况，发现唇边有轻微伤痕、摩擦面有磨损时，最好更换新的密封件。

（4）导向套　导向套内表面的浅伤痕，对使用没有太多影响。但是，当伤痕深度在 0.2mm 以上时，就应更换新的导向套。

（5）活塞　活塞表面有轻微伤痕时，不影响使用，如果伤痕深度在 0.2mm 以上时，就应更换新的活塞。另外，还得检查活塞上是否有与缸盖碰撞引起的裂纹。如有，则必须更换活塞。

（6）其他检查　其他部分的检查，随液压缸构造及用途而异。但检查时应留意缸盖、耳环、铰轴上是否有裂纹，活塞杆顶端螺纹和油口螺纹有无异常等。

4-10 液压缸组装时应注意哪些事项？

1）检查加工零件上有无毛刺或锐角。在密封技术中，保护好密封圈的唇边是十分重要的。若缸体内表面上开有排气孔或是通油孔，应检查并除去孔两端开的导向锥面上的毛刺，以免密封件在安装过程中损坏。检查密封圈接触或摩擦的相应表面，如有伤痕必须研磨、修正，否则即使更换新的密封件也不能防止液压油泄漏。在密封圈要经过螺纹部分前，应在螺纹上卷一层密封带，在带上涂上润滑脂，再进行安装。

2）装入密封圈时，要用耐热性好、抗氧化能力好的润滑脂。在液压缸的拆卸和组装过程中，采用洗涤油或汽油等将各部分洗净，再用压缩空气吹干，然后在缸体内表面及密封圈上涂上一些润滑脂。这样，不仅能使密封圈容易装入，而且在组装时能不被损坏。

3）切勿装错密封方向。密封有方向性。对于 Y 形、V 形密封圈，一般将密封圈的唇口朝着高压一边。如果是 O 形密封圈，就没有方向性，但 O 形圈后面要加保护环，O 形密封圈前面受压，背后的保护环是防止 O 形密封圈受压后变形及被挤出拧扭。

4-11 装配后液压缸如何试验？

液压缸装配好后要进行试验。试验项目一般有以下几项：

1. 运动平稳性检查

在最低压力 p_1 下运行 5~10 次，检查活塞运动是否平稳、灵活，无阻滞现象。最低压力与密封件的种类有关。O 形、Y 形夹织物密封圈的最低压力 p_1 取 0.3MPa 左右，V 形夹织物密封圈的最低压力 p_1 取 0.5MPa 左右，活塞环的最低压力 p_1 取 0.15MPa 左右。

2. 负载试验

在活塞杆上加最大工作负荷，此时液压缸中的压力 p 为最大工作压力。在 p 的作用下，运行 5 次全行程往复运动，此时活塞杆移动平稳、灵活，且液压缸中的各部分部件没有永久变形和其他异常现象。

3. 液压缸的外泄漏试验

在 $p_2(=1.5p)$ 作用下，活塞往复运动 5~10min，各密封和焊接处不得漏油。

4. 液压缸的内泄漏试验

在活塞杆上加一定的静载荷 $F(F=pA$，A 为活塞有效工作面积)，在 10min 内，活塞移动距离不超过额定值。

5. 液压缸强度试验

从液压缸两端施加试验压力 $p_3[p_3=(1.5~1.75)p]$，试验 2min，各零件不得破损或永久变形。

在以上各试验之后，可能出现缸的紧固或松弛现象。所以，为慎重起见，在试验后应再度拧紧拉杆，紧固压盖螺栓等。此项工作往往被疏忽。在强度试验后直接使用，由于各螺栓上的载荷不均匀，易使螺栓逐个破坏，最终造成严重故障。

4-12 液压缸为何要采取缓冲措施？缓冲效果不好的表现有哪些？其原因是什么？怎样排除？

当运动部件的质量较大、运动速度较高（>0.2m/s）时，由于惯性力较大，具有很大的动量，当活塞运动到缸体的终端时，会与缸盖发生机械碰撞，产生很大的冲击和噪声，严重影响机械精度，甚至引起破坏性事故，为此常需采取缓冲措施。液压缸中缓冲装置的工作原理是利用活塞或缸体在其走向行程终端时，在活塞与缸盖之间封住一部分油液，强迫这部分油液从小孔或缝隙中挤出，产生节流背压阻力，使工作部分制动，逐渐减慢运动速度，达到缓冲的目的。

液压缸缓冲效果不好常表现为缓冲作用过度、缓冲作用失效和缓冲过程中产生爬行等情况。缓冲作用过度是指活塞进入缓冲行程到活塞停止运动的时间间隔太短，和进入缓冲行程的瞬间活塞受到很大的冲击力两种情况。缓冲作用失效是指在接近行程终点时没有缓冲效果，活塞不减速，给缸底以很大的撞击力。缓冲过程中的爬行是指活塞进入缓冲行程后的跳跃式的时停时走状态。

1. 缓冲作用过度的原因及排除方法

1）缓冲阀节流过量。此时应适当调大节流口。

2）缓冲柱塞在缓冲孔中偏斜、拉伤、有咬死现象或配合间隙有夹杂物。此时采取如下措施：提高缓冲柱塞和缓冲孔的制造精度；提高活塞与缸盖的安装精度，同轴度误差不大于0.03mm；缓冲柱塞与缓冲孔配合间隙的大小要适当，通常要求配合间隙为0.01~0.12mm。

2. 缓冲作用失效的原因及排除方法

1）缓冲阀调整不良。此时可采取如下措施：调节阀的锥阀芯与阀座配合不好，重新研磨阀座；缓冲孔的加工要保证垂直度和同轴度。

2）缓冲柱塞和缓冲孔配合间隙太大。此时应调整或修配使缓冲柱塞与缓冲孔配合间隙的大小为0.01~0.12mm。

3）缓冲腔容积过小，引起缓冲腔压力过大。此时应加大缓冲腔直径和长度。

4）缓冲装置的单向阀在回油时堵不住。此时应修理或更换单向阀。

3. 缓冲过程中爬行的原因及排除方法

缓冲柱塞与缓冲环相配合的孔有偏心或倾斜、发生干涉等引起的缓冲不良，以及缸体与缸盖不同轴、缸体端面对轴线的垂直度不符合要求、活塞与活塞杆发生倾斜等。当缓冲装置发生故障时，应按要求重新装配，提高零件加工质量，对不合格零件予以更换新零件。

 4-13 液压缸使用时应注意哪些事项？

液压缸使用时应注意以下事项：

1）在工作中应避免损伤活塞杆的外表面及活塞杆端部的螺纹，避免用铁锤敲打活塞杆和缸体端部。

2）液压缸性能试验后必须再度紧固。液压缸试验后，必须再度拧紧缸盖紧固螺栓及有关连接螺栓，以免因单边拧紧受力不均而逐个破坏。

3）使用过程中应经常检查液压缸是否漏油，以及液压缸与工作机构的连接部位有无松动。

4）有排气装置的液压缸，应注意将缸内的空气排除干净。

项目5

液压辅助元件

5-1 液压辅助元件主要有哪些?

液压系统中的辅助元件主要有密封件、过滤器、蓄能器、油管、管接头、油箱、冷却器、加热器、空气过滤器、指示器、压力表和压力表开关。这些辅助元件从工作原理和功能来看是起辅助作用的,但它们对系统工作的稳定性、工作效率、使用寿命、噪声和温升等影响很大。因此在设计、制造和使用液压设备时,对辅助元件必须给予足够的重视。

5-2 油管与管接头的作用是什么? 有什么要求?

液压系统通过油管传送工作液体,用管接头把油管与元件连接起来。油管和管接头应有足够的强度和良好的密封性能,并且压力损失要小、拆装方便。

5-3 油管的分类有哪些?

(1) 硬管

1) 钢管。钢管价格低廉、耐高压、耐油、耐蚀、刚性好,但装配时不易弯曲,常在装拆方便处用作压力管道。常用钢管有冷拔无缝钢管和有缝钢管(焊接钢管)两种。中压以上条件下采用无缝钢管,高压的条件下可采用合金钢管,低压条件下采用焊接钢管。

2) 纯铜管。纯铜管易弯曲成形,安装方便,管壁光滑,摩擦阻力小,但价格高,耐压能力低,抗振能力差,易使油液氧化,只用于仪表装配不便处。

(2) 软管

1) 橡胶管。橡胶管用于柔性连接,分为高压和低压两种。高压橡胶管由耐油橡胶夹钢丝编织网制成,用于压力管路,钢丝网层数越多,耐压能力越高,最高使用压力可达40MPa;低压橡胶管由耐油橡胶夹帆布制成,用于回油管路。

2) 塑料管。塑料管耐油、价格低、装配方便,长期使用易老化,只适用于压力低于0.5MPa的回油管与泄油管。

3) 尼龙管。尼龙是一种新型材料,呈乳白色半透明,可观察液体流动情况,在液压行业得到日益广泛的应用。尼龙加热后可任意弯曲成型和扩口,冷却后即定形。尼龙管一般应用在承压能力为2.5~8MPa的液压系统中。

4) 金属波纹软管。金属波纹软管由极薄的不锈钢无缝管作管坯,外套网状钢丝组合而成。管坯为环状或螺旋状波纹管。与耐油橡胶相比,金属波纹管价格较贵,但其重量轻、体积小、耐高温、清洁度好。金属波纹管最高工作压力可达40MPa,目前仅限于小通径管道。

5-4 硬管安装的技术要求有哪些?

对硬管安装的技术要求主要有:

1) 硬管安装时,对于平行或交叉管道,相互之间要有100mm以上的空隙,以防止干扰和振动,也便于安装管接头。在高压大流量场合,为防止管道振动,需每隔1m左右用标准管夹将管道固定在支架上,以防止振动和碰撞。

2) 管道安装时,路线应尽可能短,应横平竖直,布管要整齐,尽量减少转弯。若需要转弯,其弯曲半径应大于管道外径的3~5倍,弯曲后管道的圆度小于10%,不得有波浪状变形、凹凸不平及压裂与扭转等不良现象。金属管连接时必须有适当的弯曲,图5-1列举了一些金属管连接实例。

3) 在安装前应对钢管内壁进行仔细的检查,看其内壁是否存在锈蚀现象。一般应用20%的硫酸或盐酸进行酸洗,酸洗后用10%的苏打水中和,再用温水洗净、干燥、涂油,进行静压试验,确认合格后再安装。

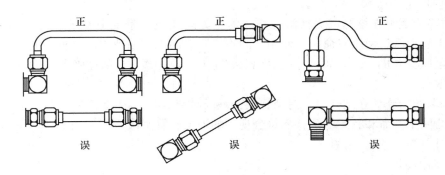

图5-1 金属管连接实例

 5-5 软管安装的技术要求有哪些?

对软管安装的技术要求主要有:

1) 软管弯曲半径应大于软管外径的10倍。对于金属波纹管,若用于运动连接,其最小弯曲半径应大于内径的20倍。

2) 耐油橡胶软管和金属波纹管与管接头成套供货。弯曲时耐油橡胶软管的弯曲处与管接头的距离至少是外径的6倍;金属波纹管的弯曲处与管接头的距离应大于管内径的2~3倍。

3) 软管在安装和工作中不允许有拧、扭现象。

4) 耐油橡胶软管用于固定件的直线安装时要有一定的长度余量(一般留有30%左右的余量),以适应胶管在工作时-2%~+4%的长度变化(油温变化、受拉、振动等因素引起)的需要。

5) 耐油橡胶软管不能靠近热源,要避免与设备上的尖角部分接触和摩擦,以免划伤管子。

5-6　管接头在应用时，应满足哪些要求？管接头的型式有哪些？

管接头是油管与油管、油管与液压元件之间的可拆卸连接，它应满足连接牢固、密封可靠、液阻小、结构紧凑、拆装方便等要求。

管接头的型式很多，按接头的通路方向分类，有直通、直角、三通、四通、铰接等；按其与油管连接方式分类，有管端扩口式、卡套式、焊接式、扣压式等。管接头与机体的连接常用锥螺纹和普通细牙螺纹。用锥螺纹联接时，应外加防漏填料；用普通细牙螺纹联接时，应采用组合密封垫（熟铝合金与耐油橡胶组合），且应在被连接件上加工出一个小平面。

5-7　液压软管常见的故障有哪些？产生的原因是什么？应采取哪些措施排除这些故障？

软管在使用过程中，由于使用与维护不当、系统设计不合理和软管制造不合格等原因，经常出现液压软管渗漏、裂纹、破裂、松脱等故障。

（1）使用不合格软管引起的故障

1）故障原因。在维修或更换液压管路时，如果在液压系统中安装了劣质的液压软管，由于其承压能力低、使用寿命短，使用时间不长就会出现漏油现象，严重时液压系统会产生事故，甚至危及人机安全。如果鼓泡出现在软管的中段，多为软管生产质量问题，应及时更换合格的软管。

2）采取的措施。在维修时，对新更换的液压软管，应认真检查生产的厂家、日期、批号、规定的使用寿命和有无缺陷，不符合规定的液压软管坚决不能使用。

（2）违规装配引起的故障

1）故障原因

软管安装时，若弯曲半径不符合要求或软管扭曲等，皆会引起软管破损而漏油。

2）采取的措施。在液压软管安装时应注意以下几点：

①软管直线安装时要有30%左右的长度余量，以适应油温、受拉和振动的需要。

②安装过程中不要扭曲软管。

③软管弯曲处，弯曲半径要大于9倍的软管外径，弯曲处到管接头的距离至少等于6倍软管外径。

④橡胶软管最好不要在高温有腐蚀气体的环境中使用。

⑤如果系统软管较多，应分别安装管夹加以固定或者用橡胶板隔开。

⑥在使用或保管软管的过程中，不要使软管承受扭转力矩。

⑦为了避免液压软管出现裂纹，要求在寒冷环境中不要随意搬动软管或拆修液压系统，必要时应在室内进行。如果需要长期在较寒冷环境中工作，应换用耐寒软管。

（3）由于液压系统受高温的影响引起的故障

1）故障原因。当环境温度过高、风扇装反或液压马达旋向不对、液压油牌号选用不当或油质差、散热器散热性能不良、泵及液压系统压力阀调节不当时，都会造成油温过高，同时也会引起液压软管过热，会使液压软管中加入的增塑剂溢出，降低液压软管的柔韧性。另外，过热的油液通过系统中的缸、阀或其他元件时，如果产生较大的压降则会使油液发生分解，导致软管内胶层氧化而变硬。橡胶管路如果长期受高温的影响，则会导致橡胶管路从高温、高压、弯曲、扭曲严重的地方发生老化、变硬和龟裂，最后油管爆破而漏油。

2）采取的措施。当橡胶管路由于高温影响导致疲劳破坏或老化时，首先要认真检查液压系统的工作温度是否正常，排除一切引起油温过高和使油液分解的因素后更换软管。软管布置要尽量避免热源，要远离发动机排气管，必要时可采用套管或保护屏等装置，以免软管受热变质。为了保证液压软管的安全工作，延长其使用寿命，对处于高温区的橡胶管，应做好隔热降温，如包扎隔热层，引入散热空气等都是有效的措施。

（4）由于污染引起的故障

1）故障原因。当液压油受到污染时，液压油的相容性变差，使软管内胶层与液压系统用油不相容，软管受到化学作用而变质，导致软管内胶层严重变质，出现明显的发胀。若发生发胀现象，应检查油箱，是否在回油口处有碎橡胶片。

此外，管路的外表面经常会沾上水分、油泥和尘土，容易使导管外表面产生腐蚀，加速外表面老化。

2）采取的措施。在日常维护工作中，不得随意踩踏、拉压液压软管，更不允许用金属器具或尖锐器具敲碰液压软管，以防出现机械损伤；对露天停放的液压机械或液压设备，应加盖蒙布，做好防尘、防雨雪工作，雨雪过后应及时除水、晾晒和除锈；要经常擦去管路表面的油污和尘土，防止液压软管腐蚀；添加油液和拆装部件时，要防止将杂物、水分带入系统中。

 5-8 过滤器的功用是什么？过滤器的符号是什么？

过滤器的功用就是滤去油液中杂质，维护油液的清洁，防止油液污染，保证液压系统正常工作。

需要指出的是，过滤器的使用仅是减少液压介质污染的手段之一，要使液压介质污染降低到最低限度，还需要与其他清除污染手段相配合。过滤器的符号如图 5-2 所示。

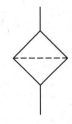

图 5-2 过滤器的符号

5-9 过滤器的主要性能参数有哪些？

过滤器的主要性能参数有过滤精度、过滤比、过滤能力等。

（1）过滤精度 过滤器的过滤精度是指介质流经过滤器时滤芯能够滤除的最小杂质颗粒度的大小，以公称直径 d 表示，单位为 mm。颗粒度越小，其过滤精度越高，一般分为四级：粗过滤器 $d \geq 0.1mm$，普通过滤器 $d \geq 0.01mm$，精过滤器 $d \geq 0.005mm$，特精过滤器 $d \geq 0.001mm$。

（2）过滤比 过滤器的作用也可用过滤比来表示，它是指过滤器上游油液单位容积中大于某一给定尺寸的颗粒数与下游油液单位容积中大于同一尺寸的颗粒数之比。国际标准 ISO 4572 推荐过滤比的测试方法是：液压泵从油箱中吸油，油液通过被测过滤器，然后回油箱。同时在油箱中不断加入某种规格的污染物（试剂），测量过滤器入口与出口处污染物的数量，即得到过滤比。影响过滤比的因素很多，如污染物的颗粒度及尺寸分布、流量脉动及流量冲击等。过滤比越大，过滤器的过滤效果越好。

（3）过滤能力 过滤器的过滤能力是指在一定压差下允许通过过滤器的最大流量，一般用过滤器的有效过滤面积（滤芯上能通过油液的总面积）来表示。

5-10　过滤器有哪些类型？

过滤器按过滤材料的过滤原理分为表面型、深度型和磁性过滤器三种。

 5-11　如何正确安装过滤器？在安装过滤器时应注意哪些问题？

过滤器在液压系统中的安装位置如下：

1）安装在泵的吸油口。在泵的吸油口安装网式或线隙式过滤器，防止大颗粒杂质进入泵内，同时有较大的通流能力，防止空穴现象，如图 5-3 中的 1 所示。

2）安装在泵的出口处。如图 5-3 中的 2 所示，安装在泵的出口处可保护除泵以外的元件，但需选择过滤精度高，能承受油路上工作压力和冲击压力的过滤器，压力损失一般小于 0.35MPa。此种方式常用于过滤精度要求高的系统及伺服阀和调速阀前，以确保它们的正常工作。为保护过滤器本身，应选用带堵塞发信装置的过滤器。

3）安装在系统的回油路上。安装在回油路可滤去油液回油箱前侵入系统或系统生成的污物。由于回油压力低，可采用滤芯强度低的过滤器，其压力降对系统影响不大，为了防止过滤器阻塞，一般与过滤器并联一个安全阀或安装堵塞发信装置，如图 5-3 中的 3 所示。

4）安装在系统的旁路上。如图 5-3 中的 4 所示，与阀并联，使系统中的油液不断净化。

5）安装在独立的过滤系统中。在大型液压系统中，可专设液压泵和过滤器组成的独立过滤系统，专门滤去液压系统油箱中的污物，通过不断循环，提高油液清洁度。专用过滤车也是一种独立的过滤系统，如图 5-3 中的 5 所示。

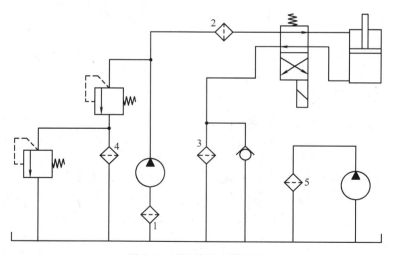

图 5-3　过滤器的安装位置

使用过滤器时还应注意过滤器只能单向使用，按规定液流方向安装，以利于滤芯清洗和安全。清洗或更换滤芯时，要防止外界污染物侵入液压系统。

到目前为止，液压系统还没有统一的产品规格标准。过滤器制造商按照各自的编制规则，形成各不相同的过滤器规格系列。

在安装过滤器时应注意以下几点：

1）过滤器在液压系统的安装位置主要依其用途而定。为了滤除液压油源的污物以保证液压泵，吸油管路要装设粗滤油器；为了保护关键液压元件，在其前面装设精过滤器；其余宜将过滤器装在低压回路管路中。

2）注意过滤器壳体上标明的液流方向，不能装反，否则，将会把滤芯冲毁，造成系统的污染。

3）在液压泵吸油管上装置网式过滤器时，网式过滤器的底面不能与液压泵的吸管口靠得太近，否则，吸油将会不畅。过滤器合理的安装高度是2/3的滤油器网高。过滤器一定要全部浸入油面一下，这样油液可从四面八方进入油管，过滤网得到充分利用。

4）清洗金属编织方孔网滤芯元件时，可用刷子在汽油中刷洗。而清洗高精度滤芯元件时，则需用超净的清洗液或清洗剂。金属丝编织的特种网和不锈钢纤维烧结毡等可以用超声波清洗或液流反向冲洗。滤芯元件在清洗时应堵住滤芯端口，防止污物进入滤芯腔内。

5）当过滤器压差指示器显示红色信号时，要及时清洗或更换滤芯。

5-12 过滤器滤芯破坏变形的原因有哪些？如何排除？

（1）滤芯的破坏变形　这一故障现象表现为滤芯的变形、弯曲、凹陷、吸扁与冲破等。产生原因如下：

1）滤芯在工作中被污染物严重阻塞而未得到及时清洗，流进与流出滤芯的压差增大，使滤芯强度不够而导致滤芯变形破坏。

2）过滤器选用不当，超过了其允许的最高工作压力。例如同为纸质过滤器，型号为ZU-100X202的额定压力为6.3MPa，而型号为ZU-H100X202的额定压力可达32MPa。如果将前者用于压力为20MPa的液压系统，滤芯必定被击穿而破坏。

3）在装有高压蓄能器的液压系统，因某种故障蓄能器油液反灌冲坏过滤器。

（2）排除方法

1）定期检查清洗过滤器。

2）正确选用过滤器，强度、耐压能力要与所用过滤器的种类和型号相符。

3）针对各种特殊原因采取相应对策。

5-13 过滤器堵塞时，应如何清洗？

一般过滤器在工作过程中，滤芯表面会逐渐纳垢，造成堵塞。此处所说的堵塞是指导致液压系统产生故障的严重堵塞。过滤器堵塞后，会导致泵吸油不良、泵产生噪声、系统无法吸进足够的油液而造成压力升不上去，油中出现大量气泡以及滤芯因堵塞而可能造成滤芯因压力增大而击穿等故障。过滤器堵塞后应及时清洗，清洗方法如下：

（1）用溶剂清洗　常用的溶剂有三氯化乙烯、油漆稀释剂、甲苯、汽油、四氯化碳等。这些溶剂都易着火，并有一定的毒性，清洗时应充分注意，除采用溶剂清洗外，还可采用苛性钠、苛性钾等碱溶液脱脂清洗，界面活性剂脱脂清洗以及电解脱脂清洗等。界面活性剂脱脂清洗及电解清洗的清洗能力虽强，但对滤芯有腐蚀性，必须慎用。在洗后须用水洗等方法尽快清除溶剂。

（2）用机械及物理方法清洗

1）用毛刷清扫。应采用柔软毛刷除去滤芯上的污垢，因为过硬的钢丝刷会将网式、线隙式的滤芯损坏，使烧结式滤芯烧结颗粒刷落。此法不适于纸质过滤器，一般与溶剂清洗相结合。

2）超声清洗。超声作用在清洗液中，可将滤芯上的污垢除去，但滤芯是多孔物质，有吸收超声波的性质，可能会影响清洗效果。

3）加热挥发法。有些过滤器上的积垢，用加热方法可以除去，但应注意在加热时不能使滤芯内部残存有炭灰及固体附着物。

4）压缩空气吹。用压缩空气在污垢积层反面吹出积垢，采用脉动气流效果更好。

5）用水压清洗。方法与采用压缩空气相同，二法交替使用效果更好。

（3）酸处理法　采用此法时，滤芯应为用同种金属的烧结金属。对于铜类金属（青铜），常温下用光辉浸渍液（H_2SO_4 43.5%、HNO_3 37.2%、HCl 0.2%，其余为水）将表面的污垢除去；或用 H_2SO_4 20%、HNO_3 30%，其余为水配成的溶液，将污垢除去后，放在由 $Cr_3O \cdot H_2SO_4$ 和水配成的溶液中，使其生成耐蚀性膜。

对于不锈钢类金属，用 HNO_3 25%、HCl 1%，其余为水配成的溶液将表面污垢除去，然后在浓 HNO_3 中浸渍，将游离的铁除去，同时在表面生成耐腐性膜。

（4）各种滤芯的清洗步骤和更换

1）纸质滤芯。根据压力表或堵塞指示器指示的过滤阻抗，更换新滤芯，一般不清洗。

2）网式和线隙式滤芯。清洗步骤为溶剂脱脂→毛刷清扫→水压清洗→气压吹净→干燥→组装。

3）烧结金属滤芯。可先用毛刷清扫，然后溶剂脱脂（或用加热挥发法，400℃以下）→水压及气压吹洗（反向压力为 0.4~0.5MPa）→酸处理→水压、气压吹洗→气压吹净脱水→干燥。

拆开清洗后的过滤器，应在清洁的环境中，按拆卸顺序组装起来，若须更换滤芯，应按规格更换，即外观和材质相同、过滤精度及耐压能力相同等。对于过滤器内所用密封件要按材质规格更换，并注意装配质量，否则会产生泄漏、吸油和排油损耗以及吸入空气等故障。

5-14　蓄能器在安装及使用时的注意事项有哪些？

在安装及使用蓄能器时应注意以下几点：

1）气囊式蓄能器中应使用惰性气体（一般为氮气）。蓄能器绝对禁止使用氧气，以免引起爆炸。

2）蓄能器是压力容器，搬运和拆装时应将充气阀打开，排出充入的气体，以免因振动或碰撞而发生意外事故。

3）应将蓄能器的油口向下竖直安装，且有牢固的固定装置。

4）液压泵与蓄能器之间应设置单向阀，以防止液压泵停止工作时，蓄能器内的液压油向液压泵中倒流；应在蓄能器与液压系统的连接处设置截止阀，以供充气、调整或维修时使用。

5）蓄能器的充气压力应为液压系统最低工作力的 25%~90%；而蓄能器的容量，可根据其用途不同，参考相关液压系统设计手册来确定。

6）不能在蓄能器上进行焊接、铆接及机械加工。

7）不能在充油状态下拆卸蓄能器。

8）蓄能器属于压力容器，必须有生产许可证才能生产，所以一般不要自行设计、制造蓄能器，而应该选择专业生产厂家的定型产品。

 5-15　油箱中为什么要装配热交换器？

液压系统中，油液的工作温度一般为 40～60℃，最高不超过 60℃，最低不低于 15℃。温度过高将使油液迅速裂化变质，同时使液压泵的容积效率下降；温度过低则液压泵吸油困难。为控制油液温度，油箱常配有冷却器和加热器，统称为热交换器。

 5-16　安装加热器的原因是什么？液压系统中油液预加热的方法主要有哪几种？

油箱的温度过低时（<10℃），因油液黏度较高，不利于液压泵吸油和起动，因此需要将油液温度加热到 15℃以上。液压系统油液预加热的方法主要以下几种：

（1）利用流体阻力损失加热　一般先起动一台泵，让其全部油液在高压下经溢流阀流回油箱，泵的驱动功率完全转化为热能，使油温升高。

（2）采用蛇形管蒸汽加热　设置一个独立的循环回路，油液流经蛇形管经蒸汽加热。此时应注意高温介质的温度不得超过 120℃，被加热油液应有足够的流速，以免油液被烧焦。

（3）利用电加热器加热　电加热器有定型产品可供选用，一般水平安装在油箱内，如图 5-4 所示，其加热部分全部浸入油中，严防因油液的蒸发导致油面降低，使加热部分露出油面。安装位置应使油箱中的油液形成良好的自然对流。

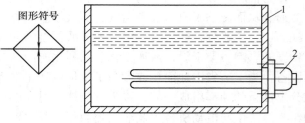

图形符号

图 5-4　电加热器
1—油箱　2—电加热器

采用电加热器加热时，可根据计算所需功率选用电加热器的型号。单个加热器的功率不能太大，以免其周围油液过度受热而变质，建议尽可能用多个电加热器的组合形式以便于分级加热。同时要注意电加热器长度的选取，以保证水平安装在油箱内。

 5-17　冷却器被腐蚀的原因有哪些？应采取哪些解决办法？

冷却器产生腐蚀的主要原因有材料、环境（水质、气体）以及电化学反应三大要素。

选用耐蚀性强的材料，是防止腐蚀的重要措施。目前油冷却器的冷却管多用散热性好的铜管制作，其离子化倾向较强，会因与不同种金属接触产生接触性腐蚀（电位差不同），例如在定孔盘、动孔盘及冷却铜管管口往往产生严重腐蚀的现象。解决腐蚀的办法，一是提高冷却水质，二是选用铝合金、钛合金制的冷却管。

另外，冷却器的环境包含溶存的氧、冷却水的水质（pH 值）、温度、流速及异物等。水中溶存的氧越多，腐蚀反应越激烈；在酸性范围内，pH 值降低，腐蚀反应越活泼，腐蚀越严重，在碱性范围内，对铝等两性金属，随着 pH 值的增加，腐蚀的可能性也增加；流速的增大，一方面增加了金属表面的供氧量，另一方面流速过大，产生湍流涡流，会产生气蚀性腐蚀；水中的砂石、微小贝类附着在冷却管上，也往往会产生局部侵蚀。

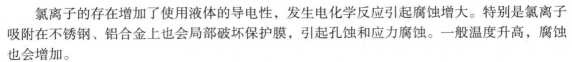

氯离子的存在增加了使用液体的导电性，发生电化学反应引起腐蚀增大。特别是氯离子吸附在不锈钢、铝合金上也会局部破坏保护膜，引起孔蚀和应力腐蚀。一般温度升高，腐蚀也会增加。

综上所述，为防止腐蚀，在冷却器选材和水质处理等方面应引起重视，前者往往难以改变，后者用户可想办法改善。

对安装在水冷式油冷却器中用来防止电蚀作用的锌棒要及时检查和更换。

 5-18　油箱的主要功用有哪些？

油箱在液压系统中的主要功用是储存液压系统所需的足够油液，散发油液中的热量，分离油液中的气体及沉淀污物。另外，对中小型液压系统，往往把泵装置和一些元件安装在油箱顶板上，使液压系统结构紧凑。

 5-19　油箱的结构型式有哪两种？各自有什么特点？

油箱分为总体式和分离式两种。总体式油箱是与机械设备机体做成一起，利用机体空腔部分作为油箱。此种型式结构紧凑，利于各种漏油的回收。但散热性差，易使邻近构件发生热变形，从而影响了机械设备精度，而且维修不方便，使机械设备复杂。分离式油箱是一个单独的、与主机分开的装置，它布置灵活，维修保养方便，可减少油箱发热和液压振动对工作精度的影响，便于设计成通用化、系列化的产品，因而得到了广泛的应用。对一些小型液压设备，为了节省占地面积或者为了批量生产，常将液压泵与电动机装置及液压控制阀安装在分离油箱的顶部组成一体，称为液压站。对大中型液压设备一般采用独立的分离油箱，即油箱与液压泵与电动机装置及液压控制阀分开放置。当液压泵与电动机装置安装在油箱侧面时，称为旁置式油箱；当液压泵与电动机装置安装在油箱下面时，称为下置式油箱（高架油箱）。油箱多为自制。

 5-20　如何选择密封件？

密封件的品种、规格很多，在选用时除了根据需要密封部位的工作条件和要求选择相应的品种、规格外，还要注意其他问题，如工作介质的种类、工作温度（以密封部位的温度为基准）、压力的大小和波形、密封耦合面的滑移速度、"挤出"间隙的大小、密封件与耦合面的偏心程度、密封耦合面的表面粗糙度以及密封件与安装槽的型式、结构、尺寸、位置等。

按上述原则选定的密封件应满足如下基本要求：在工作压力下，应具有良好的密封性能，即泄漏在高压下没有明显的增加；密封件长期在流体介质中工作，必须保证其材质与工作介质的相容性好；动密封装置的动、静摩擦阻力要小，摩擦因数要稳定；磨损小，使用寿命长；拆装方便，成本低等。

 5-21　密封装置产生漏油的原因是什么？

密封装置的故障主要是因密封装置的损坏而产生的漏油现象。因密封装置产生的上述故障原因较为复杂，有密封本身产生的，也有其他原因产生的。

液压系统中许多元件广泛采用间隙密封，而间隙密封的密封性与间隙大小（泄漏量与间隙的立方成正比)、压力差(泄漏量与压力差成正比)、封油长度(泄漏量与长度成反比)、加工质量及油的黏度等有关。由于运动副之间润滑不良、材质选配不当及加工、装配、安装精度较差,就会导致早期磨损,使间隙增大、泄漏增加。其次,液压元件中还广泛采用密封件密封,其密封件的密封效果与密封件材质、密封件的表面质量、结构等有关。如密封件材料低劣、物化性不稳定、机械强度低、弹性和耐磨性低等,则都因密封效果不良而泄漏;安装密封件的沟槽尺寸设计不合理、尺寸精度及表面粗糙度差、预压缩量小和密封不好也会引起泄漏。另外,接合面表面粗糙度差,平面度不好,压后变形以及紧固力不均;元件泄油、回油管路不畅;油温过高、油液黏度下降或选用的油液黏度过小;系统压力调得过高,密封件预压缩量过小;液压件铸件壳体存在缺陷等都会引起泄漏增加。

 5-22 压力表的选择和使用应注意哪些事项?

在压力表的选择和使用时应注意以下几点:

1)根据液压系统的测试方法以及对精度等方面的要求选择合适的压力表,如果是一般的静态测量和指示性测量,可选用弹簧管式压力表。

2)选用的工作介质(各种牌号的液压油)应对压力表的敏感元件无腐蚀作用。

3)压力表量程的选择:若是进行静态压力测量或压力波动较小时,按测量的范围为压力表满量程的1/3~2/3来选;若测量的是动态压力,则需要预先估计压力信号的波形和最高变化的频率,以便选用具有比此频率大5~10倍以上固有频率的压力测量仪表。

4)为防止压力波动造成直读式压力表的读数困难,常在压力表前安装阻尼装置。

5)在安装时如果使用聚四氟乙烯带或胶黏剂,切勿堵住油(气)孔。

6)应严格按照有关测试标准的规定来确定测压点的位置,除了具有耐大加速度和振动性能的压力传感器外,一般的仪表不宜装在有冲击和振动的地方。例如:液压阀的测试要求上游测压点与被测试阀的距离为5d(d为管道内径),下游测试点与被测试阀的距离为10d,上游测压点与扰动源的距离为50d。

7)装卸压力表时,切忌用手直接扳动表头,应使用合适的扳手操作。

 5-23 安装吸油管路时应满足哪些要求?

安装吸油管路时应符合下列要求:

1)吸油管路要尽量短,弯曲少,管径不能过细,以减少吸油管的阻力,避免吸油困难,产生吸空、气蚀现象。对于泵的吸程高度,各种液压泵的要求有所不同,但一般不超过500mm。

2)吸油管应连接严密,不得漏气,以免使泵在工作时吸进空气,导致系统产生噪声,以至无法吸油(在泵吸油口部分的螺纹,法兰接合面上往往会由于小小的缝隙而漏入空气)。因此,建议在泵吸油口处采用密封胶与吸油管路连接。

3)一般在液压泵吸油管路上应安装过滤器,滤油精度通常为100~200目,过滤器的通流能力至少相当于泵的额定流量的两倍,同时要考虑清洗时拆装方便,一般在油箱的设计过程中,在液压泵的吸油过滤器附近开设手孔就是基于这种考虑。

4)为了不使吸油管内产生气蚀,应将吸油管的管口插入最低油面以下,一般离油箱底面的距离为管子外径的2倍。

5-24 安装回油管路和压油管时应满足哪些要求？

1. 安装回油管路

安装回油管路时应符合下列要求：

1）执行元件的主回油路及溢流阀的回油管应伸到油箱液面以下，以防止油飞溅而混入气泡，同时回油管应切出朝向油箱壁的45°斜口。

2）具有外部泄漏的减压阀、顺序阀、电磁阀等的泄漏油口与回油管连通时不允许有背压，否则应将泄油口单独接回油箱，以免影响阀的正常工作。

3）安装成水平的油管，应有3/1000～5/1000的坡度。油管过长时，每500mm应固定一个夹持油管的管夹。

2. 安装压油管

压油管的安装位置应尽量靠近设备和基础，同时又要便于支管的连接与检修，为了防止压油管振动，应将管路安装在牢固的地方，在振动的地方要加阻尼来消除振动，或将木块、硬橡胶的衬垫装在管夹上，使金属件不直接接触管路。

 5-25 安装管接头时应满足哪些要求？

在漏油事故中，因管接头安装不良占较大比例，所以对管接头安装有一定的要求。

1）必须按设计图样规定的接头进行安装。

2）必须检查管接头的质量，发现有缺陷应及时更换。

3）接头用煤油清洗，并用空气吹干。

4）接头体拧入油路板或阀体之前，将接头体的螺纹清洗干净，涂上密封胶或用聚四氟乙烯塑料带顺着螺纹旋向缠上，以提高密封性，防止接头处外漏。但要注意，密封带的缠向必须顺着螺纹旋向，一般缠1～2圈。缠的层数太多，工作过程中接头容易松动，反而会泄漏油液。若用流态密封胶作为螺纹扣与扣之间的填料，温度不得超过60℃，否则会熔化，使液体从螺纹扣中溢出。拧紧时用力不宜过大，特别是锥管螺纹接头体，拧紧力过大会产生裂缝，导致泄漏。

5）接头体与管子端面应对准，不准有偏斜或弯曲现象，两平面接合良好后才能拧紧，并应有足够的拧紧力矩（或达到规定值），保证结合严密。

6）要检查密封质量，若有缺陷应更换，装配时应细心，不准装错或安装时把密封垫损坏。

 5-26 安装法兰时应满足哪些要求？

1）按设计图样上规定和要求进行法兰的安装。

2）检查法兰盘和密封垫的质量，若有异常应更换。

3）法兰用煤油清洗干净，并用空气吹干。

4）拧紧螺钉时，各螺钉受力应均匀，并且要有足够的拧紧力矩（或达到规定值），以保证结合严密。

5）对高压法兰的紧固螺钉，要抽查螺钉所用的材料和加工质量，不符合要求的螺钉不准使用。

项目6
液压控制阀

 6-1 液压控制阀的作用是什么？

液压控制阀是液压系统的调控元件，其作用是控制和调节液压系统中液体的流动方向、压力高低和流量大小，以满足执行元件的工作要求。

 6-2 对液压控制阀的基本要求有哪些？

1）密封性能好，内泄漏少，无外泄漏。
2）结构简单紧凑，体积小。
3）动作灵敏，使用可靠。
4）油液通过液压阀时压力损失小。
5）安装、维护、调整方便，通用性好。

 6-3 液压控制阀的基本结构与原理是什么？

所有液压控制阀都是由阀体、阀芯和驱动阀芯动作的元件组成的。阀体上除有与阀芯配合的阀体孔或阀座孔外，还有外接油管的进、出油口。液压控制阀按阀芯的结构分为滑阀、锥阀和球阀。驱动装置可以是手调装置，也可以是弹簧、电磁或液压装置。液压控制阀是利用阀芯在阀体内的相对运动来控制进出油口的通断及开口大小，来实现压力、流量和方向控制的。液压阀的开口大小、进出油口间的压力差与液压油液通过阀的流量之间的关系，符合孔口流量公式，只是各种阀的控制参数各不相同。

 6-4 单向阀分为哪几种？

单向阀有普通单向阀和液控单向阀两种。

 6-5 普通单向阀在选用和安装时应注意哪些事项？

1）选用时，除了要根据需要合理地选择开启压力外，还应特别注意工作时的流量应与阀的额定流量相匹配，因为当通过单向阀的流量远小于额定流量时，单向阀有时会产生振动。这是因为流量越小，开启压力越高，油中含气越多，越容易产生振动。

2）安装时，必须分清单向阀的进、出口，以免影响液压系统的正常工作。特别是对于液压泵出口处安装的单向阀，若反向安装则可能损坏液压泵或烧坏电动机。

6-6　换向阀是怎样分类的？有哪些类型？

换向阀按结构类型及运动方式可分为滑阀式、转阀式和锥阀式；按阀的安装方式可分为管式、板式、法兰式等；按阀体连通的主油路数可分为二通、三通、四通等；按阀芯在阀体内的工作位置可分为二位、三位、四位等；按操纵阀芯运动的方式可分为手动、机动、电磁驱动、液动、电液动等；按阀芯的定位方式可分为钢球定位和弹簧复位两种。其中，滑阀式换向阀在液压系统中应用广泛。

6-7　电磁换向阀在使用与安装时应注意哪些事项？

使用与安装电磁换向阀时应注意以下几点：

1）选用电磁换向阀时，首先要注意电磁换向阀的种类，交直流类型，额定电压，安装尺寸，电磁换向阀吸力及有效行程等。

2）电磁换向阀的安装应保持轴线呈水平方向，不允许倾斜或沿垂直方向安装。

3）二位二通电磁换向阀机能分为常开和常闭两种。如想改变原来的机能，只要将阀芯掉头安装即可。通径为 10mm 的电磁换向阀没有二位二通电磁换向阀品种，可堵住二位三通电磁换向阀 A、B 油口中的任意一个即成二位二通电磁换向阀。注意 T 油口仍要接回油箱。二位二通电磁换向阀的 L 油口和二位三通电磁换向阀的 T 油口均为外泄油口，应直接接回油箱。

4）通径为 10mm 的电磁换向阀有两个 T 油口，使用时可任选一个。

5）电磁铁电压的波动范围，允许为额定电压的 90%~105%。

6）电磁换向阀的工作介质推荐采用 L-HM46 抗磨液压油，油温在 10~65℃。液压系统应具备过滤精度不低于 30μm 的过滤器。

7）管接头连接处禁止用油漆、麻丝等包裹螺纹，可采用聚四氟乙烯密封带。

8）电磁换向阀安装位置的两端应保证有足够大的空间，以便采用手动操作电磁铁或更换电磁铁。

9）电磁换向阀应用螺钉安装在连接底板上，不允许用管道支撑阀门。

10）连接底板与阀结合面的表面粗糙度应保证在规定的技术要求以上，平面度公差应小于 0.1mm。

11）应在规定的技术条件下工作，以确保工作正常。

12）双电电磁换向阀的两个电磁铁不能同时通电，在设计液压设备的电控系统时，应使两个电磁铁的动作互锁。

13）选用电磁换向阀时，要根据所用的电源、使用寿命、切换频率、安全特性等选用合适的电磁铁。

14）换向阀的回油管位置应低于油箱液面以下。

15）湿式电磁换向阀的电磁铁导磁腔的油液压力不能超过 6.3MPa，否则易使底板翘起，影响密封。

16）在进口设备上使用的电磁换向阀，电磁铁的使用电压往往与我国的不同，使用时应予以注意。

6-8 溢流阀的结构型式有哪两种？有什么作用？

溢流阀按结构型式可分为直动式和先导式。溢流阀一般旁接在液压泵的出口处，保证系统压力恒定或限制其最高压力；有时也旁接在执行元件的进口，对执行元件起安全保护作用。一般情况下，直动式溢流阀用于低压系统，先导式溢流阀用于中、高压系统。

6-9 溢流阀在使用时应注意哪些事项？

1）应根据液压系统的工况特点和具体要求选择溢流阀的类型。通常直动式溢流阀响应较快，宜作为安全阀使用；先导式溢流阀启闭特性好，宜作为调压定压阀使用。

2）应尽量选用启闭特性好的溢流阀，以提高执行元件的速度负载特性和回路效率。就动态特性而言，所选择的溢流阀应在响应速度较快的基础上具有好的稳定性。

3）正确使用溢流阀的连接方式，正确选用连接件（安装底板或管接头），并注意连接处的密封。阀的各个油口应正确接入系统，外部泄油口必须直接接回油箱。

4）根据系统的工作压力和流量合理选定溢流阀的额定压力和流量（通径）规格。对于作为远程调压阀的溢流阀，其通过流量一般为遥控口所在的溢流阀通过流量的 0.5%～1%。

5）应根据溢流阀所在液压系统的用途和作用确定和调节调定压力，特别是作为安全阀使用的溢流阀，起始调定压力不得超过液压系统的最高压力。

6）调压时应注意按正确的旋转方向调节调压机构，调压结束时应将锁紧螺母拧紧。

7）如果需要通过先导式溢流阀的遥控口对系统进行远程调压、卸荷或多级压力控制，则应将遥控口的螺塞拧下，接入控制油路；否则应将遥控口严密堵塞。

8）如需改变溢流阀的调压范围，可以通过更换溢流阀的调压弹簧实现，但同时应注意弹簧的设定压力可能改变阀的启闭特性。

9）对于电磁溢流阀，其使用电压、电流及接线方式必须正确。

10）卸荷溢流阀的回油腔应直接接油箱，以减少背压。

11）溢流阀出现调压失灵或噪声过大等故障时，要查明原因及时修复。修复时拆洗过的溢流阀组件应正确安装，并注意防止二次污染。

6-10 什么是顺序阀？顺序阀的结构型式有哪些？它是怎样工作的？

顺序阀利用液压系统中的压力变化来控制油路的通断，从而实现多个液压元件按一定的顺序动作。顺序阀按结构分为直动式和先导式，按控制液压油来源又分为内控式和外控式。

顺序阀在液压系统中相当于自动开关。它以进口液压油（内控式）或外来液压油（外控式）的压力为信号，当信号压力达到调定值时，阀口开启，使所在油路自动接通，故其结构和溢流阀相似。它和溢流阀的主要区别在于：溢流阀出口通向油箱，压力为零；而顺序阀出口通向有压力的油路（卸荷阀除外），其压力数值由出口负载决定。

6-11 顺序阀在使用时应注意哪些事项？

顺序阀的使用注意事项可参照溢流阀的相关内容，同时还应注意以下几点：

1）顺序阀通常为外泄方式，所以必须将泄油口接至油箱，并注意泄油路背压不能过高，以免影响顺序阀的正常工作。

2）应根据液压系统的具体要求选用顺序阀的控制方式，对于外控式顺序阀应提供适当的控制压力油，以使阀可靠启闭。

3）启闭特性太差的顺序阀，通过流量较大时会使一次压力过高，导致系统效率降低。

4）所选用的顺序阀，开启压力不能过低，否则会因泄漏导致执行元件误动作。

5）顺序阀的通过流量不宜小于额定流量过多，否则将产生振动或其他不稳定现象。

 6-12　什么是减压阀？减压阀有哪些类型？各自的作用是什么？

减压阀是一种利用液流流过缝隙，液阻产生的压力损失使出口压力低于进口压力的压力控制阀。按调节要求不同减压阀分为：用于保证出口压力的定值减压阀；用于保证进、出口压力差不变的定差减压阀；用于保证进、出口压力成比例的定比减压阀。其中定值减压阀应用最广。

减压阀主要用于降低系统某一支路的油液压力，使同一系统能有两个或多个不同压力的分支。例如，当系统中的夹紧或润滑支路需稳定的低压时，只需在该支路上串联一个减压阀即可。

定值减压阀分为直动式和先导式两种，其中先导式减压阀应用较广。

 6-13　减压阀使用时应注意哪些事项？

1）应根据液压系统的工况特点和具体要求选择减压阀的类型，并注意减压阀的启闭特性的变化趋势与溢流阀相反（即通过减压阀的流量增大时，二次压力有所减小）。另外，应注意减压阀的泄油量较其他控制阀多，始终有油液从先导阀流出（有时多达 1L/min 以上），从而影响液压泵容量的选择。

2）减压阀的连接方式要正确，正确选用连接件（安装底板或管接头），并注意连接处的密封；阀的各个油口应正确接入系统，外部泄油口必须直接接回油箱。

3）根据系统的工作压力和流量，合理选定减压阀的额定压力和流量（通径）规格。

4）应根据减压阀在系统中的用途和作用确定和调节二次压力，必须注意减压阀设定压力与执行器负载压力的关系。主减压阀的二次压力设定值应高于远程调压阀的设定压力。二次压力的调节范围取决于调压弹簧和阀的通过流量。最低调节压力应保证一次与二次压力之差为 0.3~1MPa。

5）调压时应注意以正确的旋转方向调节调压机构，调压结束时应将锁紧螺母拧紧。

6）如果需要通过先导式减压阀的遥控口对系统进行多级减压控制，则应将遥控口的螺塞拧下，接入控制油路；否则应将遥控口严密封堵。

7）卸荷溢流阀的回油路应直接接油箱，以减少背压。

8）减压阀出现调压失灵或噪声较大等故障时，应拆洗溢流阀组零件并正确安装，并注意防止二次污染。

 6-14　压力继电器是怎样工作的？有哪些结构型式？

压力继电器是一种将油液压力信号转换为电信号的电-液信号转换元件。当控制油的压力达到调定值时，便触动电气开关发出电信号，控制电气元件（如电动机、电磁铁、电磁离合器等）动作，实现泵的加载或卸载、执行元件顺序动作、系统安全保护和元件动作联锁等。任何压力继电器都由压力与位移转换装置和微动开关两部分组成。按前者的结构，压力继电器分为柱塞式、弹簧管式、膜片式和波纹管式四类，其中柱塞式最为常用。

 6-15　压力继电器在使用时应注意哪些事项？

1）根据具体用途和系统压力选用适当结构型式的压力继电器，为了保证压力继电器动作灵敏，低压系统避免选用高压压力继电器。

2）应按照制造厂的要求，以正确方位安装压力继电器。

3）按照所要求的电源形式和具体要求对压力继电器中的微动开关进行接线。

4）压力继电器调整完毕后，应锁定或固定其位置，以免受到振动后压力继电器的位置变动。

5）压力继电器的泄油腔应直接接回油箱，否则会使泄油口背压过高，影响其灵敏度。

 6-16　流量控制阀工作的基本原理是什么？它分为哪几种？

流量控制阀通过改变阀口通流面积来调节输出流量，从而控制执行元件的运动速度。常用的流量阀有节流阀和调速阀两种。

6-17　节流阀在使用时应注意哪些事项？

1）普通节流阀的进、出口，有些可以任意对调，但有些不可以，具体使用时，应按照产品使用说明接入系统。

2）节流阀不宜在较小开度下工作，否则极易被阻塞并导致执行元件爬行。

3）行程节流阀和单向行程节流阀应用螺钉固定在行程挡块动作路径的已加工基面上，安装方向可根据需要而定；挡块或凸轮的行程和倾角应参照产品说明制作，不宜过大。

4）节流阀开度应根据执行元件的速度要求进行调节，调整好后应锁紧，以防止松动而改变调好的节流口开度。

6-18　调速阀在使用时应注意哪些事项？

1）调速阀（不带单向阀）通常不能反向使用，否则，定差减压阀将不起压力补偿器的作用。

2）为了保证调速阀正常工作，应注意调速阀工作压差应大于阀的最小压差 $\Delta p_{\min}$。高压调速阀的最小压差 $\Delta p_{\min}$ 一般为 1MPa，而中低压调速阀的最小压差 $\Delta p_{\min}$ 一般为 0.5MPa。

3）流量调整好后，应锁定位置，以免改变调整好的流量。

4）在接近最小稳定流量下工作时，建议在系统中调速阀的进口侧设置管路过滤器，以免因调速阀阻塞而影响流量的稳定性。

6-19　什么是叠加阀（举例说明）？叠加阀有哪几种类型？

叠加阀是在板式阀集成化的基础上发展起来的一种新型液压元件，但它在配制形式上和板式阀、插装阀截然不同。叠加阀是安装在板式换向阀和底板之间，由有关的压力、流量和单向控制阀组成的集成化控制回路。每个叠加阀除了具有液压阀功能外，还起油路通道的作用。因此，由叠加阀组成的液压系统，阀与阀之间不需要另外的连接体，而是以叠加阀阀体作为连接体，直接叠合再用螺栓结合而成。叠加阀因其结构形状而得名。同一通径的各种叠加阀的油口和螺钉孔的大小、位置、数量都与相匹配的板式换向阀相同。因此，同一通径的叠加阀，只要按一定次数叠加起来，加上电磁控制换向阀，即可组成各种典型的液压系统，通常一组叠加阀的液压回路只控制一个执行器。若将几个安装底板块（也都具有相互连通的通道）横向叠加在一起，即可组成控制几个执行器的液压系统。

图 6-1 所示为控制两个执行器（液压缸和液压马达）的叠加阀组及其液压回路图示例。

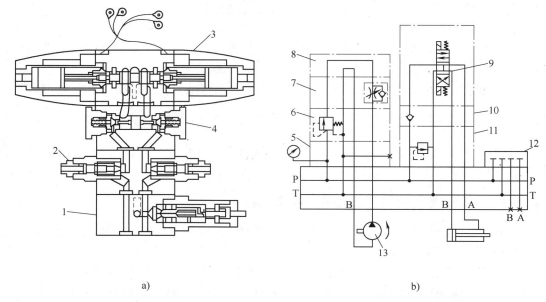

a)　　　　　　　　　　　　　　　　b)

图 6-1　控制两个执行器（液压缸和液压马达）的叠加阀组及其液压回路

a）叠加阀组　b）液压回路

1—叠加式溢流阀　2—叠加式流量阀　3—电磁换向阀　4—叠加式单向阀

5—压力表安装板　6—顺序阀　7—单向进油节流阀　8—顶板　9—换向阀

10—单向阀　11—溢流阀　12—备用回路盲板　13—液压马达

叠加阀的工作原理与板式阀基本相同，但结构和连接方式上有其特点，因而自成体系。如板式溢流阀，只在阀的底部上有 P 和 T 两个进、出主油口；而叠加式溢流阀，除了 P 口和 T 口外，还有 A、B 油口，这些油口自阀的底面贯通到阀的顶面，而且同一通径的各类叠加阀的连接尺寸及高度尺寸，国际标准化组织已制定出相应的标准（ISO 7790 和 ISO 4401），从而使叠加阀具有更广的通用性及互换性。

根据功能的不同，叠加阀通常分为单功能阀和复合功能阀两大类型。

6-20　单功能叠加阀的结构与工作原理是什么（以 Y1 型溢流阀为例）？

单功能叠加阀与普通液压阀一样，也分为压力控制阀（包括溢流阀、减压阀、顺序阀等）、流量阀（如节流阀、单向节流阀、调速阀等）和方向阀（如换向阀、单向阀、液控单向阀等）。为便于连接形成系统，每个阀体上都具有 P、T、A、B 四油口以上贯通的通道，阀内油口根据阀的功能分别与自身相应的通道相连接。为便于叠加，在阀体的结合面上，上述各通道的位置相同。由于结构的限制，这些通道多数是用精密铸造成型的异形孔。

单功能叠加阀的控制原理、内部构造与普通同类型板式液压阀相似，为避免重复，在此以 Y1 型溢流阀为例，说明叠加阀的结构特点。

图 6-2a 所示为先导叠加式溢流阀的结构图。图中先导阀为锥阀，主阀芯为前端锥形面的圆柱形。液压油从进油口 P 进入主阀芯右端的 e 腔，作用于主阀芯右端，同时通过小孔 d 进入主阀芯的左腔 b，再通过小孔 a 作用于锥阀芯 3 上。当进油口 P 的压力小于阀的调整压力时，锥阀芯关闭，主阀芯无溢流；当进油口 P 的压力升高，达到阀的调整压力后，锥阀芯 3

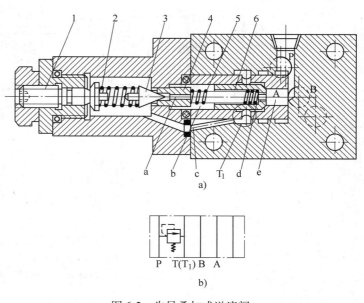

图 6-2 先导叠加式溢流阀
1—推杆 2、5—弹簧 3—锥阀芯
4—锥阀座 6—主阀芯

打开，液流经小孔 c 到达出油口 T_1，液流经阻尼孔 d 时产生压力降，使主阀芯 6 两端产生压力差，此压力差克服弹簧力使主阀芯 6 向左移动，主阀芯开始溢流。调节推杆 1，可压缩弹簧 2，从而调节阀的调定压力。图 6-2b 所示为叠加式溢流阀的图形符号。

6-21 复合功能叠加阀的结构与工作原理是什么（以顺序背压阀为例）？

复合功能叠加阀又称为多机能叠加阀。它是在一个控制阀芯单元中实现两种以上的控制机能的叠加阀。在此以顺序背压阀为例，介绍复合功能叠加阀的结构特点。

如图 6-3 所示为顺序背压叠加阀，其作用是在差动系统中，当执行元件快速运动时，保证液压缸回油畅通；当执行元件进入工进工作过程后，顺序阀自动关闭，背压阀工作，在液压缸回油腔建立起所需的背压。该阀的工作原理为：当执行元件快进时，A 口的压力低于顺序阀的调定压力，主阀芯 1 在调压弹簧 2 的作用下，处于左端，油口 B 液流畅通，顺序阀处于常通状态。执行元件进入工进工作过程后，由于流量阀的作用，使系统的压力升高，当进油口 A 的压力超过顺序阀的压力调定值时，控制柱塞 3 推动主阀芯右移，油口 B 被截断，顺序背压阀关闭，此时 B 口回油阻力升高，压力油作用在主阀芯上开有轴向三角槽的左端台阶面上，对阀芯产生向右的推力，主阀芯 1 在 A、B 两口油压的作用下，继续向右移动使节流阀口打开，B 口的油液经节流口回油，使 B 口回油保持一定的压力值。

6-22 叠加阀组成的液压系统有哪些特点？

叠加阀可根据其不同的功能组成不同的液压系统。由叠加阀组成的液压系统具有以下优点：

1）标准化、通用化、集成化程度高，设计、加工及装配周期短。

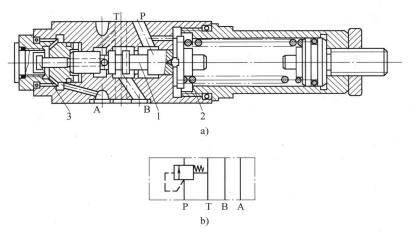

图 6-3　顺序背压叠加阀

a）结构图　b）型谱符号

1—主阀芯　2—调压弹簧　3—控制柱塞

2）结构紧凑，体积小，质量轻，占地面积小。

3）便于通过增减叠加阀实现液压系统原理的变更，系统重新组装方便、迅速。

4）叠加阀可集中配置在液压站上，也可分散安装在主机设备上，配置形式灵活；其又是无管连接的结构，消除了因管件间连接引起的漏油、振动和噪声，使得叠加阀系统使用安全可靠，维修容易，外观整齐美观。

叠加阀组成的液压系统的主要缺点是回路形式较少，通径较小，不能满足复杂和大功率的液压系统的需要。

6-23　叠加阀组成液压系统时应注意哪些问题？

（1）通径及安装连接尺寸　一组叠加阀回路中的换向阀、叠加阀和底板的通径规格及安装连接尺寸应一致。

（2）液控单向阀与单向节流阀组合　如图 6-4a 所示，液控单向阀 3 与单向节流阀 2 组合时，应使单向节流阀靠近执行元件。反之，若按图 6-4b 所示的形式配置，则当 B 口进油、A 口回油时，因单向节流阀 2 的节流效果，在回油路的 ab 段会产生压力，当液压缸 1 需要停止时，液控单向阀 3 不能及时关闭，并有时还会反复关开，使液压缸产生冲击。

（3）减压阀与单向节流阀组合　例如，图 6-5a 所示为 A、B 油口都接节流阀 2，b 油路采用减压阀 3 的系统。这种系统节流阀应靠近执行元件 1。若按图 6-5b 所示的方式配置，则当 A 口进油、B 口回油时，由于节流阀的节流作用，使液压缸 B 口与单向节流阀之间这段油路的压力升高。这个压力又去控制减压阀，使减压阀减压口关小，出口压力变小，造成供给液压缸的压力不足。当液压缸的运动趋于停止时，液压缸 B 口压力又会降下来，控制压力随之降低，减压阀口开度增大，出口压力也增大。如此反复变化，会使液压缸运动不稳定，还会产生振动。

（4）减压阀与液控单向阀组合　例如，图 6-6a 所示为 A 油路采用液控单向阀 2、B 油路采用减压阀 3 的系统。这种系统中的液控单向阀应靠近执行元件。若按图 6-6b 所示的方式配置，则因减压阀 3 的控制油路与液压缸 B 腔和液控单向阀之间的油路连通，这时液压缸 B 腔的油可经减压阀泄漏，使液压缸在停止时的位置无法保证，失去了设置液控单向阀的意义。

（5）回油路上调速阀、节流阀、电磁节流阀的安装位置　这些元件的安装位置应紧靠主换向阀，这样在调速阀等之后的回路上就不会有背压产生，有利于其他阀的回油路或泄漏油路畅通。

（6）压力测定　测压时需采用的压力表开关应安放在一组叠加阀的最下面，与底板块相连。单回路系统设置一个压力表开关；集中供液的多回路系统并不需要每个回路均设压力表开关。在有减压阀的回路中，可单独设置压力表开关，并置于该减压阀回路中。

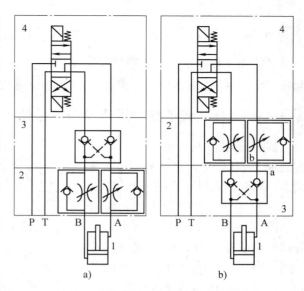

图 6-4　液控单向阀与单向节流阀组合
a）正确　b）错误
1—液压缸　2—单向节流阀　3—液控单向阀
4—三位四通电磁换向阀

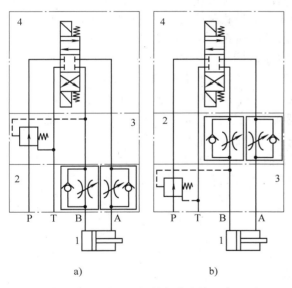

图 6-5　减压阀与单向节流阀组合
a）正确　b）错误
1—液压缸　2—单向节流阀　3—减压阀
4—三位四通电磁换向阀

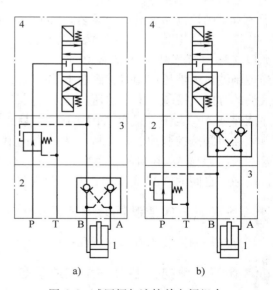

图 6-6　减压阀与液控单向阀组合
a）正确　b）错误
1—液压缸　2—液控单向阀　3—减压阀
4—三位四通电磁换向阀

（7）安装方向　叠加阀原则上应垂直安装，尽量避免水平安装方式。叠加阀叠加的元件越多，质量越大，安装用的贯通螺栓越长。水平安装时，在重力作用下螺栓发生拉伸和弯曲变形，叠加阀间会发生渗油现象。

6-24　什么是插装阀？它的特点是什么？

插装阀又称逻辑阀，它是一种较新型的液压元件。插装阀的特点是通流能力大、密封性能好、动作灵敏、结构简单，因而主要用于流量较大的系统或对密封性能要求较高的系统。

 6-25　插装阀的结构原理及符号是什么？

插装阀如图 6-7 所示，它由控制盖板 1、插装单元（由阀套 2、弹簧 3、阀芯 4 及密封件组成）、插装块体 5 和先导元件（置于控制盖板上，图中没有画出）组成。由于这种阀的插装单元在回路中主要起控制通、断作用，故又称为二通插装阀。控制盖板将插装单元封装在插装块体内，并沟通先导阀和插装单元（又称主阀）。通过主阀阀芯的启闭，可对主油路的通断起控制作

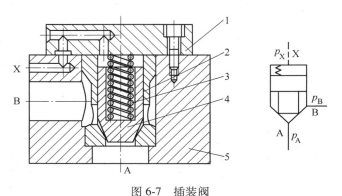

图 6-7　插装阀
1—控制盖板　2—阀套　3—弹簧　4—阀芯　5—插装块体

用。使用不同的先导阀，可构成压力控制、方向控制或流量控制，并可组成复合控制。将若干个有不同控制功能的二通插装阀组装在一个或多个插装块体内便组成液压回路。

就工作原理而言，二通插装阀相当于一个液控单向阀。A 和 B 为主油路仅有的两个工作油口（称为二通阀），X 为控制油口。改变控制油口的压力，即可控制 A、B 油口的通断。当控制油口无液压作用时，阀芯下部的液压力超过弹簧力，阀芯被顶开，A 与 B 相通，至于液流的方向，视 A、B 口的压力大小而定。反之，控制口有液压作用，$p_x \geq p_A$，$p_x \geq p_B$ 时，才能保证 A 口与 B 口之间关闭。这样，就起逻辑元件的"非"门作用，故也称为逻辑阀。

插装阀按控制油的来源可分为两类：第一类为外控式插装阀，控制油由单独动力源供给，其压力与 A、B 口的压力变化无关，多用于油路的方向控制；第二类为内控式插装阀，控制油引自阀的 A 口或 B 口，并分为阀芯带阻尼孔与不带阻尼孔两种，应用比较广泛。

 6-26　方向控制插装阀有几种？

方向控制插装阀有单向阀和换向阀两种。

 6-27　单向插装阀的结构原理是什么？

如图 6-8 所示，将 X 口与 A 口或 B 口连通，即成为单向阀。连通方法不同，其导通方向也不同。前者 $p_A > p_B$ 时，锥阀关闭，A 与 B 不通；$p_B > p_A$ 且达到开启压力时，锥阀打开，油从 B 口流向 A 口。后者可类似分析得出结论。

6-28　液控单向插装阀的结构原理是什么？

如果在控制盖板上接一个二位三通液动换向阀来变换 K 口的压力，即成为液控单向阀，如图 6-9 所示。若 X′ 处无液压作用，则处于图示位置，$p_A > p_B$ 时，A、B 导通，由 A 口流向 B

口；$p_B > p_A$ 时，A 口、B 口不通。若 X′处有液压作用，则二位三通液控阀换向，使 X 口接油箱，A 与 B 相通，油的流向视 A、B 点的压力大小而定。

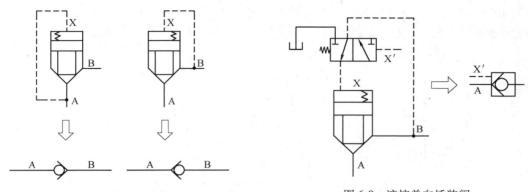

图6-8　单向插装阀

图6-9　液控单向插装阀

 6-29　二位二通插装阀的结构原理是什么？

如图 6-10 所示，在图示状态下，锥阀开启，A 与 B 相通。若电磁换向阀通电换向，且 $p_A > p_B$ 时，锥阀关闭，A、B 油路切断，即为二位二通阀。

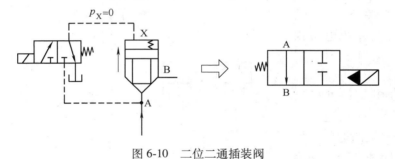

图6-10　二位二通插装阀

 6-30　二位三通插装阀的结构原理是什么？

如图 6-11 所示，在图示状态下，左面的锥阀打开，右面的锥阀关闭，即 A、O 相通，P、A 不通。电磁阀通电时，P、A 相通，A、O 不通，即为二位三通阀。

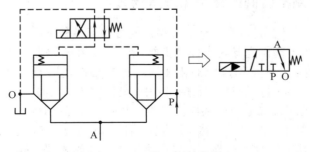

图6-11　二位三通插装阀

6-31 二位四通插装阀的结构原理是什么?

如图 6-12 所示,在图示状态,左 1 及右 2 锥阀打开,实现 A、O 相通,B、P 相通。当电磁阀通电时,左 2 及右 1 锥阀打开,实现 A、P 相通,B、O 相通,即为二位四通阀。

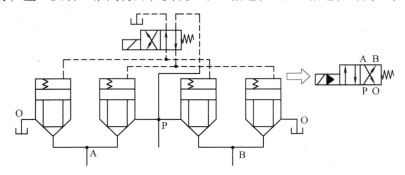

图 6-12 二位四通插装阀

6-32 三位四通插装阀的结构原理是什么?

如图 6-13 所示,在图示状态,4 个锥阀全关闭,A、B、P、O 不相通。当左边电磁铁通电时,锥阀 2、4 打开,实现 A、P 相通,B、O 相通。当右边电磁铁通电时,锥阀 1、3 打开;实现 A、O 相通,B、P 相通,即为三位四通阀。如果用多个先导阀和多个主阀相配,可构成复杂位通组合的二通插装换向阀,这是普通换向阀做不到的。

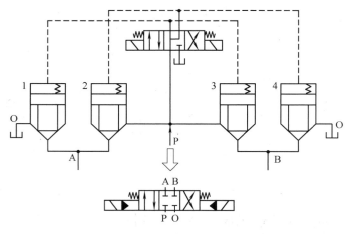

图 6-13 三位四通插装阀

6-33 压力控制插装阀的结构原理是什么?

在插装阀的控制口配上不同的先导压力阀,便可得到各种不同类型的压力控制阀。图 6-14a 所示为用直动式溢流阀作先导阀来控制主阀用作溢流阀的原理图。A 腔液压油经阻尼小孔进入控制腔和先导阀,并将 B 口与油箱相通。这样锥阀的开启压力可由先导阀来调节,其原理与先导式溢流阀相同。如果在图 6-14a 中,当 B 腔不接油箱而接负载时,即为顺序阀。在图 6-14b 中,若二位二通电磁换向阀通电,则作为卸荷阀用。图 6-14c 所示为减压阀原理图,主阀芯采用常开的滑阀式阀芯,B 为进油口,A 为出油口。A 腔压力经阻尼小孔后通控制腔和先导阀,其工作原理和普通先导压力控制插装阀式减压阀相同。

此外,若以比例溢流阀作先导阀,代替图中的直动式溢流阀,则可构成二通插装电液比例溢流阀。

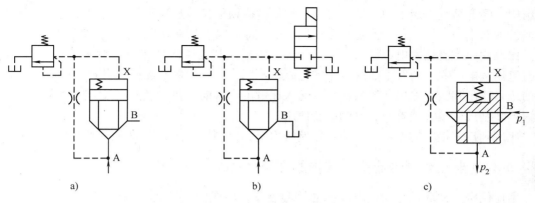

图6-14 压力控制插装阀

 6-34 流量控制插装阀的结构原理及符号是什么？

如图6-15所示，在插装阀的控制盖板上增加阀芯行程调节器，以调节阀芯开度，则锥阀可起流量控制阀的作用。若在二通插装节流阀前串联一个定差减压阀，就可组成二通插装调速阀。若用比例电磁铁取代节流阀的手调装置，则可组成二通插装电液比例节流阀。

插装阀产品介绍：国内生产的产品有上海704所的TJ系列、济南铸造所的Z系列、北京液压件厂的力士乐系列等，这些产品除结构上有所区别外，压力等级均是31.5MPa，通径范围 $\phi16 \sim \phi160\text{mm}$。

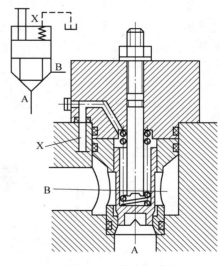

图6-15 流量控制插装阀

 6-35 插装阀在使用时应注意哪些事项？

1）在设计插装阀系统时，应注意负载压力的变化以及冲击压力对插装阀的影响，采取相应的措施，如增加梭阀和单向阀等。

2）为避免压力冲击引起阀芯的错误动作，应尽量避免几个插装阀同用一个回油或者泄油回路的情况。

3）插装阀的动作控制不像其他液压阀那样精确可靠。

 6-36 什么是电液比例阀？电液比例阀由哪两部分组成？电液比例阀可分为哪些类型？

电液比例控制阀简称比例阀，它是一种把输入的电信号按比例地转换成力或位移，从而对压力、流量等参数进行连续控制的一种液压阀。它的产生有两类：一类是由电液伺服阀简化结构、降低精度发展来的；另一类是以比例电磁铁取代普通液压阀的手调装置或普通电磁铁而发展起来的。后一种情况是当今比例阀的主流，与普通液压阀可以进行互换。

比例阀由直流比例电磁铁与液压阀两部分组成。其液压阀部分与一般液压阀差别不大，而直流比例电磁铁和一般电磁阀所用的电磁铁不同，采用比例电磁铁可得到与给定电流成比例的位移输出和吸力输出。输入信号在通入比例电磁铁前，要先经电放大器处理和放大。电放大器多制成插接式装置与比例阀配套使用。

比例阀按其控制的参量可分为：比例压力阀、比例流量阀、比例方向阀三大类。

 6-37   电液比例溢流阀的结构原理是什么？

用比例电磁铁取代直动式溢流阀的手调装置，便成为直动式比例溢流阀，如图 6-16 所示。比例电磁铁的推杆通过弹簧座对调压弹簧施加推力。随着输入电信号强度的变化，比例电磁铁的电磁力将随之变化，从而改变调压弹簧的压缩量，使顶开锥阀的压力随输入信号的变化而变化。若输入信号是连续地、按比例地或按一定程序变化，则比例溢流阀所调节的系统压力也连续地、按比例地或按一定的程序进行变化。因此比例溢流阀多用于系统的多级调压或实现连续的压力控制。把直动式比例溢流阀作先导阀与其他普通的压力阀的主阀相配，便可组成先导式比例溢流阀、比例顺序阀和比例减压阀。

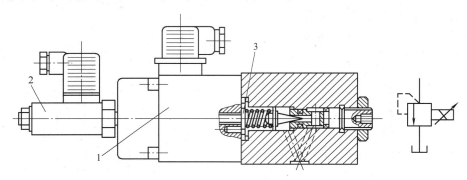

图 6-16   直动式比例溢流阀
1—比例电磁铁   2—位移传感器   3—弹簧座

 6-38   电液比例换向阀的结构原理是什么？

用比例电磁铁取代电磁换向阀中的普通电磁铁，便构成直动式比例换向阀，如图 6-17 所示。由于使用了比例电磁铁，阀芯不仅可以换位，而且换位的行程可以连续地或按比例地变化，因而连通油口间的通流面积也可以连续地或按比例地变化，所以比例换向阀不仅能控制执行元件的运动方向，而且能控制其速度。

 6-39   电液比例调速阀的结构原理是什么？

用比例电磁铁取代节流阀或调速阀的手调装置，以输入电信号控制节流口开度，便可连续地或按比例地远程控制其输出流量，实现执行部件的速度调节。图 6-18 所示的是电液比例调速阀的结构原理及符号。图中的节流阀芯由比例电磁铁的推杆操纵，输入的电信号不

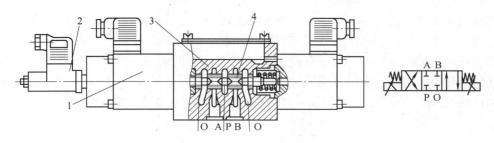

图6-17　直动式比例换向阀

1—比例电磁铁　2—位移传感器　3—阀体　4—阀芯

同，则电磁力不同，推杆受力不同，与阀芯左端弹簧力平衡后，便有不同的节流口开度。由于定差减压阀已保证了节流口前后压差为定值，所以一定的输入电流就对应一定的输出流量，不同的输入信号变化，就对应着不同的输出流量变化。

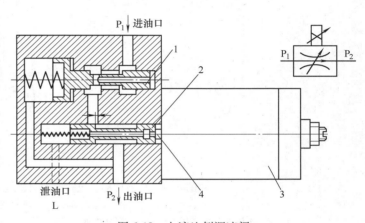

图6-18　电液比例调速阀

1—定差减压阀　2—节流阀阀芯　3—比例电磁铁推杆操纵装置　4—推杆

在图6-16和图6-17中，比例电磁铁前端都附有位移传感器（或称差动变压器），这种电磁铁称为行程控制比例电磁铁。位移传感器能准确地测定电磁铁的行程，并向放大器发出电反馈信号。电放大器将输入信号和反馈信号加以比较后，再向电磁铁发出纠正信号以补偿误差。这样便能消除液动力等干扰因素，保持准确的阀芯位置或节流口面积。这是比例阀进入成熟阶段的标志。

电液比例控制阀能简单地实现遥控和连续地、按比例地控制液压系统的力和速度，并能简化液压系统，节省液压元件。由于采用了各种更加完善的反馈装置和优化设计，比例阀的动态性能虽仍低于伺服阀，但静态性能已大致相同，而且价格却低廉得多，是一种很有发展前途的液压控制元件。

6-40　电液比例阀的应用场合有哪些?

（1）电液比例压力控制　采用电液比例压力控制可以很方便地按照生产工艺及设备负载特性的要求，实现一定的压力控制规律，同时避免了压力控制阶跃变化而引起的压力超调、振荡和液压冲击。与传统手调阀的压力控制相比较，可以大大简化控制回路及系统，又能提高控制性能，而且安装、使用和维护都比较方便。在电液比例压力控制回路中，有用比例阀控制的，也有用比例泵或马达控制的，但是以采用比例压力阀控制回路被广泛应用。

1）比例调压回路。采用电液比例溢流阀可以构成比例调压回路，通过改变比例溢流阀的输入电信号，在额定值内任意可以设定系统压力。

电液比例溢流阀构成的调压回路基本形式有两种：第一种调压回路如图6-19a所示，用一个直动式电液比例溢流阀 2 与传统先导式溢流阀 3 的遥控口相连接，直动式电液比例溢流阀 2 作远程比例调压，而传统先导式溢流阀 3 除起主溢流作用外，还起系统的安全阀作用；第二种调压回路如图 6-19b 所示，直接用先导式电液比例溢流阀 5 对系统压力进行比例调节，比例溢流阀 5 的输入电信号为零时，可以使系统卸荷。接在先导式电液比例溢流阀 5 遥控口的传统直动式溢流阀 6，可以预防过大的故障电流输入致使压力过高而损坏系统。

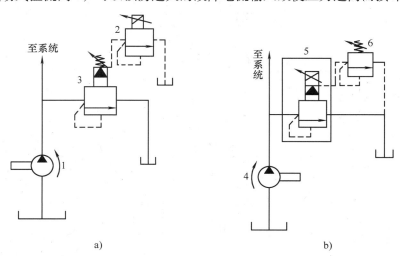

图 6-19 电液比例溢流阀的比例调压回路
1、4—定量液压泵 2—直动式电液比例溢流阀
3—传统先导式溢流阀 5—先导式电液比例溢流阀 6—传统直动式溢流阀

2）比例减压回路。采用电液比例减压阀可以构成比例减压回路，通过改变比例减压阀的输入电信号，在额定值内可以任意降低系统压力。

与电液比例调压回路一样，电液比例减压阀构成的减压回路基本形式也有两种：第一种减压回路如图 6-20a 所示，用一个直动式电液比例减压阀 3 与传统的先导式减压阀 4 的先导遥控口相连接，用比例减压阀 3 作传统先导式减压阀 4 的设定压力，从而实现系统的分级变压控制，定量液压泵 1 的最大工作压力由溢流阀 2 设定；第二种减压回路如图 6-20b 所示，直接用先导式电液比例减压阀 7 对系统压力进行减压调节，液压泵 5 的最大工作压力由溢流阀 6 设定。

（2）电液比例速度控制 采用电液比例流量阀（节流阀或调速阀）控制可以很方便地按照生产工艺及设备负载特性的要求，实现一定的速度控制规律。与传统的手调阀的速度控制相比较，可以大大简化控制回路及系统，又能提高控制性能，而且安装、使用和维护都比较方便。

图 6-21 所示为电液比例节流阀的节流调速回路。其中图 6-21a 所示为进口节流调速回路，图 6-21b 所示为出口节流调速回路，图 6-21c 所示为旁油路节流调速回路。它们的结构与功能的特点与传统节流阀的调速回路大体相同。所不同的是，电液比例调速阀可以实现开环或闭环控制，可以根据负载的速度特性要求，以更高精度实现执行器各种复杂的速度控制。将图中的比例节流阀换为比例调速阀，即构成电液比例调速阀的节流调速回路，由于比例调速阀具有压力补偿功能，所以执行器的速度负载特性即速度平稳性要好。

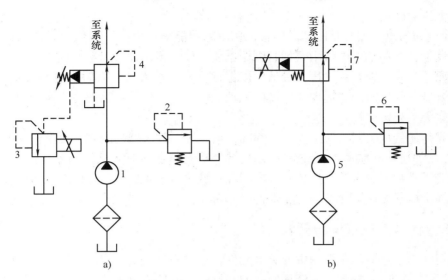

图 6-20 电液比例减压阀的比例减压回路

1、5—定量液压泵 2—传统先导式溢流阀 3—直动式电液比例减压阀
4—传统先导式减压阀 6—传统直动式溢流阀 7—先导式电液比例减压阀

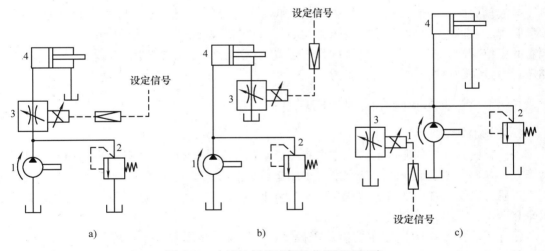

图 6-21 电液比例节流阀的节流调速回路

1—定量液压泵 2—溢流阀 3—电液比例节流阀 4—液压缸

6-41 电液比例阀在使用时应注意哪些事项?

1)在选择比例节流阀或比例方向阀时,一定要注意,不能超过电液比例节流阀或比例方向阀的功率域(工作极限)。

2)注意控制油液污染。比例阀对油液污染度通常要求为 NAS1638 的 7~9 级(ISO 的 16/13 级,17/14 级,18/15 级),决定这一指标的主要环节是先导级。虽然电液比例阀比伺服阀的抗污染能力强,但也不能因此对油液污染掉以轻心,因为电液比例控制系统的很多故障也是由油液污染引起的。

3）比例阀与放大器必须配套。通常比例放大器能随比例阀配套供应，放大器一般有深度电流负反馈，并在信号电流中叠加着颤振电流。放大器设计成断电时或差动变压断线时使阀芯处于原始位置，或是系统压力最低，以保证安全。放大器中有时设置斜坡信号发生器，以便控制升压、降压时间或运动加速度。驱动比例方向阀的放大器往往还有函数发生器，以便补偿比较大的死区特性。

比例阀与比例放大器安置距离可达 60m，信号源与放大器的距离可以是任意的。

4）控制加速度和减速度的传统的方法有：换向阀切换时间延迟、液压缸内端位缓冲、电子控制流量阀和变量泵等。用比例方向阀和斜坡信号发生器可以提供很好的解决方案，这样就可以提高机器的循环速度并防止惯性冲击。

 6-42　什么是电液伺服阀？

电液伺服阀是电液伺服控制中的关键元件，它是一种接受模拟电信号后，相应输出调制的流量和压力的液压控制阀。电液伺服阀的输出流量或压力是由输入的电信号控制的，主要用于高速闭环液压系统中，用以实现位置、速度和力的控制等。电液伺服阀具有动态响应快、控制精度高、使用寿命长等优点，已广泛应用于航空、航天、舰船、冶金、化工等领域的电液伺服控制系统中，但其价格也较高，对过滤精度的要求也很高。

电液伺服阀多为两级阀，有压力型伺服阀和流量型伺服阀之分，绝大部分伺服阀为流量型伺服阀。在流量型伺服阀中，要求主阀芯的位移与它的输入电流信号成正比，为了保证主阀芯的定位控制，主阀和先导阀之间设有位置负反馈，位置反馈的形式主要有直接位置反馈和位置-力反馈两种。

 6-43　电液伺服阀在国内外的现状如何？

1. 市场情况

目前，国内生产伺服阀的厂家主要有：航空工业总公司第六〇九研究所、航空工业总公司第六一八研究所、北京机床研究所、中国运载火箭技术研究院第十八研究所、上海航天控制工程研究所、九江中船仪表有限责任公司（四四一厂）及中国船舶重工集团公司第七〇四研究所。

国外生产伺服阀的厂家主要有：美国 Moog 公司、英国 Dowty 公司、美国 Team 公司、俄罗斯的"祖国"设计局、沃斯霍得工厂等，此外美国 Park 公司、EatonVickers 公司，德国 Bosch 公司、Rexroth 公司等也有自己的伺服阀产品。

电液伺服阀一般按力矩马达的型式分为动圈式和永磁式两种。传统的伺服阀大部分采用永磁式力矩马达，此类伺服阀还可分为喷嘴挡板式和射流式两大类。目前国内生产伺服阀的厂家大部分以喷嘴挡板式为主。生产射流管式伺服阀形成规模及系列的只有九江中船仪表有限责任公司（四四一厂）和中国船舶重工集团公司第七〇四研究所。国外情况亦类似，原专业生产射流管式伺服阀的厂家美国 Abex 公司也已被 Park 公司所吞并。由于射流管式伺服阀具有抗污染性能好、高可靠性、高分辨率等特点，有些生产厂家也在研制或已推出自己的射流管式产品，如航空工业总公司第六〇九研究所、中国运载火箭技术研究院第十八研究所、美国 Moog 公司及俄罗斯的有关厂家等。美国 Moog 公司还在 2006 年 7 月召开了产品推

广会，推出了射流管式的 D660 系列产品，并认为该产品代表了今后伺服阀的发展趋势。

当前国内在研究、生产及使用伺服阀方面虽然形成了一定的规模，然而生产的产品主要用于航空、航天、舰船等军品领域，在民品市场占有率不大。同时由于各生产单位各自为战、缺少合作、力量分散，不利于伺服阀的进一步发展，也无法形成强大的竞争力与国外产品进行竞争。现国外产品在国内市场占有率最大的为 Moog 公司，它的产品占据了国内绝大部分的民品市场。

2. 研究现状

当前电液伺服阀的研究主要集中在结构及加工工艺的改进、材料的更替及测试方法的改变上。

1）在结构改进上，目前主要是利用冗余技术对伺服阀的结构进行改造。由于伺服阀是伺服系统的核心元件，伺服阀性能的优劣直接代表着伺服系统的水平。另外，从可靠性角度分析，伺服阀的可靠性是伺服系统中最重要的一环。由于伺服阀被污染是导致伺服阀失效的最主要原因。对此，国外的许多厂家对伺服阀结构作了改进，先后发展出了抗污染性较好的射流管式、偏导射流式伺服阀。而且，俄罗斯还在其研制的射流管式伺服阀阀芯两端设计了双冗余位置传感器，用来检测阀芯位置。一旦出现故障信号可立即切换备用伺服阀，大大提高了系统的可靠性，此种冗余度技术已广泛应用于航空行业。而且，美国的 Moog 公司和俄罗斯的沃斯霍得工厂均已研制出四余度的伺服机构用于航天行业。我国的航天系统有关单位早在 20 世纪 90 年代就已进行三余度等多余度伺服机构的研制，将伺服阀的力矩马达、反馈元件、滑阀副做成多套，发生故障可随时切换，保证系统的正常工作。此外多线圈结构、在结构上带零位保护装置、外接式滤器等型式的伺服阀已在冶金、电力、塑料等行业得到了广泛的应用。

2）在加工工艺的改进方面，采用新型的加工设备和工艺来提高伺服阀的加工精度及能力。如在阀芯阀套配磨方法上，上海交通大学、哈尔滨工业大学均研制出了智能化、全自动的配磨系统。特别是哈尔滨工业大学的配磨系统改变了传统的气动配磨的模式，采用液压油作为测量介质，更直接地反映了所测滑阀副的实际情况，提高了测量结果的准确性与精度。在力矩马达的焊接方面中船重工集团第七〇四研究所与德国知名厂家合作，采用了世界最先进的焊接工艺，取得了良好的效果。另外，哈尔滨工业大学还研制出了智能化的伺服阀力矩马达弹性元件测量装置。解决了原有手动测量法中存在的测量精度低、操作复杂、效率低等问题。对弹性元件能高效完成刚度测量、得到完整的测量曲线，且不重复性测量误差不大于 1%。

3）在材料的更替方面。除了对某些零件采用了强度、弹性、硬度等力学性能更优越的材料外，还对有特别用途的伺服阀采用了特殊的材料。例如，德国有关公司用红宝石材料制作喷嘴挡板，防止因气蚀造成挡板和喷嘴的损伤，而降低动、静态性能，使工作寿命缩短。机械反馈杆头部的小球也用红宝石制作，防止小球和阀芯小槽之间的磨损，使阀失控，并产生尖叫。航空工业总公司第六〇九研究所、中国船舶重工集团第七〇四研究所等单位均采用新材料研制了能以航空煤油、柴油为介质的耐腐蚀伺服阀。此外对密封圈的材料也进行了更替，使伺服阀耐高压、耐蚀性能得到提高。

4）在测试方法改进方面，随着计算机技术的高速发展，生产单位均采用计算机技术对伺服阀的静、动态性能进行测试与计算。有些单位还对如何提高测量精度，降低测量仪器本身的振动、热噪声和外界的高频干扰对测量结果的影响，作了深入的研究。如采用测频/测周法、寻优信号测试法、小波消噪法、正弦输入法及数字滤波等新技术对伺服阀测试设备及方法进行了研制和改进。

 6-44　电液伺服阀的发展趋势如何？

当前，新型电液伺服阀技术的发展趋势主要体现在新型结构的设计、新型材料的采用及电子化、数字化技术与液压技术的结合等几方面。电液伺服阀技术发展极大地促进了液压控制技术的发展。

1. 新型结构的设计

在 20 世纪 90 年代，国外研制直动型电液伺服阀获得了较大的成就。现形成系列产品的有 Moog 公司的 D633、D634 系列的直动阀、伊顿威格士（EatonVickers）公司的 LFDC5V 型、德国 Bosch 公司的 NC10 型、日本三菱及 KYB 株式会社合作开发的 MK 型阀及 Moog 公司与俄罗斯沃斯霍得工厂合作研制的直动阀等。该类型的伺服阀去掉了一般伺服阀的前置级，利用一个较大功率的力矩马达直接拖动阀芯，并由一个高精度的阀芯位移传感器作为反馈。该阀的最大特点是无前置级，提高了伺服阀的抗污染能力。同时由于去掉了许多难加工零件，降低了加工成本，可广泛用于工业伺服控制的场合。国内有些单位如中国运载火箭技术研究院第十八研究所、北京机床研究所、浙江工业大学等也研制出了相关产品的样机。特别是北京航空航天大学研制出了转阀式直动型电液伺服阀。该伺服阀通过将普通伺服阀的滑阀滑动结构转变为滑阀的转动，并在阀芯与阀套上相应开了几个与轴向有一定倾角的斜槽。阀芯、阀套相互转动时，斜槽相互开通或相互封闭，从而控制输出压力或流量。由于在工作时阀芯、阀套是相互转动的，降低了阀工作时的摩擦阻力，同时污染物不容易在转动的滑阀内堆积，提高了抗污染性能。此外，Park 公司开发了"音圈驱动（Voice Coil Drive）"技术（VCD），以及以此技术为基础开发的 DFplus 控制阀。所谓音圈驱动技术，顾名思义，即是类似于扬声器的一种驱动装置，其基本结构就是套在固定的圆柱形永久磁铁上的移动线圈，当信号电流输入线圈时，在电磁效应的作用下，线圈中产生与信号电流相对应的轴向作用力，并驱动与线圈直接相连的阀芯运动，驱动力很大。线圈上内置了位移反馈传感器，因此，采用 VCD 驱动的 DFplus 阀本质上是以闭环方式进行控制的，线性度相当好。此外，由于 VCD 驱动器的运动零件只是移动线圈，惯量极小，相对运动的零件之间也没有任何支承，DFplus 阀的全部支承就是阀芯和阀体间的配合面，大大减小了摩擦这一非线性因素对控制品质的影响。综合上述的技术特点，配合内置的数字控制模块，使 DFplus 阀的控制性能佳，尤其在频率响应方面更是优越，可达 400Hz。从发展趋势来看，新型直动型电液伺服阀在某些行业有替代传统伺服阀特别是喷嘴挡板式伺服阀的趋向，但它的最大问题在于体积大、质量大，只适用于对场地要求较低的工业伺服控制场合。如能减轻伺服阀的重量、减小其体积，在航空、航天等军工行业也将具有极大的发展潜力。

另外，近年来伺服阀新型的驱动方式除了力矩马达直接驱动外，还出现了采用步进电动机、伺服电动机、新型电磁铁等驱动结构以及光-液直接转换结构的伺服阀。这些新技术的应用不仅提高了伺服阀的性能，而且为伺服阀发展开拓了思路，为电液伺服阀技术注入了新的活力。

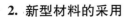

2. 新型材料的采用

当前在电液伺服阀研制领域的新型材料运用，主要是以压电元件、超磁致伸缩材料及形状记忆合金等为基础的转换器研制开发。

（1）压电元件 压电元件的特点是"压电效应"，即在一定的电场作用下会产生外形尺寸的变化，在一定范围内，形变与电场强度成正比。压电元件的主要材料为压电陶瓷（PZT）、电致伸缩材料（PMN）等。比较典型的压电陶瓷材料有日本 TOKIN 公司的叠堆型压电伸缩陶瓷等。PZT 直动式伺服阀的原理是：在阀芯两端通过钢球分别与两块多层压电元件相连。通过压电效应使压电材料产生伸缩驱动阀芯移动，实现电-机械转换。PMN 喷嘴挡板式伺服阀则在喷嘴处设置一与压电叠堆固定连接的挡板，由压电叠堆的伸、缩实现挡板与喷嘴间的间隙增减，使阀芯两端产生压差推动阀芯移动。目前，压电式电-机械转换器的研制比较成熟并已得到较广泛的应用。它具有频率响应快的特点，伺服阀频宽甚至能达到上千赫兹，但也有滞环大、易漂移等缺点，制约了压电元件在电液伺服阀上的进一步应用。

（2）超磁致伸缩材料 超磁致伸缩材料（GMM）与传统的磁致伸缩材料相比，在磁场的作用下能产生大得多的长度或体积变化。利用 GMM 转换器研制的直动型伺服阀是把 GMM 转换器与阀芯相连，通过控制驱动线圈的电流，驱动 GMM 的伸缩，带动阀芯产生位移从而控制伺服阀输出流量。该阀与传统伺服阀相比不仅有频率响应高的特点，而且具有精度高、结构紧凑的优点。目前，在 GMM 的研制及应用方面，美国、瑞典和日本等处于领先水平。国内浙江大学利用 GMM 技术对气动喷嘴挡板阀和内燃机燃料喷射系统的高速强力电磁阀，进行了结构设计和特性研究。从目前情况来看 GMM 材料与压电材料和传统磁致伸缩材料相比，具有应变大、能量密度高、响应速度快、输出力大等特点。世界各国对 GMM 电-机械转换器及相关的技术研究相当重视，GMM 技术水平快速发展，已由实验室研制阶段逐步进入市场开发阶段。今后还需解决 GMM 的热变形、磁晶各向异性、材料腐蚀性及制造工艺、参数匹配等方面的问题，以利于在高科技领域得到广泛运用。

（3）形状记忆合金 形状记忆合金（SMA）的特点是具有形状记忆效应。将其在高温下定型后，冷却到低温状态，对其施加外力。一般金属在超过其弹性变形后会发生永久变形，而 SMA 却在将其加热到某一温度之上后，会恢复其原来高温下的形状。利用其特性研制的伺服阀是在阀芯两端加一组由形状记忆合金绕制的 SMA 执行器，通过加热和冷却的方法来驱动 SMA 执行器，使阀芯两端的形状记忆合金伸长或收缩，驱动阀芯作用移动，同时加入位置反馈来提高伺服阀的控制性能。从该阀的情况来看，SMA 虽然变形量大，但其响应速度较慢，且变形不连续，也限制了其应用范围。

与传统伺服阀相比，采用新型材料的电-机械转换器研制的伺服阀，普遍具有高频响、高精度、结构紧凑的优点。虽然目前还各自存在着某些关键技术需要解决，但新型功能材料的应用和发展，给电液伺服阀的技术发展提供了新的途径。

3. 电子化、数字化技术的运用

目前电子化、数字化技术在电液伺服阀技术上的运用主要有以下两种方式：

1）在电液伺服阀模拟控制元器件上加入 D/A 转换装置来实现其数字控制。随着微电子技术的发展，可把控制元器件安装在阀体内部，通过计算机程序来控制阀的性能，实现数字化补偿等功能。但存在模拟电路容易产生零漂、温漂，需加 D/A 转换接口等问题。

2）为直动式数字控制阀。通过用步进电动机驱动阀芯，将输入信号转化成电动机的步进信号来控制伺服阀的流量输出。该阀具有结构紧凑、速度及位置开环可控及可直接数字控制等优点，被广泛使用。但在实时性控制要求较高的场合，如按常规的步进方法，无法兼顾量化精度及响应速度的要求。浙江工业大学采用了连续跟踪控制的办法，消除了两者之间的矛盾，获得了良好的动态特性。此外还有通过直流力矩电动机直接驱动阀芯来实现数字控制等多种控制方式或伺服阀结构改变等方法来形成众多的数字化伺服阀产品。

随着各项技术水平的发展，通过采用新型的传感器和计算机技术研制出机械、电子、传感器及计算机自我管理（故障诊断、故障排除）为一体的智能化新型伺服阀。该类伺服阀可按照系统的需要来确定控制目标：速度、位置、加速度、力或压力。同一台伺服阀可以根据控制要求设置成流量控制伺服阀、压力控制伺服阀或流量/压力复合控制伺服阀。并且伺服阀的控制参数，如流量增益、流量增益特性、零点等都可以根据控制性能最优化原则进行设置。伺服阀自身的诊断信息、关键控制参数（包括工作环境参数和伺服阀内部参数）可以及时反馈给主控制器；可以远距离对伺服阀进行监控、诊断和遥控。在主机调试期间，可以通过总线端口下载或直接由上位机设置伺服阀的控制参数，使伺服阀与控制系统达到最佳匹配，优化控制性能。而伺服阀控制参数的下载和更新，甚至在主机运转时也能进行。而在伺服阀与控制系统相匹配的技术应用发展中，嵌入式技术对于伺服阀已经成为现实。按照嵌入式系统应定义为：嵌入到对象体系中的专用计算机系统。嵌入性、专用性与计算机系统是嵌入式系统的三个基本要素。它是在传统的伺服阀中嵌入专用的微处理芯片和相应的控制系统，针对客户的具体应用要求而构建成具有最优控制参数的伺服阀，并由阀自身的控制系统完成相应的控制任务（如各控制轴同步控制），再嵌入到整个的大液压控制系统中去。从目前的技术发展和液压控制系统对伺服阀的要求看，伺服阀的自诊断和自检测功能应该有更大的发展。

 6-45　溢流阀是怎样安装的？

溢流阀分为螺纹联接、法兰连接和板式连接三种。

螺纹联接的溢流阀有两个进油口和一个泄油口，进油口位于阀体的两侧，泄油口在阀体的底部。安装时将阀放于分管位置，可用螺塞堵住一个进油口，如果系统流量不大于溢流阀的公称流量，也可以把阀安装于管路中间，两个进油口，为一进一出连接。

法兰连接的溢流阀，其连接油口与螺纹联接的相同。

板式连接的溢流阀，连接油口全在一个平面上，一共有三个油口。上边的小孔为"控制油进口"，中间的孔为液压油进口，与主油路连接；下边的孔为溢流孔，与油箱连接。

系统若无远控油路时，上边的控制油口，在加工安装底板时可以不加工，用 O 形密封圈密封即可。

 6-46　减压阀和单向减压阀是怎样安装的？

减压阀和单向减压阀也分为螺纹联接、法兰连接和板式连接三种。

螺纹联接的减压阀和单向减压阀，有两个进油口（一次压力油口）在阀体上边两侧，下边一个油口为二次压力油口。应注意的是：在阀盖的侧面有一个泄油口，减压阀开始工作时，这个泄油口就有油流出，此口用 $\phi 8 \sim \phi 10\mathrm{mm}$ 的管路直接通往油箱，不可与溢流阀或方向阀的回油管路并联回油箱。如果和溢流阀的溢流管路合并一同通往油箱，则会影响减压阀的技术特性。

单向减压阀的阀体内部多一个单向阀,这种阀用于往复式油路系统中,即液压油通往二次压力系统时,可起到减压的作用,当液压油从二次压力口返回时,则将单向阀打开,液压油便从一次压力口流出,单向减压阀在往复式减压系统中经常采用。它的阀盖侧面也有泄油口,安装时将此口用小通径管路单独连接通往油箱。

法兰连接的减压阀和单向减压阀,与螺纹联接的减压阀和单向减压阀,一次压力油口和二次压力油口的方位完全一致,泄油口也在阀盖的侧面,所不同的就是法兰盘和阀体连接。

6-47 顺序阀和单向顺序阀是怎样安装的?

顺序阀和单向顺序阀的用途广泛,包括直控顺序阀、远控顺序阀、直控平衡阀、直控单向顺序阀、远控单向顺序阀和远控平衡阀。

上述几种顺序阀,在液压工程中是比较常见的,有的液压系统用直控、远控顺序阀;有的采用直控、远控单向顺序阀;有的采用直控平衡阀和远控单向平衡阀,也有个别液压系统作为卸荷阀使用。顺序阀和单向顺序阀的用途见表6-1。

表6-1 顺序阀和单向顺序阀的用途

序号	型号	名称	控制方式	下盖控制孔①	泄油方式	上盖控制孔②
1	X2F	直控顺序阀	内部	通	外部	通
2	X3F	远控顺序阀	外部	不通	外部	通
3	X4F	卸荷阀	外部	不通	内部	不通
4	XD1F	直控平衡阀	内部	通	内部	不通
5	XD2F	直控单向顺序阀	内部	通	外部	通
6	XD3F	远控单向顺序阀	外部	不通	外部	通
7	XD4F	远控平衡阀	外部	不通	外部	不通

①指与阀体上相应孔通与不通。
②指上盖泄油孔对阀体上对应孔通与不通。

从表6-1可以清楚地看出,这几种阀,实际上就是顺序阀和单向顺序阀两种阀。只是改变上、下阀盖的安装方位时,就改变成多种不同使用技术性能的阀。

6-48 压力继电器是怎样安装的?

压力继电器是压力与电气转换元件,就是液压系统的油液压力转换电信号,去控制其下一个动作。它是弹簧卸荷式压力继电器。

压力继电器安装比较简单,有两个口,一个是液压油进口,另一个是泄漏油出口,应注意的是泄油口的回油管要逐渐低下去,否则会影响其技术性能。

6-49 单向阀是怎样安装的?

对于螺纹联接的直通式、直角式单向阀,在阀体上有进、出油的方向标志,正确连接即可。板式安装的直角式单向阀,在底面有两个孔,安装时,能看到的阀芯孔是进油的,看不到的阀芯孔是出油的。

法兰安装式的大流量直角单向阀，在阀体外边有进、出油标志，底下是进油口，侧边是出油口。

 6-50　液控单向阀是怎样安装的？

液控单向阀有螺纹联接和板式安装之分，螺纹联接可以安装于液压油管路中间，但进出油口要分清，不能连接反，正规液压件厂生产的产品，在阀体侧面有箭头标志。阀的下阀盖小孔为控制油进口，一般用小径无缝钢管连接。

板式安装的液控单向阀分为内泄和外泄两种，它的进出油口、外泄油口和控制进油口都在阀体的同一个平面上。两个大口为主油路进、出油口，两个小口，一个是控制进油口，另一个为外泄油的回油口，这两个孔要分清，泄油口采用小型钢管接回油箱。板式液控单向阀在制造安装底板及安装时，要特别注意主油路的进、出油口方向和控制进油口的方向。

法兰安装式液控单向阀一般大流量液压系统采用，一般流量在 200L/min 以上的系统可使用法兰安装。

内泄式安装时，在阀体两侧为进、出油口，阀体侧面有箭头标志，控制进油口在阀体的底盖下面。

外泄式安装时，在阀体的一侧有两个螺纹孔，用小径无缝钢管连接回油箱，此管不能与系统其他回油管并联。

 6-51　流量控制阀是怎样安装的？

流量控制阀包括节流阀、单向节流阀、行程节流阀、单向行程节流阀、调速阀以及单向调速阀等多种。

（1）节流阀和单向节流阀　节流阀和单向节流阀一般为螺纹联接及板式安装，50mm 和 80mm 通径以上的则为法兰安装。

节流阀和单向节流阀螺纹联接的进、出油口在两侧面，而进口在阀体主孔的下面，出口在阀体主孔的上面。节流阀阀体短，单向节流阀阀体长。节流阀和单向节流阀为板式安装，其进、出油口都在同一个平面上，下边的孔是进油孔，上边的孔是出油孔。

法兰安装式为 50mm 和 80mm 通径，它与螺纹联接的区别是两侧各多四个螺钉孔，用于安装法兰盘螺钉。

行程节流阀及单向行程节流阀在液压系统应用极少，这里不再介绍。

（2）调速阀和单向调速阀　调速阀和单向调速阀也称为流量控制阀及单向流量控制阀，这种速度控制阀都是板式安装，在阀体后面的平面上有两个孔，上边孔为进油孔，下面孔为出油孔，它要安装在底板上或油路块上边。

6-52　电液伺服阀是怎样安装的？

电液伺服系统中的电液伺服阀属于精密产品，所以在使用时必须特别小心，必须按照有关具体规定进行安装。

1）电液伺服阀在安装前，切勿拆下保护板和力矩马达上盖，更不允许随意拨动调零机构，以免引起性能变化、零部件损伤及污染等故障。

2）电液伺服阀的安装基面要平整，防止拧紧螺钉后阀产生变形。

3）安装伺服阀的连接板时，其表面应光滑平直。

4）一般情况下应在伺服阀进油口管路上安装名义精度为 $10\mu m$（绝对精度为 $25\mu m$）的精过滤器。

5）油液管路中应尽量避免采用焊接式管接头，如必须采用时。应将焊渣彻底清除干净，以免混入油液中，使伺服阀工作时发生故障。

6）系统的过滤应能够达到伺服阀使用说明书中规定的工作油液污染等级要求。建议系统工作油液污染度应达到国际标准 ISO 4406 中的 15/12 级（每 1mL 油液中大于 $5\mu m$ 的颗粒数在 160~320，大于 $15\mu m$ 的颗粒数在 20~40），最低不低于 ISO 4406 中 17/14 级（每 1mL 油液中大于 $5\mu m$ 的颗粒数在 640~1300，大于 $15\mu m$ 的颗粒数在 80~160）的规定。按照美国 NAS 1638，系统工作油液应达到美国 NAS 1638 的 6 级标准，最低不应低于 8 级标准。

7）伺服系统安装后，应先在安装伺服阀的位置上安装冲洗板进行管路冲洗，至少应用油液冲洗 36h，而且最好采用高压热油。油洗后，更换滤芯再冲洗 2h，并检查油液污染度，当油液污染度确已达到要求时，才能安装伺服阀。一般双喷嘴挡板伺服阀要求油液的污染度符合 NAS 1638 标准的 6 级规定，射流管式伺服阀要求油液的污染度为 NAS 1638 标准的 8 级规定。当伺服系统添油或换油时，应采用专门的滤油车向油箱内注油，要建立"新油并不干净，必须过滤"的概念。

8）安装伺服阀时应检查以下事项：

①伺服阀的安装面上是否有污物附着，进出油口是否接好，O 形密封圈是否完好，定位销孔是否正确。

②伺服阀在连接板上安装好，连接螺钉应均匀拧紧而且不应拧得过紧，以在工作状况下不漏油为准。伺服阀安装后，接通油路，检查外漏情况，如有外漏应排除。

③在接通电路前，先检查插头、插座的接线柱有无脱焊、短路等故障。当一切正常后再接通电路检查伺服阀的极性（应在低压工况下判断极性，以免发生出现正反馈事故）。

项目7

液压系统基本回路

 7-1　什么是方向控制回路？方向控制回路有几种基本回路？

方向控制回路是控制执行元件的起动、停止及换向的回路。

这类回路包括换向和锁紧两种基本回路。换向回路的功能是可以改变执行元件的运动方向。一般可采用各种换向阀来实现，在闭式容积高速回路中也可利用双向变量泵实现换向过程。闭锁回路又称锁紧回路，用以实现使执行元件在任意位置上停止，并防止停止后窜动。常用的闭锁回路有两种：①采用 O 型或 M 型滑阀机能三位换向阀的闭锁回路；②采用液控单向阀的闭锁回路。锁紧回路的功能是使执行元件停止在规定的位置上，且能防止因受外界影响而发生漂移或窜动。

 7-2　方向控制回路故障分析的基本原则是什么？

在液压系统的控制阀中，方向阀在数量上占有相当大的比重。方向阀的工作原理比较简单，它是利用阀芯和阀体间相对位置的改变实现油路的接通或断开，以使执行元件起动、停止（包括锁紧）或换向。方向控制回路的主要故障及其产生原因有以下两个方面：

（1）换向阀不换向

1）电磁铁吸力不足，不能推动阀芯运动。

2）直流电磁铁剩磁大，使阀芯不复位。

3）对中弹簧轴线歪斜，使阀芯在阀内卡死。

4）阀芯被拉毛，在阀体内卡死。

5）油液污染严重，堵塞滑动间隙，导致阀芯卡死。

6）由于阀芯、阀体加工精度差，产生径向卡紧力，使阀芯卡死。

（2）单向阀泄漏严重或不起单向作用

1）锥阀与阀座密封不严。

2）锥阀或阀座被拉毛或在环形密封面上有污物。

3）阀芯卡死，油流反向流动时锥阀不能关闭。

4）弹簧漏装或歪斜，使阀芯不能复位。

 7-3　液控单向阀对柱塞缸下降失去控制的故障是怎样排除的？

图 7-1a 所示的回路中，电磁换向阀为 O 型，液压缸为大型柱塞缸，柱塞缸下降停止由液控单向阀控制。当换向阀中位时，液控单向阀应关闭，液压缸下降应立即停止。但实际上

液压缸不能立即停止，还要下降一段距离才能最后停下来。这种停止位置不能准确控制的现象，使设备不仅失去工作性能，甚至会造成各种事故。

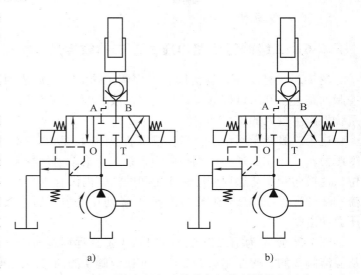

图 7-1 电磁换向阀与液控单向阀控制的换向回路
a）改进前 b）改进后

检查回路中的各元件，液控单向阀密封锥面没有损伤，单向密封良好。但在柱塞缸下降过程中，换向阀切换中位时，液控单向阀关闭需要一定的时间。若如图 7-1b 所示，将换向阀中位改为 Y 型，当换向阀切换中位时，控制油路接通，其压力立即降至零，液控单向阀立即关闭，柱塞缸迅速停止下降。

7-4 什么是压力控制回路？

利用各种压力阀控制系统或系统某一部分油液压力的回路称为压力控制回路。在系统中用来实现调压、减压、增压、卸荷、平衡等控制，以满足执行元件对力或转矩的要求。

7-5 压力控制回路常见的故障及产生原因是什么？

压力控制系统基本性能是由压力控制阀决定的，压力控制阀的共性是根据弹簧力与液压力相平衡的原理工作的，因此压力控制系统常见的故障及产生原因可归纳为以下几个方面：

（1）压力调不上去

1）溢流阀的调压弹簧太软、装错或漏装。

2）先导式溢流阀的主阀阻尼孔堵塞，滑阀在下端油压作用下，克服上腔的液压力和主阀弹簧力，使主阀上移，调压弹簧失去对主阀的控制作用，因此主阀在较低的压力下打开溢流口溢流。系统中，正常工作的压力阀，有时突然出现故障往往是这种原因。

3）阀芯和阀座关闭不严，泄漏严重。

4）阀芯被毛刺或其他污物卡死于开口位置。

（2）压力过高，调不下来

1）阀芯被毛刺或污物卡死于关闭位置，主阀不能开启。

2）安装时，阀的进、出油口接错，没有液压油去推动阀芯移动，因此阀芯打不开。

3）先导阀前的阻尼孔堵塞，导致主阀不能开启。

（3）压力振摆大

1）油液中混有空气。

2）阀芯与阀座接触不良。

3）阻尼孔直径过大，阻尼作用弱。

4）产生共振。

5）阀芯在阀体内移动不灵活。

 7-6　二级调压回路中压力冲击的故障是怎样排除的?

图 7-2a 所示为采用溢流阀和远程调压阀的二级调压回路。二位二通阀安装在溢流阀的控制油路上，其出口接远程调压阀 3，液压泵 1 为定量泵。当二位二通阀通电右位工作时，系统将产生较大的压力冲击。

这个二级调压回路中，当二位二通换向阀 4 断电关闭时，系统压力取决于溢流阀 2 的调整压力 p_1；二位二通换向阀换向后，系统压力就由远程调压阀 3 的调整压力来决定。由于二位二通换向阀 4 与远程调压阀 3 之间的油路内没有压力，二位二通换向阀 4 右位工作时，溢流阀 2 的远程控制口处的压力由 p_1 下降到几乎为零后才回升到 p_2，这样系统便产生较大的压力冲击。

图 7-2b 所示为把二位二通换向阀 4 接到远程调压阀 3 的出油口，并与油箱接通，这样从溢流阀 2 的远程控制口到二位二通换向阀 4 的油路中充满液压油，二位二通换向阀 4 切换时，系统压力从 p_1 降到 p_2，不会产生过大的压力冲击。

这样的二级调压回路一般用在机床上具有自锁性能的液压夹紧机构处，能可靠地保证其松开时的压力高于夹紧时的压力。此外，这种回路还可以用于压力调整范围较大的压力机系统中。

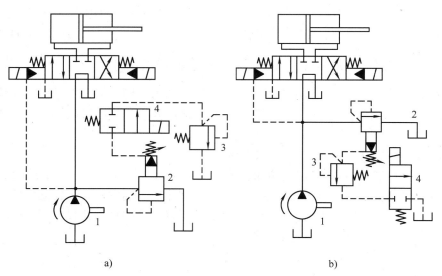

a)　　　　　　　　　　　　　b)

图 7-2　采用溢流阀和远程调压阀的二级调压回路

1—定量液压泵　2—溢流阀　3—远程调压阀　4—二位二通换向阀

 7-7　什么是速度控制回路? 速度控制回路包括哪些回路?

用来控制执行元件运动速度的回路称为速度控制回路。

速度控制回路包括调节执行元件工作行程速度的调速回路和使不同速度相互转换的速度换接回路。

7-8 速度控制回路故障分析的基本原则有哪些？

速度调节是液压系统的重要内容，执行机构速度不正常，液压机械就无法工作。速度控制系统主要故障及其产生原因可归结为以下几个方面：

（1）执行机构（液压缸、液压马达）无小进给 主要原因如下：

1）节流阀的节流口堵塞，导致无小流量或小流量不稳定。

2）调速阀中定差式减压阀的弹簧过软，使节流阀前后压差过低，导致通过调速阀的小流量不稳定。

3）调速阀中减压阀卡死，造成节流阀前后压差随外载荷而变。经常见到的是由于小进给时载荷较小，导致最小进给量增大。

（2）载荷增加时进给速度显著下降 主要原因如下：

1）液压缸活塞或系统中某个或几个元件的泄漏随载荷、压力增高而显著加大。

2）调速阀中的减压阀卡死于打开位置，则载荷增加时通过节流阀的流量下降。

3）液压系统中油温升高，油液黏度下降，导致泄漏增加。

（3）执行机构爬行 主要原因如下：

1）系统中进入空气。

2）由于导轨润滑不良，导轨与液压缸轴线不平行，活塞杆密封压得过紧，活塞杆弯曲变形等原因，导致液压缸工作行程时摩擦阻力变化较大而引起爬行。

3）在进油节流调速系统中，液压缸无背压或背压不足，外载荷变化时，导致液压缸速度变化。

4）液压泵流量脉动大，溢流阀振动造成系统压力脉动大，使液压缸输入液压油波动而引起爬行。

5）节流阀的阀口堵塞，系统泄漏不稳定，调速阀中减压阀不灵活，造成流量不稳定而引起爬行。

 7-9 节流调速回路中速度不稳定的故障原因与排除方法是什么？

图7-3a 所示的回路，是采用节流阀进油节流调速。回路设计时是按液压缸载荷变化不大考虑的。实际使用时，液压缸的外载荷变化较大，致使液压缸运动速度不稳定。速度不稳定的原因是显而易见的，即节流阀调节速度是随外载荷而变化的。

解决这个问题是用调速阀代替节流阀。但有时因没有合适的调速阀而使设备不能运行，从而影响生产。还可以用以下方法来解决：

1）如图7-3b 所示，在节流阀前安装一个减压阀6，并将减压阀的泄油口接到液压缸和节流阀之间的管路上。这样处理可获得如下效果：减压阀6能控制其阀后压力为稳定值。由于减压阀的泄油口接到节流阀与液压缸之间的管路上，这样当液压缸外载荷增大时，液压缸的载荷压力也就增大，于是减压阀的泄油口压力增大，减压阀的阀后调整压力也增大，所以节流阀前后压差基本不变；当液压缸载荷减小时，其载荷压力减小，减压阀泄油口压力减小，减压阀阀后调整压力也减小，节流阀前后压差仍基本不变。所以在外载荷变化时，节流阀仍可获得稳定的流量，从而使执行机构速度稳定。

在液压缸退回运动行程中，减压阀6的泄油口压力比出油口压力高，减压阀的主阀芯处于完全打开状态，液压缸无杆腔的油液可以自由反向流动，所以单向阀不必和减压阀并联。

2）如图7-3c所示，在溢流阀2的远程控制口上安装一个远程调压阀7，并将其回油口接到节流阀与液压缸之间的管路上，使远程调压阀7的调节压力低于溢流阀的调整压力。节流阀进油节流调速回路中，外载荷增大，节流阀的压差减小，因此通过的流量也减小，液压缸的运动速度就减小。反之，外载荷减小，液压缸的速度就增大。在外载荷变化的系统中，用调速阀代替节流阀就能使执行机构的速度稳定。

当液压缸外载荷增大时，其载荷压力增大，远程调压阀7的出口压力也增大。由于远程调压阀7的出油口与液压缸入口连接，所以调压阀的出油口压力也增大，导致打开调压阀先导阀的压力和远程调压阀7的阀前压力以及溢流阀控制口压力增大，于是溢流阀的阀前压力也增大，使节流阀前后压差基本不变。反之，液压缸载荷减小时，仍然能控制节流阀前后压差基本不变。节流阀前后压差不变，通过流量也不变，从而使执行机构的运动速度基本不变。

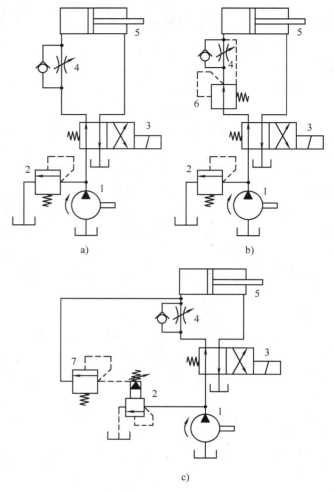

图7-3　进口节流调速回路示例

a）改进前　b）改进方案Ⅰ　c）改进方案Ⅱ

1—液压泵　2—溢流阀　3—换向阀　4—节流阀

5—液压缸　6—减压阀　7—远程调压阀

输入液压缸的流量不仅由节流阀4的开口度决定，远程调压阀7的调整压力同样可以调节通过节流阀4的流量，从而达到调节液压缸速度的目的。但通过提高压力来调高液压缸的速度会带来一些问题，如能量损耗大、系统容易发热等。

在图7-4所示的回路中，液压泵为定量泵，液压缸的进、出油路分别安装单向节流阀。因此，这个回路为节流阀进油节流调速回路。为了保证液压缸同步运动，液压缸左右行程都可进行节流调速。

系统运行过程中出现的故障是：液压缸动作不稳定。

对系统进行检测和调试，分别调整各节流阀后，液压缸单独动作时运动正常，同时调整并控制两个缸运动速度同步节流阀时，发现液压缸运动中压力变化较大。检测溢流阀没有发现问题。流入两缸中的流量与泵的出口流量基本相等。不难分析出故障原因是液压泵的容量小造成的。

　　在进口节流调速回路中，系统运行时溢流阀是常开的。由于泵为定量泵，调节节流阀就能控制输入液压缸中的流量，定量泵输出的多余流量必须从溢流阀溢回油箱。因此选用液压泵时，必须考虑溢流阀的溢流量。同时，先导式溢流阀还要有一定的液压油推开先导阀泄回油箱，换向阀也有一定的内部泄漏，所以选择液压泵时其流量应为如下数值：

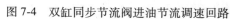

$$q_泵 = q_缸 + q_溢 + q_{泄1} + q_{泄2}$$

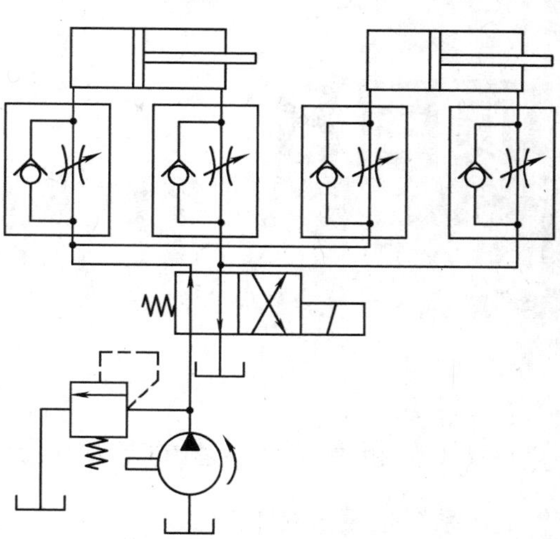

式中　　$q_泵$——液压泵的输出流量；

图 7-4　双缸同步节流阀进油节流调速回路

　　　　$q_缸$——输入液压缸的流量；

　　　　$q_溢$——进口节流调速回路溢流阀的正常溢流量；

　　　　$q_{泄1}$——溢流阀先导阀正常工作的泄油量；

　　　　$q_{泄2}$——换向阀内部及其他元辅件的内外泄漏量。

　　溢流阀泄漏量的大小，随其规格的大小、主回路的流量、调节压力、滑阀中央弹簧特性和滑阀上阻尼小孔直径的不同而不同。所以选择液压泵的流量时，必须满足系统的正常工作要求。液压泵流量小，向系统的执行机构供油不足，便产生压力、流量不稳定，使系统无法正常工作。

　　排除上述故障的方法：可更换容量较大的泵，以满足系统的流量要求，或在系统工作允许的工况下，选用规格较小的溢流阀，以减小溢流和泄漏量。

　　这个回路采用节流调速来实现两缸同步，在同步要求不高的条件下还是可以应用的。但对于同步要求较高的液压系统，比较可靠的是用电液比例调速阀或用机械同步保证（将两活塞杆机械地固定成整体）。

7-10　什么是顺序回路？顺序回路有哪几种形式？

　　控制液压系统中执行元件动作先后次序的回路称为顺序动作回路。

　　按照控制的原理和方法不同，顺序动作的方式分成压力控制、行程控制和时间控制三种。时间控制的顺序动作回路控制准确性较低，应用较少。常用的是压力控制和行程控制的顺序动作回路。

项目8
典型液压系统及故障分析

 8-1　分析液压系统图的基本步骤有哪些？

液压系统是根据液压设备的工作要求，选用各种不同功能的基本回路构成的。液压系统一般用图形的方式来表示。液压系统图表示了系统内所有各类液压元件的连接情况以及执行元件实现各种运动的工作原理。对液压系统进行分析，最主要的就是阅读液压系统图。阅读一个复杂的液压系统图，大致可以按以下几个步骤进行：

1）了解机械设备的功用、工况及其对液压系统的要求，明确液压设备的工作循环。

2）初步阅读液压系统图，了解系统中包含哪些元件，根据设备的工况及工作循环，将系统分解为若干个子系统。

3）逐步分析各子系统，了解系统中基本回路的组成情况。分析各元件的功用以及各元件之间的相互关系。根据执行机构的动作要求，参照电磁铁动作顺序表，搞清楚各个行程的动作原理及油路的流动路线。

4）根据系统中对各执行元件间的互锁、同步、防干扰等要求，分析各个子系统之间的联系以及如何实现这些要求。

5）在全面读懂液压系统图的基础上，根据系统所使用的基本回路的性能，对系统做出综合分析，归纳总结出整个液压系统的特点，以加深对液压系统的理解，为液压系统的调整、维护、使用打下基础。

 8-2　铣床液压传动系统的组成如何？动作顺序如何？

铣床可以按照一定的顺序要求完成切削加工，铣床液压传动系统是以顺序动作变换为主的典型液压系统。

图8-1所示为多缸顺序专用铣床的液压传动系统。铣床工作时，铣刀只做回转运动，工件被夹紧在工作台上，工作台的水平和垂直两个方向的进给运动由液压传动系统的液压缸Ⅰ、Ⅱ带动执行。

动作顺序为：液压缸Ⅰ的活塞水平向左快进→液压缸Ⅰ的活塞水平向左慢进（工进）→液压缸Ⅱ的活塞垂直向上慢进（工进）→液压缸Ⅱ的活塞垂直向下快退→液压缸Ⅰ的活塞水平向右快退。

换向阀电磁铁和单向顺序阀的工作状态见表8-1。

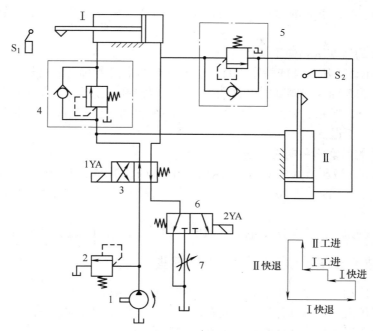

图 8-1　多缸顺序专用铣床的液压传动系统

1—液压泵　2—溢流阀　3、6—换向阀　4、5—单向顺序阀　7—节流阀

表 8-1　换向阀电磁铁和单向顺序阀的工作状态

工作循环	电磁铁		单向顺序阀 4	单向顺序阀 5	S₁	S₂
	1YA	2YA				
缸 I 活塞向左快进	+	−				
缸 I 活塞向左慢进	+	+			发信号	
缸 II 活塞向上慢进	+	+		打开		
缸 II 活塞向下快退	−	−				发信号
缸 I 活塞向右快退	−	−	打开			

 8-3　铣床液压传动系统的工作原理是什么？

1. 液压缸 I 的活塞水平向左快进

如图 8-1 所示，起动液压泵 1，控制二位四通换向阀 3 电磁铁通电，左位接入系统。液压油液进入液压缸 I 的右腔；左腔的油液经单向顺序阀 4 的单向阀、换向阀 3 和换向阀 6 直接流回油箱，实现水平向左快进。

2. 液压缸 I 的活塞水平向左慢进

如图 8-1 所示，当液压缸 I 的活塞快进至一定位置时，活塞杆上的挡块触动行程开关 S₁，使换向阀 6 电磁铁通电，右位接入系统。此时液压缸 I 左腔的油液只能经节流阀 7 回油箱，从而实现液压缸 I 的活塞水平向左慢进。慢进的速度由节流阀 7 调节。

3. 液压缸 II 的活塞垂直向上慢进

如图 8-1 所示，液压缸 I 的活塞水平向左慢进一定行程后碰到固定挡铁停止运动，系统压力迅速升高。当压力值超过单向顺序阀 5 预先调定的压力值后，顺序阀 5 打开，液压油液进入液压缸Ⅱ的下腔,上腔的油液经换向阀3、换向阀6和节流阀7流回油箱。实现垂直向上慢进。

4. 液压缸Ⅱ的活塞垂直向下快退

如图8-1所示,液压缸Ⅱ的活塞垂直向上慢进至一定位置时,活塞杆上的挡块触动行程开关S₂,使换向阀3和换向阀6的电磁铁均断电,复位到图示位置。液压油液经换向阀3进入液压缸Ⅱ的上腔,下腔的油液经单向顺序阀5的单向阀、换向阀3和换向阀6直接流回油箱,实现垂直向下快退。

5. 液压缸Ⅰ的活塞水平向右快退

如图8-1所示,液压缸Ⅱ的活塞垂直向下快退到底,活塞停止运动,系统压力升高,打开单向顺序阀4,液压油液进入液压缸Ⅰ的左腔,右腔的油液经换向阀3和换向阀6直接流回油箱,实现水平向右快退。

若再次按下按钮,使换向阀3电磁铁通电,则系统便可重复上述工作循环。

8-4 机械手液压传动系统的功用有哪些?

机械手液压传动系统是一种多缸多动作的典型液压系统。

机械手是模仿人的手部动作,按给定程序、轨迹等要求实现自动抓取、搬运和操作的机械装置,它属于典型的机电一体化产品。在高温、高压、危险、易燃、易爆、放射性等恶劣环境,以及笨重、单调、频繁的操作中,它代替了人的工作,具有十分重要的意义。

图8-2所示为自动卸料机械手液压系统原理图。该系统由单向定量泵2供油,溢流阀6

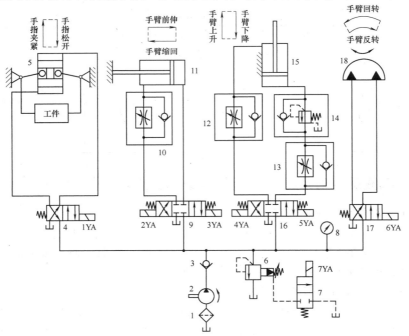

图8-2　机械手液压系统图

1—过滤器　2—单向定量泵　3—单向阀　4、17—二位四通电磁换向阀　5—无杆活塞缸
6—先导式溢流阀　7—二位二通电磁换向阀　8—压力表　9、16—三位四通电磁换向阀　10、12、13—单向调速阀
11—单杆活塞缸　14—顺序阀　15—单杆活塞缸　18—单叶片摆动缸

调节系统压力，压力值可通过压力表 8 观察。由行程开关发信号给相应的电磁换向阀，控制机械手动作。

 8-5 机械手液压传动系统的动作要求有哪些？

典型工作循环为：手臂上升→手臂前伸→手指夹紧（抓料）→手臂回转→手臂下降→手指松开（卸料）→手臂缩回→手臂反转（复位）→原位停止。

各功能液压缸的组成分别为：

手臂回转：单叶片摆动缸 18；

手臂升降：单杆活塞缸 15（缸体固定）；

手臂伸缩：单杆活塞缸 11（活塞杆固定）；

手指松夹：无杆活塞缸 5。

在工作循环中，各电磁阀电磁铁动作顺序见表 8-2。

表 8-2 电磁铁动作顺序表

动作顺序	1YA	2YA	3YA	4YA	5YA	6YA	7YA
手臂上升	-	-	-	-	+	-	-
手臂前伸	+	-	+	-	-	-	-
手指夹紧	-	-	-	-	-	-	-
手臂回转	-	-	-	-	-	+	-
手臂下降	-	-	-	+	-	+	-
手指松开	+	-	-	-	-	+	-
手臂缩回	-	+	-	-	-	-	-
手臂反转	-	-	-	-	-	-	-
原位停止	-	-	-	-	-	-	+

 8-6 机械手液压传动系统的系统元件有哪些？

系统的其他组成元件及功能分别如下：

元件 1——过滤器，过滤油液，去除杂质；

元件 2——单向定量泵，为系统供油；

元件 3——单向阀，防止油液倒流，保护液压泵；

元件 4、17——二位四通电磁换向阀，控制执行元件进退两个运动方向；

元件 6——先导式溢流阀，溢流稳压；

元件 7——二位二通电磁换向阀，控制液压泵卸荷；

元件 8——压力表，观察系统中的压力；

元件 9、16——三位四通电磁换向阀，控制执行元件进退两个运动方向且可在任意位置停留；

元件 10、12、13——单向调速阀,调节执行元件的运动速度。

 8-7　机械手液压系统的工作原理是什么?

机械手各部分动作具体分析如下:

(1) 手臂上升　三位四通电磁换向阀 16 控制手臂的升降运动,5YA(+)→16(右位)。

进油路:1→2→3→16(右位)→13→14→缸 15(下腔)⎫
回油路:缸 15(上腔)→12→16(右位)→油箱　　　　⎬缸 15 活塞上升
　　　　　　　　　　　　　　　　　　　　　　　　⎭

速度由单向调速阀 12 调节,运动较平稳。

(2) 手臂前伸　三位四通电磁换向阀 9 控制手臂的伸缩动作,3YA(+)→9(右位)。

进油路:1→2→3→9(右位)→11(右腔)⎫
回油路:11(左腔)→10→9(右位)→油箱　⎬11 缸体右移
　　　　　　　　　　　　　　　　　　⎭

同时,1YA(+)→4(右位)。

进油路:1→2→3→4(右位)→5(上腔)⎫
回油路:5(下腔)→4(右位)→油箱　　⎬手指松开
　　　　　　　　　　　　　　　　　⎭

(3) 手指夹紧

1YA(-)→4(左位)　5 活塞上移

(4) 手臂回转

6YA(+)→17(右位)

进油路:1→2→3→17(右位)→18(右位)⎫
回油路:18(左位)→17(右位)→油箱　　⎬18 叶片逆时针方向转动
　　　　　　　　　　　　　　　　　　⎭

(5) 手臂下降

4YA(+)→16(左位);6YA(+)→17(右位)

进油路:1→2→3→16(左位)→12→15(上腔)⎫
回油路:15(下腔)→14→13→16(左位)→油箱⎬15 活塞下移
　　　　　　　　　　　　　　　　　　　⎭

(6) 手指松开

1YA(+)→4(右位)→5 活塞下移

6YA(+)→17(右位)

(7) 手臂缩回

2YA(+)→9(左位)→11 缸左移

6YA(+)→17(右位)

(8) 手臂反转

6YA(-)→17(左位)→18 叶片顺时针方向转动

(9) 原位停止

7YA(+)→2 泵卸荷

 8-8　机械手液压系统的特点有哪些?

1) 电磁阀换向方便、灵活。

2）回油路节流调速，平稳性好。

3）平衡回路，防止手臂自行下滑或超速。

4）失电夹紧，安全可靠。

5）卸荷回路，节省功率，效率利用合理。

8-9 塑料注塑成型机的工作原理和注塑机液压传动系统的执行元件的组成及工作是怎样的？注塑机对液压系统的要求有哪些？

塑料注塑成型机简称为注塑机，如图 8-3 所示。它将颗粒状塑料加热熔化到流动状态，以高压快速注入模腔，处于熔融状态的塑料在模腔内保压一定时间后，冷却成型为塑料制品。注塑机液压传动系统的执行元件有合模缸、注射座移动缸、注射缸、预塑液压马达和顶出缸。这些执行元件推动注塑机各工作部件完成图 8-4 所示的工作循环。

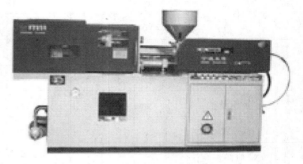

图 8-3 注塑机动作循环和外形图

注塑机对液压系统的要求如下：

1）模具必须具有足够的合型力，以消除高压注射时模具离缝、塑料制品产生溢边现象。

2）在合模、开模过程中，为了既提高工作效率，又防止因速度太快而损坏模具和制品，其过程需要多种速度。

3）注射座要能整体前移和后退，并保持足够的向前推动力，以使注射时喷嘴与模具浇口紧密接触。

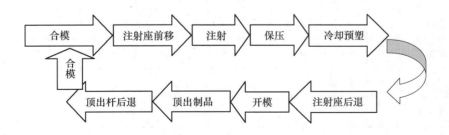

图 8-4 注塑机动作循环图

4）由于原料的品种、制品的几何形状及模具系统不同，为保证制品质量，注射成型过程中要求注射压力和注射速度可调节。

5）注射动作完成后，需要保压。保压的目的是使塑料紧贴模腔而获得精确的形状；在制品冷却凝固收缩过程中，使熔化塑料不断补充进入模腔，防止充料不足而出现残次品。因此保压压力要求可调。

6）顶出制品速度要平稳。

8-10　SZ-250A 型注塑机液压系统的工作原理如何？

SZ-250A 型注塑机属于中小型注塑机，每次最大注射容量为 $250cm^3$。图 8-5 所示为该注塑机的液压系统图。该液压系统用双联泵供油，用节流阀控制有关流量，用多级调压回路控制有关压力，以满足工作过程中各动作对速度和压力的不同要求。各执行元件的动作循环主要依靠行程开关切换电磁换向阀来实现，电磁铁动作顺序见表 8-3。

表 8-3　电磁铁动作顺序表

动　作		电　磁　铁													
		1YA	2YA	3YA	4YA	5YA	6YA	7YA	8YA	9YA	10YA	11YA	12YA	13YA	14YA
合模	慢速	−	+	+	−	−	−	−	−	−	−	−	−	−	−
	快速	+	+	+	−	−	−	−	−	−	−	−	−	−	−
	低压慢速	−	+	+	−	−	−	−	−	−	−	−	−	+	−
	高压慢速	−	+	+	−	−	−	−	−	−	−	−	−	−	−
注射座前移		−	+	−	−	−	−	+	−	−	−	−	−	−	−
注射	慢速	−	+	−	−	−	−	+	−	−	+	−	+	−	−
	快速	+	+	−	−	−	−	+	+	−	+	−	+	−	−
保压		−	+	−	−	−	−	+	−	−	+	−	−	−	+
预塑		+	+	−	−	−	−	+	−	−	−	+	−	−	−
防流延		−	+	−	−	−	−	+	−	+	−	−	−	−	−
注射座后退		−	+	−	−	−	+	−	−	−	−	−	−	−	−
开模	慢速 I	−	+	−	+	−	−	−	−	−	−	−	−	−	−
	快速	+	+	−	+	−	−	−	−	−	−	−	−	−	−
	慢速 II	−	+	−	+	−	−	−	−	−	−	−	−	−	−
顶出	前进	−	+	−	−	+	−	−	−	−	−	−	−	−	−
	后退	−	+	−	−	−	−	−	−	−	−	−	−	−	−

注："+"号表示通电；"−"号表示断电。

1. 合模

首先关闭注塑机安全门，行程阀 6 才能恢复常位态，合模慢速起动合模缸，再快速前进。当动模板接近定模板时，合模缸以低压、慢速前移，即使两模板间有硬质异物，也不致损坏模具表面。在确认模具内无异物存在时，合模缸转为高压，并通过对称五连杆机构增力，使模具闭合并锁住。

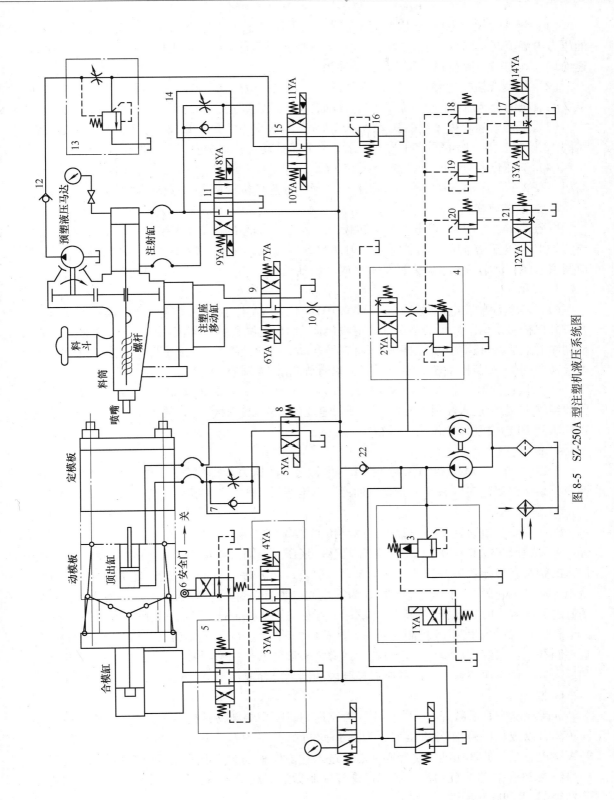

图 8-5　SZ-250A 型注塑机液压系统图

（1）慢速合模　电磁铁 2YA、3YA 得电，大流量泵 1 通过溢流阀 3 卸载，小流量泵 2 的压力由溢流阀 4 调定。泵 2 的液压油经电液换向阀 5 右位进入合模缸左腔，推动合模缸慢速前移，其右腔油液经阀 5 和冷却器回油箱。

（2）快速合模　电磁铁 1YA、2YA 和 3YA 得电，液压泵 1 的液压油经单向阀 22 与液压泵 2 的液压油合流后进入合模缸左腔，推动合模缸快速前进。最高压力由溢流阀 3 限定。

（3）低压慢速合模　电磁铁 2YA、3YA 和 13YA 得电，泵 1 卸载，泵 2 的压力由远程调压阀 18 控制。由于阀的调定压力低，泵 2 以低压推动合模缸缓慢、安全地合模。

（4）高压慢速合模　电磁铁 2YA 和 3YA 得电，泵 1 卸载，泵 2 的压力由溢流阀 4 调为高压。泵 2 的液压油驱动合模缸高压合模，通过五连杆机构增力，且锁紧模具。

2. 注射座前移

电磁铁 2YA 和 7YA 得电，泵 1 卸载，泵 2 的压力仍由溢流阀 4 控制。泵 2 的液压油经节流阀 10 和电液换向阀 9 右位进入注射座移动缸右腔，注射座慢速前移，使喷嘴与模具浇口紧密接触，注射座移动缸左腔油液经阀 9 回油箱。

3. 注射

（1）慢速注射　电磁铁 2YA、7YA、10YA 和 12YA 得电，泵 2 的压力由远程调压阀 20 调节并保持稳定值。泵 2 的液压油经电液换向阀 15 左位和单向节流阀 14 进入注射缸右腔，推动注射缸活塞慢速前进，注射螺杆将料筒前端的熔料经喷嘴压入模腔，注射缸左腔油液经电液换向阀 11 中位回油箱。注射速度由单向节流阀 14 调节。

（2）快速注射　电磁铁 1YA、2YA、7YA、8YA、10YA 和 12YA 得电，泵 1 和泵 2 的液压油经阀 11 右位进入注射缸右腔，实现快速注射，左腔油液经阀 11 右位回油箱。此时，远程调压阀 20 起安全保护作用。

4. 保压

电磁铁 2YA、7YA、10YA 和 14YA 得电，泵 2 的压力（即保压压力）由远程调压阀 19 调节，泵 2 仅对注射缸右腔补充少量油液，以维持保压压力，多余油液经阀 4 溢回油箱。

5. 预塑

保压完毕，电磁铁 1YA、2YA、7YA 和 11YA 得电，泵 1 和泵 2 的液压油经阀 15 右位、旁通型调速阀 13 和单向阀 12 进入液压马达。液压马达通过减速机构带动螺杆旋转，从料斗加入的塑料颗粒随着螺杆的转动被带至料筒前端，加热熔化，并建立起一定的压力。马达转速由旁通型调速阀 13 控制，溢流阀 3 为安全阀。螺杆头部的熔料压力上升到能克服注射缸活塞退回的阻力时，螺杆开始后退。这时，注射缸右腔油液经阀 14、阀 15 右位和背压阀 16 回油箱，其背压力由阀 16 控制。同时，油箱中的油在大气压的作用下经阀 11 中位，向注射缸左腔补充。当螺杆后退至一定位置，即螺杆头部的熔料达到所需注射量时，螺杆停止转动和后退，等待下次注射，与此同时，模腔内的制品冷却成型。

6. 防流延

如果喷嘴为直通敞开式，为防止注射座退回时喷嘴端部物料流出，应先使螺杆后退一小段距离，以减小料筒前端的压力。为达到此目的，在预塑结束后，电磁铁 2YA、7YA 和 9YA 得电，泵 2 的液压油一路经阀 9 右位进入注射座移动缸右腔，使喷嘴与模具浇口接触，一路经阀 11 左位进入注射缸左腔，使螺杆强制后退。注射缸右腔和注射座移动缸左腔的油分别经阀 11 和阀 9 回油箱。

7. 注射座后退

在保压、冷却和预塑结束后，电磁铁 2YA 和 6YA 得电，泵 2 的液压油经阀 9 左位使注射座退回。

8. 开模

开模速度一般为慢→快→慢。

（1）慢速开模 当电磁铁 2YA 和 4YA 得电时，泵 1 卸载，泵 2 的液压油经电液换向阀 5 左位进入合模缸右腔，合模缸慢速后退，左腔油液经阀 5 回油箱。

（2）快速开模 当电磁铁 1YA、2YA 和 4YA 得电时，泵 1 和泵 2 的供油合流后推动合模缸快速后退。

（3）慢速开模 当 1YA 断电，电磁铁 2YA、4YA 得电时，泵 1 卸载，泵 2 的液压油经电液换向阀 5 左位进入合模缸右腔，合模缸又以慢速后退，左腔油液经阀 5 回油箱。

9. 顶出

（1）顶出杆前进 电磁铁 2YA、5YA 得电时，泵 1 卸载，泵 2 的液压油经换向阀 8 左位和单向节流阀 7 进入顶出缸左腔，推动顶出杆稳速前进，顶出制品。顶出速度由单向节流阀 7 调节，溢流阀 4 为定压阀。

（2）顶出杆后退 电磁铁 2YA 得时，泵 2 的液压油经阀 8 常态位使顶出杆退回。

 8-11 SZ-250A 型注塑机液压系统的特点是什么？

1）采用了液压-机械增力合模机构，保证了足够的锁模力。除此之外，还可采用增压缸合模装置。

2）注塑机液压系统动作多，各动作之间有严格顺序。本系统采用电气行程开关切换电磁换向阀，保证动作顺序。

3）采用多个远程调压阀调压，满足了系统多级压力要求。

 8-12 液压系统安装时应注意哪些事项？

随着液压技术的发展，液压设备在各工业部门中得到越来越广泛的应用。一般液压系统的工作性能是可靠的，但如果使用维护不当，也会出现各种故障，影响液压设备的正常运行。要想使液压设备经常处于良好的工作状态，则应正确地使用维护并及时地排除故障。在安装液压系统时，应注意以下事项：

1）安装前检查各油管是否完好无损并进行清洗。对液压元件要用煤油或柴油进行清洗，自制重要元件应进行密封和耐压试验。试验压力可取工作压力的两倍或最高工作压力的 1.5 倍。

2）液压泵、液压马达与电动机、工作机构间的同轴度偏差应在 0.1mm 以内，轴线间倾角不大于 1°。避免用过大的力敲击泵轴和液压马达轴，以免损伤转子。同时泵与马达的旋转方向及进出油口方向不得接反。

3）液压缸安装时，要保证符合活塞杆的轴线与运动部件导轨面平行度的要求。活塞杆轴线对两端支座的安装基面，其平行度误差不得大于 0.05mm。对行程较长的液压缸，活塞杆与工作台的连接应保持浮动，以补偿安装误差产生活塞杆卡住和补偿热膨胀的影响。

4）电磁阀的回油、减压阀和顺序阀等的卸油与回油管连通时不应有背压，否则应单设回油管；溢流阀的回油管口与液压泵的吸油口不能靠得太近，以免吸入温度较高的油液；方向阀一般应保持轴线水平安装。

5）辅助元件的安装应严格按设计要求的位置安装，并注意整齐、美观，在符合设计要求的情况下，尽量考虑使用、维护和调整的方便。例如，蓄能器应保持轴线竖直安装，并安装在易用气瓶充气的地方；过滤器应安装在易于拆卸、检查的位置等。

6）液压元件在安装时用力要恰当，防止用力过大使元件变形，从而造成漏油或某些零件不能运动。安装时需清除被密封零件的尖角，防止损坏密封件。

7）各油管接头处要装紧和密封良好，管道尽可能短，避免急拐弯，拐弯的位置越少越好，以减少压力损失。吸油管宜短、粗，一般吸油口都装有滤油器，过滤器必须至少在油面以下200mm。回油管应远离吸油管并插入油箱液面之下，可防止回油飞溅而产生气泡并很快被吸入泵内，回油管口应切成45°斜面并朝向箱壁以扩大通流面积。

8）系统全部管道应进行两次安装，即第一次配管试装合适后拆下管路，用20%的硫酸或盐酸溶液进行酸洗，再用10%的苏打水中和15min，最后再用温水冲洗，待干燥涂油后进行第二次正式安装。

9）系统安装完毕后，应采用清洗油对内部进行清洗，油温在50~80℃。清洗时在回油路上设置过滤器，开始使液压泵间歇运转，然后长时间运转8~12h，清洗到过滤器的滤芯上不再有杂质时为止。复杂系统可分区清洗。

8-13　液压设备维护保养的要点有哪些?

加强设备的维护是确保设备正常工作十分重要的环节。目前液压设备经常出现四种"毛病"：一为"精神病"，指液压系统工作时好时坏，执行机构动作时有时无；二为"冒虚汗"，指系统泄漏严重；三为"抖动病"，指执行机构运动时有跳动、振动或爬行；四为"高烧病"，指液压系统工作油液温升过高。如果对上述四种病情进行分析和诊断，寻找产生病根的原因，同时对液压设备进行科学的管理，对常见的故障提出预防措施，液压系统的故障就可以减少或避免。液压设备的维护保养应注意下列要点：

1）控制油液污染，保持油液清洁，是确保液压系统正常工作的重要措施。目前由于油液污染严重，造成液压故障频繁发生。根据某大型工厂统计，液压系统的故障80%是由于油液的污染引起的。油液污染还会加速液压元件的磨损。

2）控制液压系统中工作油液的温升是减少能源消耗、提高系统效率的一个重要环节。一台机床的液压系统，若油液温度变化范围较大，其后果是：

①影响液压泵的吸油能力和容积效率。

②系统工作不正常，压力、速度不稳，动作不可靠。

③液压元件内外泄漏增加。

④加速油液的氧化变质。

3）控制液压系统的泄漏极为重要，因为泄漏和吸空是液压系统常见的故障。要控制泄漏，首先要提高液压元件零部件的加工精度和元件的装配质量以及管道系统的安装质量；其次要提高密封件的质量，注意密封件的安装使用和定期更换；最后是要加强日常维护。

4）防止液压系统的振动和噪声。振动会影响液压元件的性能，它使螺钉松动，管接头松脱，从而引起泄漏，甚至是油管破裂。一旦出现螺钉断裂等故障，又会造成人身和设备故障。因此要防止和排除振动现象。

5）严格执行日常点检和定检制度。点检和定检是设备维修工作的基础之一。液压系统故障存在着隐蔽性、可变性和难以判断性三大难关。因此对液压系统的工作状态进行点检和定检，把可能产生的故障现象记录在日常维修卡上，并将故障排除在萌芽状态，减少重大事故的发生，同时也为设备检修提供第一手资料。

6）严格执行定期紧固、清洗、过滤和更换制度。液压设备在工作过程中，由于冲击振动、磨损、污染等因素，使管件松动，金属件和密封件磨损，因此必须对液压件和油箱等实行定期清洗和维修，对油液、密封件等执行定期更换制度。

7）严格贯彻工艺纪律。在自动化程度较高的大批量生产的现代化机械加工工厂里，机械设备专业化程度较高，生产的节拍性很强，需按照加工要求和生产节拍来调节液压系统的压力和流量，防止操作者为了加快节拍，而将液压系统的工作压力调高和运动速度加快的现象。不合理的调节不仅增加了功率损耗，使油温升高，而且会导致液压系统出现故障。

8）建立液压系统技术档案。设备技术档案是"管好、用好、修好"设备的技术基础，是备件管理、设备检修技术改造的原始依据。所以认真建立液压设备的技术档案将有助于分析和判断液压故障的产生原因，并为采取果断措施排除故障提供依据。

9）建立液压元件维修试验场所。为确保维修过的液压件达到原有的技术性能要求，或对库存液压件进行质量抽查，或对进口液压元件在测绘试制之前进行性能测试等，都需要有一个维修试验场所。

 8-14　怎样清洗液压系统？

在现代液压工业中，液压元件日趋复杂，配合精度要求越来越高，所以在安装液压系统时，万一有杂质或金属粉末混入，将会引起液压件的磨损或卡死等不良现象，甚至造成重大事故。因此，为了使液压系统达到令人满意的工作性能和使用寿命，必须确保系统的清洁度，而保证液压系统清洁度的重要措施是系统安装和运转前的清洗工作。当液压系统的安装连接工作结束后，首先必须对该液压系统内部进行清洗。清洗的目的是洗掉液压系统内部的焊渣、金属粉末、锈片、密封材料的碎片、涂料等。对于刚从制造厂购进的液压装置或液压件，若已清洗干净可只对现场加工装配的部分进行清洗。液压系统的清洗必须经过第一次清洗和第二次清洗，达到规定的清洁度标准后方可进入调试阶段。

1. 第一次清洗

液压系统的第一次清洗是在预安装（试装配管）后，将管路全部拆下解体进行的。

第一次清洗应保证把大量的、明显的、可能清洗掉的金属毛刺与粉末、砂粒灰尘、油漆涂料、氧化皮、油渍、棉纱、胶粒等污物全部认真仔细地清洗干净，否则不允许进行液压系统的第一次安装。

第一次清洗时间随液压系统的大小、所需的过滤精度和液压系统的污染程度的不同而定。一般情况下为1~2昼夜。当达到预定的清洗时间后，可根据过滤网中所过滤的杂质种类和数量，再确定清洗工作是否结束。

第一次清洗主要是酸洗管路和清洗油箱及各类元件。管路酸洗的方法有以下几种：

（1）脱脂初洗　去掉油管上的毛刺，用氢氧化钠、硫酸钠等脱脂（去油）后，再用温水清洗。

（2）酸洗　在20%～30%的稀盐酸或10%～20%的稀硫酸溶液中浸渍和清洗30～40min（其溶液温度为40～60℃）后，再用温水清洗。清洗管子必须振动或敲打，以便促使氧化皮脱落。

（3）中和　在10%的苛性钠（苏打）溶液中浸渍和清洗15min（其溶液温度为40℃），再用蒸汽或温水清洗。

（4）防锈处理　在清洁、干净的空气中干燥后，涂上防锈油。

各类元件的清洗方法如下：

1）常温手洗法。这种方法采用煤油、柴油或浓度为2%～5%的金属清洗液在常温下浸泡，再用手清洗。这种方法适用于修理后的小批零件，适当提高清洗液温度可提高清洗效果。

2）加压机械喷涂法。采用2%～5%的金属清洗液，在适当温度下，加压0.5～1.0MPa，从喷嘴中喷出，喷射到零件表面，效果较好，适用于中批零件的清洗。

3）加温浸洗法。采用2%～5%的金属清洗液，浸洗5～15min。为提高清洗效果，可以在清洗液中加入表8-4中常用的添加剂，以提高防锈去污和清洗能力。

表8-4　清洗液常用的添加剂

名称	化学分子式	用量（%）	使用场合
磷酸钠	Na_3PO_4	2～5	适用于钢铁、铝、镁及其合金的清洗防锈
磷酸氢钠	Na_2HPO_4	2～5	适用于钢铁、铝、镁及其合金的清洗防锈
亚硝酸钠	$NaNO_2$	2～4	适用于钢铁制件工序间或封存防锈
无水碳酸钠	Na_2CO_3	0.3～1	配合亚硝酸钠适用于调整pH值
苯甲酸钠	C_6H_5COONa	1～5	适用于钢铁及铜合金工序间和封存包装防锈

4）蒸汽清洗法。采用有机溶剂（如三氧乙烯、三氯乙烷等）在高温高压下，有效地清除油污层。这种方法是一种生产率高而三废少的清洗法。

5）超声波清洗法。这种清洗法目前在国内液压元件生产厂普遍应用。超声波的频率比声波高，它可以传播比声波大得多的能量。在液体中传播时，液体分子可以得到几十万倍至几百万倍的重力加速度，使液体产生压缩和稀疏作用。压缩部分受压，稀疏部分受拉，受拉的地方就会发生断裂而产生许多气泡形成小的空腔。在很短的瞬间又受压而闭合产生数千至数万个大气压，这种空腔在液体中产生和消失的现象称为空化作用。借助于空化作用的巨大压力变化，可将附着在工件上的油脂和污垢清洗干净。超声波清洗机就是根据空化作用的原理制成的。图8-6所示为超声波清洗机的工作示意图。

当所有管道、油箱及元器件确认清洗干净后，即可进行第一次安装。

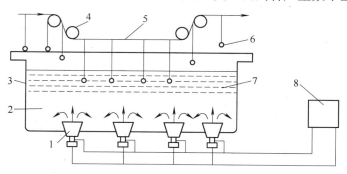

图8-6　超声波清洗机的工作示意图

1—辐射板　2—空化气泡　3—清洗槽　4—传送装置　5—传送带
6—被清洗工件　7—清洗液　8—超声波发生器

2. 第二次清洗

液压系统的第二次清洗是在第一次安装连成清洗回路后进行的系统内部循环清洗。第二次清洗的目的是把第一次安装后残存的污物，如密封碎片、不同品质的清洗油和防锈油以及铸件内部冲洗掉的砂粒、金属磨合下来的粉末等清洗干净，然后再进行第二次安装组成正式系统，以保证顺利进行正式的调整试车和投入正常运转。对于刚从制造厂购进的液压设备，若确实已按要求清洗干净，可仅对现场加工、安装的部分进行清洗。

第二次清洗方法步骤如下：

1）将环境和场地清扫干净。

2）清洗油的准备。清洗油可选择被清洗的机械设备的液压系统工作用油或试车油，也可选用低黏度的具有溶解橡胶能力的专用清洗油。不允许使用煤油、汽油、酒精或蒸汽等作为清洗介质，以免腐蚀液压元件、管路和油箱。清洗油的用量通常为油箱内油量的60%～70%。

3）过滤器的准备。清洗管道上应接上临时的回油过滤器。通常选用滤网精度为80目、150目的过滤器，供清洗初期和后期使用，以滤出系统中的杂质和脏污，保持油液干净。

4）清洗油箱。液压系统清洗前，首先应对油箱进行清洗。清洗后，用绸布或乙烯树脂海绵等将油箱内表面擦干净，才能加入清洗用油，不允许用棉布或棉纱擦拭油箱。有些企业用面团清理油箱，也得到了较为理想的清理效果。

5）加热装置的准备。若将清洗油加热到50～80℃，则管道内的橡胶泥渣等杂质物容易清除。因此，在清洗时要对油液分别进行大约12h的加热和冷却，故应准备加热装置。

6）清洗操作过程。清洗前应将安全溢流阀在其入口处临时切断。将液压缸进出油口隔开，在主油路上连接临时通路，组成独立的清洗回路，如图8-7所示。对于复杂的液压系统，可以适当考虑分区对各部分进行清洗。

清洗时，一边使泵运转，一边将油加热，使油液在清洗回路中自动循环清洗，为提高清洗效果，回路中换向阀可作一次换向，泵可作转转停停的间歇运动。若备有两台泵时，可交换运转使用。为了提高清洗效果，使脏污脱落，在清洗过程中可用锤子对焊接部位和管道反复轻轻地敲打，锤击时间为清洗时间的10%～15%。在清洗初期，使用80目的过滤网，到预定清洗时间的60%时，可换用150目的过滤网。清洗时间根据液压系统的复杂程度而定，所需的过滤精度因液压系统的污染程度不同而有所不同，当达到预定的清洗时间后，可根据过滤网中所过滤的杂质种类和数量，确定是否达到清洗目的。

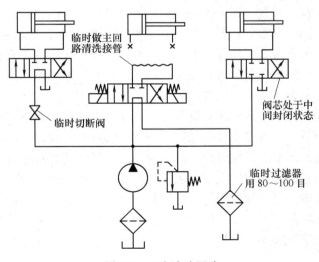

图8-7 二次清洗回路

第二次清洗结束后，泵应在油液温度降低后停止运转，以避免外界气温变化引起的锈蚀。油箱内的清洗油液应全部清洗干净，不得有清洗油液残留在油箱内。同时按上述清洗油箱的要求再次清洗一次，最后进行全面检查，符合要求后再将液压缸、阀等液压元件连接起来，为液压系统的第二次安装组成正式系统后的调整试车做好准备。

最后按设计要求组装成正式的液压系统，如图 8-8 所示。在调整试车前，加入实际运转时所用的工作油液，用空运转断续开车（每隔 3~5min），这样进行 2~3 次后，可以空载连续开车 10min，使整个液压系统进行油液循环。经再次检查，回油管处的过滤网中应没有杂质，方可转入试车程序。

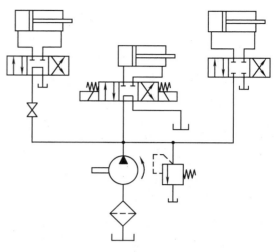

图 8-8　正式的液压系统

 8-15　液压系统应该达到的清洁度是怎样的？

造成液压系统污染的原因很多，有外部原因和内在原因。液压元件无论怎样清洁，在装配过程中都会弄脏。在安装管路、接头、油箱、过滤器或者加入新的油液时，都会造成污染物从外部进入，但更多是液压元件在制造时留下来而未清除干净的污物。除非液压设备或机器在离开工厂前尽可能把污物清除干净，否则很可能会引起早期故障。美国汽车工程师协会（SAE）在推荐标准 J1165《液压油清洁度等级报告》中，把造成严重事故的污垢微粒称为磨损催化剂，因为这类微粒造成的磨损碎屑又会产生新的、更多的碎屑物，即产生典型的"磨损联锁式反应"。对这些微粒必须特别有效地从系统中清除掉，为此国外制造厂家制订了每台设备或机器离开装配线时冲洗液压系统的工艺程序。冲洗的目的是使清洁度达到比在工厂稳定工况时所希望的更好，即达到所谓的出厂清洁度，以减少因装配时进入污物而造成的早期故障的可能性。

一个液压系统达到什么程度才算清洁呢？对这个问题，各国液压专家的意见还不一致，但目前一般把 100：1 的微粒密集度范围作为可接受的系统清洁度标准。这一密集度是指每毫升油液中污垢敏感度的差异。要求清洁度标准也各有所不同。国外设备厂家目前制定的设备清洗启用时的允许污垢量指标一般为每毫升油液中大于 $10\mu m$ 的微粒数在 100~750 等级范围内。这一规定等级限制了各种液压元件清洗后应达到的允许污垢量，可作为制定清洗液压元件的工艺标准。用国际标准化组织（ISO）清洁度代号列出的各种液压系统和元件清洁度要求见表 8-5 和表 8-6。

表 8-5　液压系统的清洁度标准

系统类型	清洁度代号标准		每毫升油液中大于给定尺寸的微粒数目	
	$5\mu m$	$15\mu m$	$5\mu m$	$15\mu m$
污垢敏感系统	13	9	80	5
伺服、高压系统	15	11	320	20
一般液压系统	16	13	640	80

（续）

系统类型	清洁度代号标准		每毫升油液中大于给定尺寸的微粒数目	
	5μm	15μm	5μm	15μm
中压液压系统	18	14	2500	160
低压液压系统	19	15	5000	320
大间隙低压系统	21	17	20000	1300

表 8-6　液压元件的清洁度标准

液压元件	ISO 清洁度代号	
	5μm	15μm
叶片泵、柱塞泵、液压马达	16	13
齿轮泵、马达、摆动液压缸	17	14
控制元件、液压缸、蓄能器	18	15

8-16　液压系统试压的目的是什么？液压系统应怎样试压？液压系统试压时试验压力应怎样选取？液压系统试压时应注意哪些事项？

液压系统试压的目的主要是检查系统、回路的漏油和耐压强度。

系统的试压一般都采用分级试验，每升一级，检查一次，逐步升到规定的试验压力。这样可避免事故的发生。

试验压力应为系统常用工作压力的 1.5～2 倍；高压系统为系统最大工作压力的 1.2～1.5 倍；在冲击大或压力变化剧烈的回路中，其试验压力应大于尖峰压力；对于橡胶软管，在 1.5～2 倍的常用工作压力下应无异状，在 2～3 倍的常用工作压力下应不破坏。

系统试压时，应注意以下事项：

1）试压时，系统的安全阀应调到所选定的试验压力值。

2）在向系统送油时，应将系统放气阀打开，待其空气排除干净后，方可关闭。同时将节流阀打开。

3）系统中出现不正常声音时，应立即停止试压，待查出原因并排除后，再进行试压。

4）试验时，必须注意采用安全措施。

在运转调试过程中还要十分注意液压油的温度变化。一般的液压系统最合适的温度为 40～50℃，在此温度下工作时液压元件的效率最高，油液的抗氧化性处于最佳状态。如果工作温度超过 80℃，油液将早期劣化（每增加 10℃，油液的劣化速度增加 2 倍），还将引起黏度降低、润滑性能变差、油膜容易破坏、液压件容易烧伤等问题。因此液压油的工作温度不宜超过 70～80℃，当超过这一温度时，应停机冷却或采取强制冷却措施。

在环境温度较低的情况下，运转调试时，由于油的黏度增大，压力损失和泵的噪声增加，效率降低，同时也容易损伤元件，当环境温度在 10℃ 以下时，属于危险温度，为此要采取预热措施，并降低溢流阀的设定压力，使液压泵负载降低，当温度升高到 10℃ 以上时再进行正常运转。

8-17　液压系统调试前的准备工作有哪些？

液压系统在调试前应当做好以下准备工作：

1. 熟悉情况，确定调试项目

调试前，应根据设备使用说明书及有关技术资料，全面了解被调试设备的结构、性能、工作顺序、使用要求和操作方法，以及机械、电气、气动等方面与液压系统的联系，认真研究液压系统各元件的作用，读懂液压系统原理图，搞清楚液压元件在设备上的实际安装位置及其结构、性能和调整部位，仔细分析液压系统各工作循环的压力变化、速度变化以及系统的功率利用情况，熟悉液压系统用油的牌号和要求。

在掌握上述情况的基础上，确定调试的内容、方法及步骤，准备好调试工具、测量仪表和补接测试管路，制订安全技术措施，以避免人身安全和设备事故的发生。

2. 外观检查

新设备和经过修理的设备均需进行外观检查，其目的是检查影响液压系统正常工作的相关因素。有效的外观检查可以避免很多故障的发生，因此在试车前首先必须做初步的外观检查。这一步骤的主要内容有：

1）检查各个液压元件的安装及其管路连接是否正确可靠。例如各液压元件的进油口、出油口及回油口是否正确，液压泵的入口、出口和旋转方向与泵体上标明的方向是否相符等。

2）防止切屑、冷却液、磨粒、灰尘及其他杂质落入油箱，各个液压元件的防护装置是否具备，是否完好可靠。

3）油箱中的油液牌号和过滤精度是否符合要求，液面高度是否合适。

4）系统中各液压元件、管道和管接头位置是否便于安装、调节、检查和修理。检查观察用的压力表等仪表是否安装在便于观察的地方。

5）检查液压泵电动机的转动是否轻松、均匀。

外观检查发现的问题，应改正后才能进行调整试车。

8-18　液压系统在调试前应做好哪些工作？

新设备在安装以后以及设备经过修理之后，必须对液压设备按有关标准进行调试，以保证系统能够安全可靠地工作。

在调试前，应弄清液压系统的工作原理和性能要求；明确机械、液压和电气三者的功能和彼此间的联系；熟悉系统的各种操作和调节手柄的位置及旋向等；检查各液压元件的连接是否正确可靠，液压泵的转向、进出油口是否正确，油箱中是否有足够的油液，检查各控制手柄是否在关闭或卸荷的位置，各行程挡块是否紧固在合适的位置等。

8-19　液压系统应该怎样空载试车？

空载试车时先起动液压泵，检查泵在卸荷状态下的运转。正常后，即可使其在工作状态下运转。一般运转开始要点动三五次，每次点动时间可逐渐延长，直到使液压泵在额定转速下运转。

液压泵运转正常后，可调节压力控制元件。各压力阀应按其实际所处的位置，从溢流阀依次调整，将溢流阀逐渐调到规定的压力值，使泵在工作状态下运转，检查溢流阀在调节过程中有无异常声响，压力是否稳定，必须检查系统各管道接头、元件结合面处有无漏油。其他压力阀可根据工作需要进行调整。压力调定后，应将压力阀的调整螺杆锁紧。

按压相应的按钮，使液压缸做全行程的往复运动，往返数次将系统中的空气排掉。如果缸内混有空气，会影响其运动的平稳性，引起工作台在低速运动时产生爬行现象，同时会影响机床的换向精度。然后调整自动工作循环和顺序动作，检查各动作的协调性和顺序动作的正确性，检查起动、换向和速度换接的平稳性，有无泄漏、爬行、冲击等现象。

在各项调试完毕后，应在空载条件下动作 2h 后，再检查液压系统工作是否正常，一切正常后，方可进入负载试车。

 8-20 液压系统应该怎样负载试车？

空载试车正常后，即可进行负载试车。负载试车的目的是检查系统在承受负载后，是否能实现预定的工作要求。为避免设备损坏，一般先在低负载下试车，若正常，则在额定负载下试车。

负载试车时，应检查系统在发热、噪声、振动、冲击和爬行等方面的情况，并做出书面记录，以便日后查对；检查各部分的漏油情况，发现问题，及时排除。若系统工作正常，便可正式投入使用。

不管是新制造的液压设备还是经过大修后的液压设备，都要对液压系统进行各项技术指标和工作性能的调试，或按实际使用的各项技术参数进行调试。

 8-21 液压系统调试的主要内容有哪些？

液压系统调试的主要内容有：

1）液压系统各个动作的各项参数，如压力、速度、行程的起点和终点、各动作的时间和整个工作循环的总时间等，均应调整到原设计所要求的技术指标。

2）调整全线或整个液压系统，使工作性能达到稳定可靠。

3）在调试过程中要判别整个液压系统的功率损失和工作油液温升变化情况。

4）要检查各可调元件的可靠程度。

5）要检查各操作机构灵敏性和可靠性。

6）凡是不符合设计要求和有缺陷的元件，都要进行修复和更换。

液压系统的调试一般应按泵站调试、系统调试（包括压力和流量，即执行机构速度调试以及动作顺序的调试）顺序进行。各种调试项目，均由部分到系统整体逐项进行，即部件、单机、区域联动、机组联动等。

（1）泵站调试

1）空载运转 10～20min，起动液压泵时将溢流阀旋松或处在卸荷位置，使系统在无压状态下作空运转。观看卸荷压力的大小、运转是否正常、有无刺耳的噪声、油箱中液面是否有过多的泡沫、油面高度是否在规定范围内等。

2）调节溢流阀，逐渐分档升压，每档为 3～5MPa，每档运转 10min，直至调整到溢流阀的调定压力值。

3）密切注意过滤器前后的压差变化，若压差增大则应随时更换或冲洗滤芯。

4）连续运转一段时间（一般为 30min）后，油液的温升应在允许规定值范围内（一般工作油温为 35~60℃）。

（2）系统压力调试　系统的压力调试应从压力调定值最高的主溢流阀开始，逐次调整每个分支回路的压力阀。压力调定后，须将调整螺杆锁紧。

1）溢流阀的调整压力，一般比最大负载时的工作压力大 10%~20%。

2）调节双联泵的卸荷阀，使其比快速行程所需的实际压力大 15%~20%。

3）调整每个支路上的减压阀，使减压阀的出口压力达到所需规定值，并观察压力是否平稳。

4）调整压力继电器的发信压力和返回区间值，使发信值比所控制的执行机构工作压力高 0.3~0.5MPa；返回区间值一般为 0.35~0.8MPa。

5）调整顺序阀，使顺序阀的调整压力比先动作的执行机构工作压力大 0.5~0.8MPa。

6）装有蓄能器的液压系统，蓄能器的工作压力调定值应同它所控制的执行机构的工作压力值一致。当蓄能器安装在液压泵站时，其压力调整值应比溢流阀调定压力值低 0.4~0.7MPa。

7）液压泵的卸荷压力，一般控制在 0.3MPa 以内；为了运动平稳增设背压阀时，背压一般在 0.3~0.5MPa 范围内；回油管道背压一般在 0.2~0.3MPa 范围内。

（3）系统流量调试（执行机构调速）

1）液压马达转速的调试。液压马达在投入运转前，应和工作机构脱开。在空载状态先点动，再从低速到高速逐步调试，并注意空载排气，然后反向运转。同时应检查壳体温升和噪声是否正常。待空载运转正常后，再停机将马达与工作机构连接；再次起动液压马达，并从低速至高速负载运转。如出现低速爬行现象，可检查工作机构的润滑是否充分，系统排气是否彻底，或有无其他机械干扰。

2）液压缸的速度调试。速度调试应逐个回路（是指带动和控制一个机械机构的液压系统）进行，在调试一个回路时，其余回路应处于关闭（不通油）状态。调节速度时必须同时调整好导轨的间隙和液压缸与运动部件的位置精度，不致使传动部件发生过紧和卡住现象。如果缸内混有空气，速度就不稳定，在调试过程中打开液压缸的排气阀，排除滞留在缸内的空气；对于不设排气阀的液压缸，必须使液压缸来回运动数次，同时在运动时适当旋松回油腔的管接头，见到油液从螺纹联接处溢出后再旋紧管接头。

在调速过程中，应同时调整缓冲装置，直至满足该缸所带机构的平稳性要求。如液压缸的缓冲装置为不可调型，则须将液压缸拆下，在试验台上调试处理合格后再装机调试。

双缸同步回路在调速时，应先将两缸调整到相同的起步位置，再进行速度调整。

速度调试应在正常油压与正常油温下进行。对速度平稳性要求高的液压系统，应在受载状态下，观察其速度变化情况。

速度调试完毕，然后调整各液压缸的行程位置、程序动作和安全联锁装置。各项指标都达到要求后，方能进行试运转。

8-22　液压系统日常检查如何进行？

液压系统发生故障前，往往都会出现一些小的异常现象，在使用中通过充分的日常维护、保养和检查就能根据这些异常现象及早地发现和排除一些可能产生的故障，以达到尽量减少故障发生的目的。

日常检查的主要内容是检查液压泵起动前后的状态以及停止运转前的状态。目前日常检查是用目视、听觉以及手触感觉等比较简单的方法。

1. 起动前的检查

1）外观检查。大量的泄漏是很容易被发觉的，但在油管接头处少量的泄漏往往不易被人们发现，然而这种少量的泄漏现象却往往就是系统发生故障的前兆，所以对于密封必须经常检查和清理，液压机械上软管接头的松动往往就是机械发生故障的先觉症状。如果发现软管和管道的接头因松动而产生少量泄漏时应立即将接头旋紧。例如液压缸活塞杆与机械部分连接处的螺纹松紧情况。

2）要注意油箱是否按规定加油，加油量以液位计上限为标准。

3）用温度计测量油温，如果油温低于10℃时应使系统在无负载状态下（使溢流阀处于卸荷状态）运转20min以上。

用温度计测量室温，即使油箱油温较高，管路温度仍要接近室温。在冬季室温较低时，要注意泵的起动。

4）观察压力表的指针是否在0MPa处，观察压力表是否失常。

5）观察溢流阀的调定压力值。溢流阀的调定压力为0MPa时，处于卸荷状态，起动后泵的负载很小。

2. 泵起动和起动后的检查

泵的起动应先进行点动，对于冬季液压油黏度高的情况（300mm²/s以上）和溢流阀处于调定压力状态时的起动要特别注意。液压泵在起动时用开开停停的方法进行起动，重复几次使油温上升，各执行装置运转灵活后再进行正常运转。

在泵起动中和起动后应检查下列内容：

1）在点动中，从泵的声音变化和压力表压力的稍稍上升来判断泵的流量，泵在无流量状态下运转1min以上就有咬死的危险。

2）操作溢流阀，使压力升降几次，检查泵的噪声是否随压力变化而变化，有不正常的声音。如有"咯哩、咯哩"的连续声音，则说明在吸入管侧或在传动轴处吸入空气；如高压时噪声特别大，则应检查吸入滤网是否堵塞、截止阀的阻力等情况。证明动作可靠、压力可调后，将系统调至所需压力。

3）根据在线过滤器的指示表了解其阻力或堵塞情况，在起动通油时最有效果，同时弄清指示表的动作情况。

4）根据溢流阀手柄操作、卸荷回路的通断和换向阀的操作，弄清压力的升降情况；根据压力表的动作和液压缸的伸缩，弄清响应情况。使各液压缸、液压马达动作2次以上，证明其动作状况和各阀的动作（振动、冲击的大小）都是良好的。

3. 运行中和停车时的检查

在起动过程中如泵无输出应立即停止运行，检查原因，排除故障；当泵重新起动、运行后及停车时，还需做如下检查：

（1）汽蚀检查 液压系统在进行工作时，必须观察液压缸的活塞杆在运动时是否有跳动现象，在液压缸全部外伸时有无泄漏，在重载时液压泵和溢流阀有无异常噪声，如果噪声很大，则为检查汽蚀最理想的时候。

液压系统产生汽蚀的主要原因是：在液压泵的吸油部分有空气吸入，为了杜绝汽蚀现象，必须把液压泵吸油管处所有的接头都旋紧，确保吸油管路的密封，如果在这些接头都旋紧的情况下仍不能清除噪声，就需要立即停机做进一步检查。

（2）过热的检查　用温度计测定油温及用手摸油箱侧面，确定油温是否正常（通常在60℃以下）。对比一下泵壳温度和油箱温度，如前后二者温差高于5℃，则可认为泵的效率非常低，这一点可用手摸判断，液压泵发生故障的一个重要症状是过热。汽蚀会产生过热，因为液压泵热到某一温度时，会压缩油液空穴中的气体而产生过热。如果发现因汽蚀造成过热，应立即停车进行检查。

检查各电磁阀的声音，换向时有无异常，用手触摸电磁阀外壳的温度，比室温高30℃左右便可认为是正常的。

（3）气泡的检查　如果液压泵的吸油测漏入空气，这些空气就会进入系统并在油箱内形成气泡。液压系统内存在气泡将产生三个问题：一是造成执行元件运动不平稳，影响液压油的体积弹性模量；二是加速液压油的氧化；三是产生汽蚀现象。所以要特别注意防止空气进入液压系统。有时空气也可能从油箱渗入液压系统，所以要经常检查油箱中液压油的油液高度是否符合规定要求，吸油管的管口是否浸没在油面以下，并保持足够的浸没深度。实践经验证明：回油管的油口应保证低于油箱中最低油面高度以下10cm左右。

（4）泄漏的检查　检查油箱侧面、油位指示针、侧盖等是否漏油；检查泵轴、连接等处的漏油情况，高温、高压时最易发生漏油。检查液压缸在高温、高压下，在活塞杆处是否有漏油，并检查其再停下时的停止状态、工作速度；了解液压马达的动作、噪声、漏油等情况。用手摸检查，或用眼睛观察管路各处（法兰、接头、卡套）及阀的漏油情况，保持管路下部清洁，以使简单观察即能发现漏油，漏油一般在高温高压下最易发现。

（5）振动的检查　打开压力表开关，检查高压下的摆动，振动大的情况和缓慢的情况属于异常。正常状态的针摆动应在0.3MPa以内。根据听觉判断泵的情况，噪声大、针摆大、油温又过高，可能是泵发生了磨损。

根据听觉和压力表检查溢流阀的声音大小和振动情况，检查管路、阀、液压缸的振动情况，检查安装螺钉是否松动。

在系统稳定工作时，除随时注意油量、油温、压力等问题外，还要检查执行元件、控制元件的工作情况，注意整个系统漏油和振动。系统使用一段时间后，如发现不良或产生异常现象，用外部调整的办法不能排除时，可进行分解修理或更换配件。

8-23　检修液压系统应注意的事项有哪些？

液压系统使用一段时间后，由于各种原因会产生异常现象或发生故障。此时用调整的方法不能排除时，可进行分解修理或更换元件。除了清洗后再装配和更换密封件或弹簧这类简单修理之外，重大的分解修理要十分小心，最好到制造厂或有关大修厂检修。

在检修和修理时，一定要做好记录。这种记录对以后发生故障时查找原因有实用价值。同时也可作为判断该设备常用哪些备件的有关依据。在修理时，要备齐如下常用备件：液压缸的密封，泵轴密封，各种O形密封圈，电磁阀和溢流阀的弹簧，压力表，管路过滤元件，管路用的各种管接头、软管、电磁铁以及蓄能器用的隔膜等。此外，还必须备好检修时所需的有关资料，如液压设备使用说明书、液压系统原理图、各种液压元件的产品目录、密封填料的产品目录以及液压油的性能表等。

在检修液压系统的过程中，具体应注意如下事项：

1）分解检修的工作场所一定要保持清洁，最好在净化车间内进行。要特别注意工作环境的布置和准备工作。

2）在检修时，要完全卸除液压系统内的液体压力，同时还要考虑好如何处理液压系统的油液问题，在特殊情况下，可将液压系统内的油液排除干净。

3）在拆卸油管时，事先应将油管的连接部位周围清洗干净，分解后，在油管的开口部位用干净的塑料制品或石蜡纸将油管包扎好。不能用棉纱或破布将油管堵塞住，同时注意避免杂质混入。在分解比较复杂的管路时，应在每根油管的连接处扎上有编号的白铁皮片或塑料片，以便于安装，不至于将油管装错。

4）分解时，各液压元件和其零部件应妥善保存和放置，不要丢失。

5）在更换橡胶类的密封件时，不要用锐利的工具，更要注意不要碰伤工作表面。在装配前，O形密封圈或其他密封件应浸放在油液中，以待使用，在装配时或装配好以后，密封圈不应有扭曲现象，而且应保证滑动过程中的润滑性能。在安装和检修时，应将与O形密封圈或其他密封件相接触部位的尖角修钝，以免使密封圈被尖角或毛刺划伤。

6）液压元件中精度高的加工表面较多，在分解和装配时，不要被工具或其他东西将加工表面碰伤。分解时最好选用适当的工具，避免将螺栓的六角破坏。分解后再装配时，各零部件必须清洗干净。

7）在安装液压元件或管接头时，不要用过大的拧紧力。尤其要防止液压元件壳体变形，滑阀的阀芯不能滑动、接合部位漏油等现象。

8）若在重力作用下，液动机（液压缸等）可动部件有可能下降，应当用支承架将可动部件牢牢支承住。

 8-24 如何防止空气进入液压系统？

液压系统中所用的油液可压缩性很小，在一般情况下它的影响可以忽略不计，但低压空气的可压缩性很大，大约为油液的10000倍，所以即使系统中含有少量的空气，它的影响也是很大的。溶解在油液中的空气，在压力低时就会从油中逸出，产生气泡，形成空穴现象，到了高压区在液压油的作用下这些气泡又很快被击碎，受到急剧压缩，使系统中产生噪声，同时当气体突然受到压缩时会放出大量热量，因而会引起局部过热，使液压元件和液压油受到破坏。空气的可压缩性大，还使执行元件产生爬行，破坏工作平稳性，有时甚至引起振动，这些都影响到系统的正常工作。油液中混入大量气泡还容易使油液变质，降低油液的使用寿命，因此必须注意防止空气进入液压系统。

根据空气进入液压系统的不同原因，在使用维护中应当注意下列几点：

1）经常检查油箱中液面的高度，其高度应保持在液位计的最低液位和最高液位之间。在最低液位时吸油管口和回油管口也应保持在液面以下，同时必须用隔板隔开。

2）应尽量防止系统内各处的压力低于大气压，同时应使用良好的密封装置，失效的密封件要及时更换，管接头及各接合面处的螺钉都应拧紧，及时清洗入口过滤器。

3）在液压缸上部设置排气阀，以便排出液压缸及系统中的空气。

8-25　如何防止油温过高？

工程机械液压传动系统油液的工作温度一般在 30~80℃ 的范围内，而机床液压系统中油液的温度则须控制在 30~60℃ 的范围内。如果油温超过允许的范围，将给液压系统带来许多不良的影响。油温升高后的主要影响有以下几点：

1）油温升高使油的黏度降低，因而元件及系统内油的泄漏量将增多，这样就会使液压泵的容积效率降低。

2）油温升高使油的黏度降低，这样将使油液经过节流小孔或缝隙式阀口的流量增大，这就使原来调节好的工作速度发生变化，特别对液压随动系统，将影响工作的稳定性，降低工作精度。

3）油温升高油的黏度降低后相对运动表面间的润滑油膜变薄，这样就会增加机械磨损，在油液不太干净时容易发生故障。

4）油温升高使机械元件产生热变形，液压阀类元件受热后膨胀，可能使配合间隙减小，因而影响阀芯的移动，增加磨损，甚至被卡住。

5）油温升高将使油液的氧化加快，导致油液变质，降低油的使用寿命。油中析出的沥青等沉淀物还会堵塞元件的小孔和缝隙，影响系统正常工作。

6）油温过高会使密封装置迅速老化变质，丧失密封性能。

引起油温过高的原因很多，有些是属于系统设计不正确造成的，例如油箱容积太小，散热面积不够；系统中没有卸荷回路，在停止工作时液压泵仍在高压溢流；油管太细太长，弯曲过多；液压元件选择不当，使压力损失太大等。引起油温过高的原因有些是属于制造上的问题，例如元件加工装配精度不高，相对运动件间摩擦发热过多；泄漏严重，容积损失太大等。从使用维护的角度来看，防止油温过高应注意以下几个问题：

1）注意保持油箱中的正确液位，使系统中的油液有足够的循环冷却条件。

2）正确选择系统所用油液的黏度。油液黏度过高，会增加油液流动时的能量损失；黏度过低，泄漏就会增加，两者都会使油温升高。当油液变质时也会使液压泵容积效率降低，并破坏相对运动表面间的油膜，使阻力增大，摩擦损失增加，这些都会引起油液的发热，所以也需要经常保持油液干净，并及时更换油液。

3）在系统不工作时液压泵必须卸荷。

4）经常注意保持冷却器内水量充足，管路畅通。

 8-26　液压油使用与维护时的注意事项有哪些？

液压传动系统中是以油液作为传递能量的工作介质，在正确选用油液以后还必须使油液保持清洁，防止油液中混入杂质和污物。经验证明：液压系统的故障有 80% 以上是由于液压油污染造成的，因此对液压油的污染控制十分重要。液压油中的污染物，固体颗粒约占 75%，尘埃约占 15%，其他杂质如氧化物、纤维、树脂等约占 10%。这些污染物中危害最大的是固体颗粒，它使元件中相对运动的表面加速磨损，堵塞元件中的小孔和缝隙；有时使阀芯卡住，造成元件的动作失灵；它还会堵塞液压泵吸油口的过滤器，造成吸油阻力过大，使液压泵不能正常工作，产生振动和噪声。总之，油液中的污染物越多，系统中元件的工作性能下降得越快。因此经常保持油液的清洁度是维护液压传动系统的一个重要方面。这些工作做起来并不费事，但可收到很好的效果。下列几点可供有关人员维护时参考：

1）液压用油的油库要设在干净的地方，所用的器具如油桶、漏斗、抹布等应保持干净。最好用绸布或的确良布擦洗，以免纤维粘在元件上堵塞孔道，造成故障。

2）液压用油必须经过严格的过滤，以防止固态杂质损害系统。系统中应根据需要配置粗、精过滤器，过滤器应当经常检查清洗，发现损坏应及时更换。

3）系统中的油液应经常检查并根据工作情况定时更换。一般累计工作1000h后，应当换油；如继续使用，油液将失去润滑性能，并可能具有酸性。在间断使用时可根据具体情况隔半年或一年换油一次。在换油时应将底部积存的污物去掉，将油箱清洗干净；向油箱内注油时应通过120目以上的过滤器。

4）油箱应加盖密封，防止灰尘落入，在油箱上面应设有空气过滤器。

5）如果采用钢管输油应把管子在油中浸泡24h，生成不活泼的薄膜后再使用。

6）装拆元件一定要清洁干净，防止污物落入。

7）发现油液污染严重时，应查明原因及时消除。

 8-27   电液伺服阀使用与维护时的注意事项有哪些?

伺服阀需要定期返回制造厂调整。对于有些伺服阀中的内部过滤器和外部调零机构，用户可按产品说明书的规定，定期更换或清洗内部过滤器，或按使用情况调节伺服阀零偏。除此之外，用户不得分解伺服阀。如伺服阀发生故障，应返回制造厂、研究所或这些单位设立的伺服阀维修中心进行修理、排除、调整。

1）伺服阀一般不可拆卸，因为再次安装往往保证不了精度。

2）伺服阀中有带有磁性的力矩马达，在磁性环境下使用时要注意，因油中有铁粉，所以最好要加磁性过滤器。

3）伺服阀必须按产品说明书所规定的数据来使用，尤其注意输入电流不应超过规定值。

4）推荐液压伺服系统采用10号航空液压油（该油具有良好的黏温特性、低温性能和氧化稳定性，适用于低温工作或常温时油液黏度较低的液压系统）或其他合适的油品作其工作介质。

5）油箱必须密封，透气孔等处应加空气过滤器或其他密封装置。更换新油时，仍需经精密过滤器过滤，按有关要求冲洗。国外在加新油时，要求使用名义精度为5μm（绝对精度18μm）的过滤器过滤。

6）工作油液应定期抽样检查，至少每年更换一次新油。为延长油液的使用寿命，建议油温尽量保持在40℃左右，避免在超过50℃时长期使用，滤芯应3~6月更换一次。

7）当系统发生严重零偏或故障时，应首先检查和排除电路和伺服阀以外各环节的故障。如确认伺服阀本身有故障时，应首先检查清洗伺服阀内的滤芯。如故障仍未排除，可拆下伺服阀按检修规程拆检维修。经过拆检维修后的伺服阀，应在试验台上调试合格后加铅封，然后再重新安装。

 8-28   电液伺服阀存放时的注意事项有哪些?

液压伺服系统中的伺服阀是一种精密的液压元件，应设专用库房存放。存放库房的要求如下：

1）库房地板应为木质，库房应有防尘设施，工作人员进出应穿工作服和专用清洁的拖鞋。

2）温度控制在 18~36℃ 范围内，相对湿度为 40%~80%，库房内应干燥，无各种腐蚀气体。库房内不准同时存放有磁性的工具或器械。

3）库房内保持清洁卫生，设有伺服阀的存放架。

对伺服阀的存放的要求如下：

1）伺服阀放置到干燥缸内时不得叠放，应尽量水平放置。阀芯纵向倾斜不得大于 15°，横向倾斜不得大于 45°。

2）存放前必须把干燥缸清洗干净，不得有污垢、杂质、灰尘等。

3）被封存的伺服阀内应涂防锈油（油的过滤精度不得大于 10μm），干燥缸内应放置干燥剂，盖上玻璃盖板，玻璃盖板与干燥缸体的密封副间涂密封胶（胶状聚四氟乙烯或胶状二硫化钼密封脂），抽空容器至真空表读数为 0.1MPa 后，再充氮气至真空表读数为 0.39MPa（缸内为负压），并随时检查负压真空度。

对已组装到系统中的伺服阀在拆卸后按以上的办法封存。系统中与伺服阀连接的表面应用硬铝板加密封垫片保护好，并涂上防锈脂。各引线、插头部分均应用电工胶布包扎好，不得振动或外露。

 8-29　液压系统故障的诊断方法有哪些？

1. 感观诊断法

（1）看　观察液压系统的工作状态。一般有六看：一看速度，即看执行元件运动速度有无变化；二看压力，即看液压系统各测量点的压力有无波动现象；三看油液，即观察油液是否清洁、是否变质，油量是否满足要求，油的黏度是否合乎要求及表面有无泡沫等；四看泄漏，即看液压系统各接头是否渗漏、滴漏和出现油垢现象；五看振动，即看活塞杆或工作台等运动部件运行时，有无跳动、冲击等异常现象；六看产品，即从加工出来的产品判断运动机构的工作状态，观察系统压力和流量的稳定性。

（2）听　用听觉来判断液压系统的工作是否正常。一般有四听：一听噪声，即听液压泵和系统的噪声是否过大，液压阀等元件是否有尖叫声；二听冲击声，即听执行部件换向时冲击声是否过大；三听泄漏声，即听油路板内部有无细微而连续不断的声响；四听敲打声，即听液压泵和管路中是否有敲打撞击声。

（3）摸　用手摸运动部件的温升和工作状况。一般有四摸：一摸温升，即用手摸泵、油箱和阀体等温度是否过高；二摸振动，即用手摸运动部件和管子有无振动；三摸爬行，即当工作台慢速运行时，用手摸其有无爬行现象；四摸松紧度，即用手拧一拧挡铁、微动开关等的松紧程度。

（4）闻　闻主要是闻油液是否有变质异味。

（5）查　查是查阅技术资料及有关故障分析与修理记录和维护保养记录等。

（6）问　问是询问设备操作者，了解设备的平时工作状况。一般有六问：一问液压系统工作是否正常；二问液压油最近的更换日期，滤网的清洗或更换情况等；三问事故出现前调压阀或调速阀是否调节过，有无不正常现象；四问事故出现之前液压件或密封件是否更换过；五问事故出现前后液压系统的工作差别；六问过去常出现哪类事故及事故排除经过。

感观检测只是一个定性分析，必要时应对有关元件在实验台上做定量分析测试。

2. 逻辑分析法

对于复杂的液压系统故障，常采用逻辑分析法，即根据故障产生的现象，采取逻辑分析与推理的方法。

采用逻辑分析法诊断液压系统故障通常有两个出发点：一是从主机出发，主机故障也就是指液压系统执行机构工作不正常；二是从系统本身故障出发，有时系统故障在短时间内并不影响主机，如油温的变化、噪声增大等。

逻辑分析法只是定性分析，若将逻辑分析法与专用检测仪器的测试相结合，就可显著地提高故障诊断的效率及准确性。

3. 专用仪器检测法

专用仪器检测法即采用专门的液压系统故障检测仪器来诊断系统故障，该仪器能够对液压系统故障做定量的检测。国内外有许多专用的便携式液压系统故障检测仪，用来测量流量、压力和温度，并能测量泵和马达的转速等。

4. 状态监测法

状态监测法用的仪器种类很多，通常主要有压力传感器、流量传感器、位移传感器和油温监测仪等。把测试到的数据输入计算机系统，计算机根据输入的数据提供各种信息及技术参数，由此判别出某个液压元件和液压系统某个部位的工作状况，并可发出报警或自动停机等信号。所以状态监测技术可解决仅靠人的感觉无法解决的疑难故障的诊断，并为预知维修提供了信息。

状态监测法一般适用于下列几种液压设备：

1）发生故障后对整个系统产生较大影响的液压设备和自动线。

2）必须确保其安全性能的液压设备和控制系统。

3）价格昂贵的精密、大型、稀有、关键的液压系统。

4）故障停机修理费用过高或修理时间过长、损失过大的液压设备和液压控制系统。

 8-30 液压系统常见的故障有哪些？如何排除？

液压系统和液压元件在运转状态下，出现丧失其规定性能的状态，称为故障。液压系统常见的故障有噪声和振动、系统发热和油温过高、工作台爬行、工作台速度不够以及失压、冲击等故障。不同行业的液压设备，其故障也有所不同。造成故障的各种内部及外界因素虽然很复杂，但其主要原因是空气杂质和水分混入油液、液压油的性能、泵阀的质量以及安装调试使用不当。下面介绍常见的故障及其排除方法。

1. 运动部件速度不够

运动部件速度不够的故障原因及排除方法见表8-7。

表 8-7   运动部件速度不够的故障原因及排除方法

故 障 原 因	排 除 方 法
泵供油不足、压力不足，液压泵磨损	轴向间隙大或径向间隙大，应进行修配，保证轴向间隙在 0.04～0.06mm，或更换泵体和齿轮
电动机功率不足	检查电动机功率
安全溢流阀失灵	检查溢流阀调定压力或更换弹簧
流量阀的节流小孔被堵塞	清洗、疏通节流孔
过滤器堵塞	及时清洗或更换过滤器
系统漏油	检修并更换纸垫，消除内漏
活塞与液压缸配合间隙太大使油液串腔，活塞密封圈损坏，缸内泄漏严重	修复液压缸，保证密封，消除内漏
导轨无润滑油或润滑不充分，摩擦阻力大	调节润滑油量和压力，使润滑充分
导轨的楔铁、压板调得过紧	调整楔铁、压板，使之松紧合适

2. 液压系统流量不足

液压系统流量不足的故障原因及排除方法见表 8-8。

表 8-8   液压系统流量不足的故障原因及排除方法

故 障 原 因	排 除 方 法
液压泵反转或转速过低	检查电动机接线，调整泵的转速符合要求
油液黏度不合适	更换合适黏度的油液
油箱油位太低	补充油液至油标处
液压元件磨损，内泄漏增加	拆修或更换有关元件
控制阀动作不灵活	调整或更换相关元件
液压系统吸油不良	加大吸油管径，增加吸油过滤器的通油能力，清洗滤网，检查是否有空气进入

3. 液压系统无压力或压力不足

液压系统无压力或压力不足的故障原因及排除方法见表 8-9。

表 8-9   液压系统无压力或压力不足的故障原因及排除方法

故 障 原 因	排 除 方 法
电动机电源接错	调换电动机接线
液压系统不供油（轴断或联轴器部分的键滚坏）	更换泵或配键
溢流阀弹簧折断或永久变形	更换弹簧
控制阀阻尼孔被堵塞	清洗、疏通阻尼孔
液压油黏度过高，吸不进或吸不足油	用指定黏度的液压油
液压油黏度过低，泄漏太多	用指定黏度的液压油

4. 液压系统产生噪声和振动

液压系统产生噪声和振动的故障原因及其排除方法见表 8-10。

表 8-10　液压系统产生噪声和振动的故障原因及排除方法

故 障 原 因	排 除 方 法
液压泵本身或其进油管路密封不良或密封圈损坏，漏气	拧紧泵的联接螺栓及管路各管螺母，或更换密封元件
液压泵吸空（油箱油量不足、进油口处的过滤器堵塞、油箱不透空气、油液黏度过大）产生噪声	将油箱油量加至油标处，清洗过滤器，清理空气滤清器，油液黏度应合适
液压泵内零件卡死或损坏	修复或更换液压泵
液压泵与电动机联轴器不同心或松动	重新安装紧固
溢流阀阻尼小孔被堵塞、阀座损坏或调压弹簧永久变形、损坏	清洗、疏通阻尼小孔，修复阀座或更换弹簧
阀开口小，流速高，产生空穴现象	应尽量减小进、出口压差
电液换向阀动作失灵	修复电液换向阀
液压缸缓冲装置失灵造成液压冲击	进行检修和调整
油管互相撞击	油管应分开固定，不与床身接触，增加支承和固定夹

5. 液压系统发热和油温过高

液压系统发热和油温过高的故障原因及其排除方法见表 8-11。

表 8-11　液压系统发热和油温过高的故障原因及其排除方法

故 障 原 因	排 除 方 法
液压泵调整压力过高	在保证系统工作压力下，尽量降低液压泵的压力，使其不超过额定压力
运动零件磨损使密封间隙增大	检修更换磨损件
工作管路连接处密封不好或损坏	检查各连接处，更换已损坏密封件
油液黏度过高	选择适当黏度的液压油
压力调节不当，选用的阀类元件规格小，造成压力损失增大，导致系统发热	重新选用符合系统要求的阀类
液压系统背压过高，使其在非工作循环中有大量液压油损失，造成油温升高	改进系统设计，重新选择回路或液压泵
油箱容量小，散热面积不足	增大油箱容量，若受结构限制，可增添冷却器

6. 工作台爬行

工作台爬行的故障原因及其排除方法见表 8-12。

表 8-12　工作台爬行的故障原因及其排除方法

故 障 原 因	排 除 方 法
液压泵吸空	检查油箱里液压油液面是否过低，若低应及时添加液压油至规定液面；检查液压泵吸油管是否漏气或吸油管直径过小，若存在以上问题及时更换吸油管
液压泵性能不良，流量脉动大	将流量脉动控制在允许的范围内
流量阀的节流口处有污物，通油量不均匀	检修或清洗流量阀
油液不干净堵塞进油小孔	保持系统清洁，及时换油

（续）

故障原因	排除方法
液压缸缸盖密封圈压得太死	调整好压盖螺钉
液压缸中进入空气	利用排气装置排气
润滑油不足或选用不当	调节润滑油量，或选用合适的润滑油
系统内、外泄露量大	检查泵及管道连接处的密封情况，修理或更换元件

7. 压力波动及冲击

压力波动及冲击的故障原因及其排除方法见表 8-13。

表 8-13　压力波动及冲击的故障原因及其排除方法

故障原因	排除方法
吸油管插入油面太浅或吸油口密封不好，吸油口靠近回油口，有空气吸入	增加油面高度，使吸油管深入油箱油面高度的 2/3 处，修理吸油口的管接头，改善密封，远离回油口位置
系统密封不好有泄漏，使系统内存在大量的空气	防止泄露，排除空气
活塞杆与运动部件连接不牢	检查并紧固联接螺栓
电液换向阀中的节流螺钉松动或单向阀卡住	检修此阀
节流阀口有污物，运动部件速度不均	清洗节流阀的节流口
工作压力调整得过高	调整压力阀，降低工作压力
背压阀调整不当，压力太低	调整背压阀，适当提高背压阀压力
导轨润滑油量过多	调节润滑油压力和流量

※ 项目9

液压系统的设计与计算

9-1 液压传动系统的设计应完成哪些任务？

液压传动系统的设计是机器整体设计的一个组成部分。它的任务是根据整机的用途、特点和要求，明确整机对液压系统设计的要求；进行工况分析，确定液压系统的主要参数；拟定出合理的液压系统原理图；计算和选择液压元件的规格；验算液压系统的性能；绘制工作图、编制技术文件。

9-2 整机对液压系统设计的要求有哪些？

液压系统的设计任务中规定的各项要求是液压系统设计的依据，设计时必须要明确的要求包括以下几点：

1）液压系统的动作要求：液压系统的运动方式、行程大小、速度范围、工作循环和动作周期、以及同步、互锁和配合要求等。

2）液压系统的性能要求：负载条件、运动平稳性和精度、工作可靠性等。

3）液压系统的工作环境要求：环境温度、湿度、尘埃、通风情况以及易燃易爆、振动、安装空间等。

9-3 液压系统的工况分析包括哪些内容？

液压系统的工况分析是指对液压系统执行元件的工作情况进行分析，以了解工作过程中执行元件在各个工作阶段中的流量、压力和功率的变化规律，并将其用曲线表示出来，作为确定液压系统主要参数，拟定液压系统方案的依据。

液压系统的工况分析主要有运动分析和负载分析。

9-4 怎样进行运动分析？

按工作要求和执行元件的运动规律，绘制出执行元件的工作循环图和速度-时间（或位移）曲线图，即速度循环图。

9-5 怎样进行负载分析？

根据执行元件在运动过程中负载的变化情况，作出其负载-时间（或位移）曲线图，即负载循环图。当执行元件为液压缸时，在往复直线运动时所承受的负载包括：工作负载 F_L、摩擦阻力负载 F_f、惯性负载 F_a、重力负载 F_G、密封阻力负载 F_m、背压负载 F_b 等，其总负载为所有负载之和。

9-6 执行元件的主要参数有哪些？怎样确定这些参数？

液压系统的参数主要是压力和流量。这些参数主要由执行元件的需要来确定，因此，确定液压系统的主要参数实际上就是确定执行元件的工作压力、流量及其结构尺寸。

9-7 怎样选定工作压力？

当负载确定后，工作压力就决定了系统的经济性和合理性。工作压力低，则执行元件的尺寸和体积都较大，完成给定速度所需流量也大。若工作压力过高，则密封性要求就很高，元件的制造精度也高，成本也高。因此，应根据实际情况选取适当的工作压力。

9-8 如何拟定液压系统原理图？

拟定液压系统原理图是设计液压系统的关键一步，它对系统的性能及设计方案的合理性、经济性具有决定性的影响。

拟定液压系统原理图的主要任务是根据主机的动作和性能要求来选择和拟定基本回路，然后再将各基本回路组合成一个完整的液压系统。

（1）确定回路的类型　一般有较大空间可以存放油箱的系统，都采用开式回路；相反，可采用闭式回路。通常节流调速系统采用开式回路，容积调速系统采用闭式回路。

（2）选择基本回路　在拟定液压系统原理图时，应根据各类主机的工作特点和性能要求，首先确定对主机主要性能起决定性影响的主要回路。例如：机床液压系统的调速和速度换接回路、液压压力机系统的调压回路。然后，再考虑其他辅助回路，例如对有垂直运动部件的系统要考虑平衡回路，有多个这些元件的系统要考虑顺序动作、同步或互不干扰回路，有空载运行要求的系统要考虑卸荷回路等。

（3）液压回路的综合　将选择的回路综合起来，构成一个完整的液压系统。在综合基本回路时，在满足工作机构运动要求及生产率的前提下，应力求系统简单，工作安全可靠，动作平稳、效率高，调整和维护保养方便。

9-9 怎样进行液压泵的计算和选择？

初步拟定液压系统原理图后，便可进行液压元件的计算和选择，也就是通过计算各液压元件在工作中承受的压力和通过的流量，来确定液压泵的规格和型号。

先根据设计要求和系统工况确定液压泵的类型，然后根据液压泵的最高供油压力和最大供油量来选择液压泵的规格。

（1）确定液压泵的最大工作压力 p_P　液压泵的最高工作压力就是在系统正常工作时液压泵所能提供的最高压力，对于定量泵系统来说这个压力是由溢流阀调定的，对于变量泵系统来说这个压力是与泵的特性曲线上的流量相对应的。液压泵的最高工作压力是选择液压泵型号的重要依据。液压泵最高工作压力的出现分为两种情况：其一是在执行元件运动行程终了，停止运动时（如液压机、夹紧缸）出现，其二是在执行元件运动行程中（如机床、提升机）出现。

（2）确定液压泵的最大供油量 q_P　液压泵的最大供油量 q_P 按执行元件工况图上的最大

工作流量及回路系统中的泄漏量来确定。

（3）选择液压泵的规格　根据泵的最高工作压力 p_P 和泵的最大供油量 q_P，从产品样本中选择液压泵的型号和规格。为了使液压泵工作安全可靠，液压泵应有一定的压力储备量。通常泵的额定压力 p_n 应比泵的最高工作压力 p_P 高 25% ~ 60%，泵的额定流量 q_n 则宜与 q_P 相当。

（4）确定液压泵的驱动功率 P　系统使用定量泵时，工况不同其驱动功率的计算也不同。在整个工作循环中，液压泵的功率变化较小时，可按下式计算液压泵所需的驱动功率：

$$P = \frac{p_P q_P}{\eta_P}$$

在整个工作循环中，液压泵的功率变化较大，且在功率循环中最高功率的持续时间很短，则可按上式分别计算出工作循环各个阶段的功率 P_i，然后用下式计算其所需的平均驱动功率：

$$P = \sqrt{\frac{\sum_{i=1}^{n} P_i^2 t_i}{\sum_{i=1}^{n} t_i}}$$

求出平均功率后，要验算每个阶段电动机的超载量是否在允许范围内，一般电动机允许的短时超载量为 25%。如果在允许超载范围内，即可根据平均功率 P 与泵的转速 n 从产品样本中选取电动机。

使用限压式变量泵时，可按式 $P = \frac{p_P q_P}{\eta_P}$ 分别计算快进与工进两种工况时所需的驱动功率，取两者较大值作为选择电动机规格的依据。由于限压式变量泵在快进与工进的转换过程中，必须经过泵的压力流量特性曲线的最大功率 P_{max} 点（拐点），为了使所选择的电动机在经过 P_{max} 点时有足够的功率，需按下式进行验算

$$P_{max} = \frac{p_B q_B}{\eta_P} \leqslant 2P_n$$

在计算过程中要注意，在限压式变量泵输出流量较小时，其效率 η_P 将急剧下降，一般当其输出流量为 0.2 ~ 1L/min 时，$\eta_P = 0.03 ~ 0.14$，流量大者取大值。

 9-10　怎样进行阀类元件的选择？

阀类元件的选择是根据阀的最大工作压力和流经阀的最大流量确定的。所选用的阀类元件的额定压力和额定流量要大于系统的最高工作压力和实际通过阀的最大流量。对于换向阀，有时允许短时间通过阀的实际流量略大于该阀的额定流量，但不得超过 20%。流量阀按系统中流量调节范围来选取，其最小稳定流量应能满足最低稳定速度的要求。压力阀的选择还应考虑调压范围。

 9-11　怎样进行液压系统的性能验算？

液压系统性能验算的目的在于检验设计质量，以便于调整设计参数及方案，确定最佳设计方案。液压系统的性能验算是一个复杂的问题，验算项目因主机的工作要求而异，常见的

有系统压力损失验算和发热温升验算。

（1）液压系统压力损失验算　前面初步确定了管路的总压力损失 $\sum \Delta p$，仅是估算而已。当液压系统的元件型号、管路布置等确定后，需要对管路的压力进行验算，并借此较准确地确定泵的工作压力，较准确地调节变量泵和压力阀的调整压力，保证系统的工作性能。

（2）液压系统发热温升验算　液压系统在工作时由于存在着一定的机械损伤、压力损失和流量损失，这些大都变为热能，使系统发热，油温升高。为了使液压系统能够正常工作，应使油温保持在允许的范围之内。系统中产生热量的元件主要有液压缸、液压泵、溢流阀和节流阀等，散热的元件主要是油箱。系统工作一段时间后，发热与散热会相等，即达到热平衡，不同的设备在不同的情况下，达到热平衡的温度也不一样，所以必须进行验算。

9-12　怎样绘制工作图？

（1）液压系统原理图　图上除画出整个系统的回路外，还应注明各元件的规格、型号、压力调整值，并给出各执行元件的工作循环图，列出电磁铁及压力继电器的动作顺序表。

（2）液压系统装配图　液压系统装配图包括泵站装配图、集成油路装配图及管路装配图。

泵站装配图是将集成油路装置、液压泵、电动机与油箱组合在一起画成的装配图，它表明了各自之间的相互位置、安装尺寸及总体外形。

管路装配图应表示出油管的走向、注明管道的直径及长度、各种管接头的规格、管夹的安装位置和装配技术要求等。

画集成油路装配图时，若选用油路板，应将各元件画在油路板上，便于装配。若采用集成块或叠加阀，因有通用件，设计者只需选用即可，最后将选用的产品组合起来绘制成装配图。

（3）非标准件的装配图和零件图

（4）电气线路装配图　表示出电动机的控制线路、电磁阀的控制线路、压力继电器和行程开关等。

9-13　技术文件包括哪些？

技术文件一般包括液压系统设计计算说明书，液压系统原理图，液压系统工作原理说明书和操作使用及维护说明书，部件目录表，标准件、通用件及外购件汇总表等。

项目10

气压传动系统的认知

 10-1　什么是气压传动？

气压传动以压缩气体为工作介质，靠气体的压力传递动力或信息的流体传动。传递动力的系统是将压缩气体经由管道和控制阀输送给气动执行元件，把压缩气体的压力能转换为机械能而做功；传递信息的系统是利用气动逻辑元件或射流元件实现逻辑运算等功能，又称气动控制系统。

气压传动像液压传动一样，都是利用流体为工作介质来实现传动的，气压传动与液压传动在基本工作原理、系统组成、元件结构及图形符号等方面有很多相似之处，所以在学习气动技术时，液压传动知识有很大的参考和借鉴作用。

10-2　气压传动的工作原理是什么？

现以剪切机为例，介绍气压传动的工作原理。图 10-1a 所示为气动剪切机的工作原理图，图示位置为剪切机剪切前的情况。空气压缩机 1 产生的压缩空气经空气冷却器 2、分水排水器 3、储气罐 4、空气过滤器 5、减压阀 6、油雾器 7 到达换向阀 9，部分气体经节流通路 a 进入换向阀 9 的下腔，使上腔弹簧压缩，换向阀阀芯位于上端；大部分压缩空气经换向阀 9 后由 b 路进入气缸 10 的上腔，而气缸下腔经 c 路、换向阀与大气相通，故气缸活塞处于最下端位置。当上料装置把工料 11 送入剪切机并到达规定位置时，工料压下行程阀 8，此时换向阀芯下腔压缩空气经 d 路、行程阀排入大气，在弹簧的推动下，换向阀阀芯向下运动至下端；压缩空气则经换向阀后由 c 路进入气缸下腔，上腔经 b 路、换向阀与大气相通，气缸活塞向上运动，剪刃随之上行剪断工料。工料剪下后，即与行程阀脱开，行程阀阀芯在弹簧作用下复位，d 路堵死，换向阀阀芯上移，气缸活塞向下运动，又恢复到剪断前的状态。

由以上分析可知，剪刃克服阻力剪断工料的机械能来自于压缩空气的压力能，提供压缩空气的是空气压缩机；气路中的换向阀、行程阀起改变气体流动方向、控制气缸活塞运动方向的作用。图 10-1b 所示为用图形符号（又称职能符号）绘制的气动剪切机系统原理图。

 10-3　气压传动系统由哪些部分组成？

根据气动元件和装置的不同功能，可将气压传动系统分成以下五部分：

1. 气源装置

气源装置是获得压缩空气的装置和设备。它将原动机供给的机械能转换成气体的压力

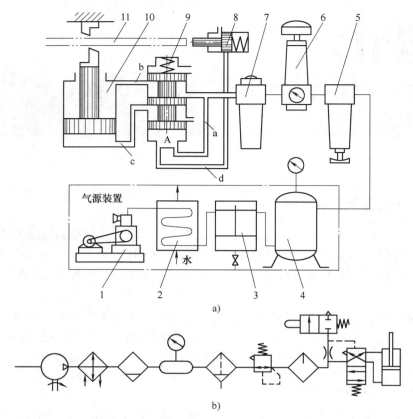

图 10-1　气动剪切机的工作原理及图形符号

a）结构原理　b）图形符号

1—空气压缩机　2—空气冷却器　3—分水排水器　4—储气罐　5—空气过滤器　6—减压阀

7—油雾器　8—行程阀　9—换向阀　10—气缸　11—工料

能，作为传动与控制的动力源。包括空气压缩机、后冷却器和气罐等。

2. 执行元件

执行元件把空气的压力能转化为机械能，以驱动执行机构做往复或旋转运动。包括气缸、摆动气缸、气动马达、气爪和复合气缸等。

3. 控制元件

控制元件用于控制和调节压缩空气的压力、流速和流动方向，以保证气动执行元件按预定的程序正常进行工作。包括压力阀、流量阀、方向阀和比例阀等。

4. 辅助元件

辅助元件用于解决元件内部润滑、排气噪声、元件间的连接以及信号转换、显示、放大、检测等所需要的各种气动元件。包括油雾器、消声器、压力开关、管接头及连接管、气液转换器、气动显示器、气动传感器和液压缓冲器等。

5. 工作介质

工作介质在气压传动中起传递运动、动力及信号的作用。气压传动的工作介质为压缩空气。

10-4 气压传动有哪些特点？

气压传动与其他传动方式的比较见表10-1。

表10-1 气压传动与其他传动方式的比较

项目	机械传动	电气传动	电子传动	液压传动	气压传动
输出力	中等	中等	小	很大（10t以上）	大（3t以下）
动作速度	低	高	高	低	高
信号响应	中	很快	很快	快	稍快
位置控制	很好	很好	很好	好	不太好
遥控	难	很好	很好	较良好	良好
安装限制	很大	小	小	小	小
速度控制	稍困难	容易	容易	容易	稍困难
无级变速	稍困难	稍困难	良好	良好	稍良好
元件结构	普通	稍复杂	复杂	稍复杂	简单
动力源中断时	不动作	不动作	不动作	有蓄能器，可短时动作	可动作
管线	不需要管线	较简单	复杂	复杂	稍复杂
维护	简单	有技术要求	技术要求高	简单	简单
危险性	无特别问题	注意漏电	无特别问题	注意防火	几乎没有问题
体积	大	中	小	小	小
温度影响	普通	大	大	普通（70℃以下）	普通（100℃以下）
防潮性	普通	差	差	普通	注意排放冷凝水
防腐蚀性	普通	差	差	普通	普通
防振性	普通	差	特差	不必担心	不必担心
构造	普通	稍复杂	复杂	稍复杂	简单
价格	普通	稍高	高	稍高	普通

1. 气压传动的优点

气压传动与其他传动相比，具有如下优点：

1）工作介质是空气，来源方便，取之不尽，使用后直接排入大气而无污染，不需设置专门的回气装置。

2）空气的黏度很小，只有液压油的万分之一，流动阻力小，所以便于集中供气，中、远距离输送。

3）输出力及工作速度的调节非常容易。气缸动作速度一般为50~500mm/s，比液压和电气方式的动作速度快。

4）工作环境适应性好。无论是在易燃、易爆、多尘埃、辐射、强磁、振动、冲击等恶劣的环境中，气压传动系统工作安全可靠。外泄漏不污染环境，在食品、轻工、纺织、印刷、精密检测等环境中采用最为适宜。

5）成本低，过载能自动保护。

6）气动装置结构简单、紧凑、易于制造，使用维护简单。压力等级低，故使用安全。

2. 气压传动的缺点

气压传动与其他传动相比，具有如下缺点：

1）空气具有可压缩性，不易实现准确的速度控制和很高的定位精度，负载变化时对系统的稳定性影响较大。采用气液联动方式可以克服这一缺陷。

2）空气的压力较低，只适用于压力较低的场合（一般为 0.4~0.8MPa）。

3）气压传动系统的噪声大，尤其是排气时，需要加消声器。

4）因空气无润滑性能，故在气路中应设置给油润滑装置（如需要加油雾器进行润滑）。

 10-5　气动技术应用的发展历史和现状如何？

人们利用空气的能量完成各种工作的历史可以追溯到远古，但作为气动技术应用的雏形大约开始于 1776 年 John Wilkinson 发明的能产生一个大气压左右压力的空气压缩机。1829 年出现了多级空气压缩机，为气压传动的发展创造了条件。1871 年风镐开始用于采矿。1868 年美国人 G. 威斯汀豪斯发明气动制动装置，并在 1872 年用于铁路车辆的制动。1880 年，人们第一次利用气缸做成气动制动装置，将它成功地应用到火车的制动上。后来，随着兵器、机械、化工等工业的发展，气动机具和控制系统得到广泛的应用。1930 年出现了低压气动调节器。50 年代研制成功用于导弹尾翼控制的高压气动伺服机构。60 年代发明射流和气动逻辑元件，遂使气压传动得到很大的发展。据资料表明，目前气动控制装置在自动化中占有很重要的地位，已广泛应用于各行业，现概括如下：

1）绝大多数具有管道生产流程的各生产部门往往采用气压控制。如石油加工、气体加工、化工、肥料、有色金属冶炼和食品工业等。

2）在轻工业中，电气控制和气动控制装置大体相等。在我国已广泛用于纺织机械、造纸和制革等轻工业中。

3）在交通运输中，列车的制动闸、货物的包装与装卸、仓库管理和车辆门窗的开闭等。

4）在航空工业中也得到了广泛的应用。因电子装置在没有冷却装置下很难在 300~500℃ 的高温条件下工作，故现代飞机上大量采用气动装置。同时，火箭和导弹中也广泛采用气动装置。

5）鱼雷的自动装置大多是气动的，因为以压缩空气作为动力能源，体积小、重量轻，甚至比具有相同能量的电池体积还要小、重量还要轻。

6）在生物工程、医疗、原子能中也有广泛的应用。

7）在机械工业领域也得到了广泛的应用。如组合机床的程序控制、轴承的加工、零件的检测、汽车的制造、各类机械制造的生产线和工业机器人中已广泛地应用气动技术。

8）在能源与建筑的自动控制系统中应用广泛。如控制阀门、操动系统、工程机械、离合器等。

9）在冶金工业中应用也很广泛。如金属冶炼、烧结、冷轧、热轧、线材、板材的打捆、包装、连铸连轧的生产线等都有大量的运用。

气动技术在美国、法国、日本、德国等主要工业国家的发展和研究非常迅速，我国于20世纪70年代初期才开始重视和组织气动技术的研究。无论从产品规格、种类、数量、销售量、应用范围，还是从研究水平、研究人员的数量上来看，我国与世界主要工业国家相比都十分落后。为发展我国的气动行业，提高我国的气动技术水平，缩短与发达国家的差距，开展和加强气动技术的研究是很必要的。

 10-6　气动产品的发展趋势如何？

随着生产自动化程度的不断提高，气动技术应用面迅速扩大、气动产品品种规格持续增多，性能、质量不断提高，市场销售产值稳步增长。气动产品的发展趋势主要在下述几个方面：

1. 电气一体化

为了精确达到预先设定的控制目标（如开关、速度、输出力、位置等），应采用闭路反馈控制方式。气-电信号之间的转换，成了实现闭路控制的关键，比例控制阀可成为这种转换的接口。在今后相当长的时期内开发各种形式的比例控制阀和电-气比例/伺服系统，并且使其性能好、工作可靠、价格便宜是气动技术发展的一个重大课题。

现在比例/伺服系统的应用实例已很多，如气缸的精确定位；用于车辆的悬挂系统以实现良好的减振性能；缆车转弯时自动倾斜装置；服侍病人的机器人等。如何将以上实例更实用、更经济还有待进一步完善。

2. 小型化和轻量化

为了让气动元件与电子元件一起安装在印制线路板上，构成各种功能的控制回路组件，气动元件必须小型化和轻量化。气动技术应用于半导体工业、工业机械手和机器人等方面，要求气动元件实现超轻、超薄、超小的目标。如缸径为2.5mm的单作用气缸、缸径为4mm的双作用气缸、4g重的低功率电磁阀、M3的管接头和内径为2mm的连接管，材料采用了铝合金和塑料等，零件进行了等强度设计，使重量大为减轻。电磁阀由直动型向先导型变换，除了降低功耗外，也实现了小型化和轻量化。据调查，小型化元件的需求量，大约每5年增加一倍。

3. 组合化、智能化

最简单的元件组合是带阀和开关的气缸。在物料搬运中，已使用了气缸、摆动气缸、气动夹头和真空吸盘的组合体；还有一种移动小件物品的组合体，是将带导向器的两只气缸分别按 X 轴和 Y 轴组合而成，还配有电磁阀、程控器，结构紧凑，占用空间小，行程可调。

4. 复合集成化

为了减少配管、节省空间、简化装拆、提高效率，多功能复合化和集成化的元件相继出现。阀的集成化是将所需数目的配气装置安装在集成板上，一端是电接头，另一端是气管接头。将转向阀、调速阀和气缸组成一体的带阀气缸，能实现换向、调速及气缸所承担的功能。气动机器人是能连续完成夹紧、举起、旋转、放下、松开等一系列动作的气动集成体。

气阀的集成化不仅仅将几只阀合装，还包含了传感器、可编程序控制器等功能。集成化的目的不仅是节省空间，还有利于安装、维修和工作的可靠性。

5. 无油、无味、无菌化

人类对环境的要求越来越高，因此无油润滑的气动元件将普及。还有些特殊行业，如食品、医药、生物工程、电子、纺织、精密仪器等，对空气的要求更为严格，除无油外，还要求无味、无菌等，预先添加润滑脂的不供油润滑技术已大量问世。正在开发构造特殊、用自润滑材料制造、不用添加润滑脂仍旧能工作的无油润滑元件。不供油润滑元件组成的系统，不仅能节省大量的润滑油，而且不污染环境，系统简单、维护方便、润滑性能稳定、成本低和寿命长。

6. 高寿命、高可靠性和自诊断功能

气动元件大多用于自动生产线上，元件的故障往往会影响全线的运行，生产线的突然停止，造成的损失严重，为此，对气动元件的工作可靠性提出了高要求。有时为了保证工作可靠，不得不牺牲寿命指标，因此，气动系统的自诊断功能提到了议事日程上，预测寿命等自诊断功能的元件和系统正在开发之中。

7. 高精度

位置控制精度已由过去的毫米级提高到现在的 1/10 毫米级。为了提高气动系统的可靠性，对压缩空气的质量提出了更高的要求。过滤器的标准过滤精度从过去的 $70\mu m$ 提高到 $5\mu m$，并有 $0.01\mu m$ 的精密滤芯，除尘率可达 99.9% ~ 99.9999%，除油率可达 0.1×10^{-6}。为了使气缸的定位更精确，使用了传感器、比例阀等实现反馈控制，定位精度达 0.01mm。在气缸精密方面还开发了 0.3mm/s 的低速气缸和 0.01N 的微小载荷气缸。

8. 高速度

为了提高生产率，自动化的节拍正在加快，高速化是必然趋势。提高电磁阀的工作频率和气缸的速度，对气动装置生产效率的提高有着重要的意义。目前气缸的活塞速度范围为 50 ~ 750mm/s。要求气缸的活塞速度提高到 5m/s，最高达 10m/s。据调查，5 年后，速度为 2 ~ 5m/s 的气缸需求量将增加 2.5 倍，5m/s 以上的气缸需求量将增加 3 倍。与此相应，阀的响应速度将加快，要求由现在的 1/100 秒级提高到 1/1000 秒级。

9. 节能、低功耗

气动元件的低功耗不仅仅为了节能，更主要的是能与微电子技术相结合。功耗为 0.5W 的电磁阀早已商品化，功耗为 0.4W、0.3W 的气阀也已开发，可由计算机直接控制。节能也是企业永久的课题，并将规定在建立 ISO14000 环保体系标准中。

10. 应用新技术、新工艺、新材料

型材挤压、铸件浸渗和模块拼装等技术 10 多年前在国内已广泛应用；压铸新技术（液压抽芯、真空压铸等）、去毛刺新工艺（爆炸法、电解法等）已在国内逐步推广；压电技术、总线技术，新型软磁材料、透析滤膜等正在被应用；超精加工、纳米技术也将被移植。

气动行业的科技人员特别关注密封件发展的新动向，一旦有新结构和新材料的密封件出现，就会被立即采用。

11. 满足某些行业的特殊要求

在激烈的市场竞争中，为某些行业的特定要求开发专用的气动元件是开拓市场的一个重要方面，各厂都十分关注。例如国内气动行业近期开发的如铝业专用气缸（耐高温、自锁），铁路专用气缸（抗振、高可靠性），铁轨润滑专用气阀（抗低温、自过滤能力），环保型汽车燃气系统（多介质、性能优良）等。

12. 标准化

贯彻标准，尤其是 ISO 国际标准是企业必须遵守的原则。它有两个方面的工作要做：第

一是气动产品应贯彻与气动有关的现行标准，如术语、技术参数、试验方法、安装尺寸和安全指标等；第二是企业要建立标准规定的保证体系，现有质量（ISO9000）、环保（ISO14000）和安全（ISO18000）3个保证体系。

标准在不断增添和修订，企业及其产品也将随之持续发展和更新，只有这样才能推动气动技术稳步发展。

项目11

气动元件

 11-1 后冷却器的作用有哪些?

空气压缩机的排气温度很高,为 70~180℃,且含有大量的水分和油分,此温度时空气中的水分基本呈气态。这些水分和油分在压缩空气冷却时,会变成冷凝水,对气动元件造成不良的影响。

后冷却器的作用就是将空气压缩机出口的高温压缩空气冷却到 40℃ 以下,使其中的水分和油雾冷凝成液态水滴和油滴,以便将它们去除。

 11-2 后冷却器有哪些类型?

后冷却器有风冷式和水冷式两种。

风冷式后冷却器具有占地面积小、重量轻、运转成本低、易维修等特点。适用于进口压缩空气温度低于 100℃ 和处理空气量较少的场合。

水冷式后冷却器具有散热面积大(是风冷式的 25 倍)、热交换均匀、分水效率高等特点,适用于进口压缩空气温度较高,且处理空气量较大、湿度大、粉尘多的场合。

11-3 后冷却器的使用维护应注意哪些事项?

起动前检查所附件与登记表并查看各连接处是否紧密。在使用时,应注意后冷却器有无异常声音和异常发热现象。若后冷却器因故障或不正常停止工作时,应及时检查并排除故障。

为提高热交换性能,防止水垢形成,冷却水温度尽可能要低些,水流量要大些。在寒冷季节,且后冷却器不工作的情况下,要采取措施以免冻裂后冷却器。后冷却器长期工作时,管壁表面逐渐积垢,热交换性能下降,以致不能保证冷却要求,此时必须停用并清洗。清洗周期视水质情况而定,一般每6~12个月应进行一次内部的检查和清洗。

 11-4 储气罐的主要作用有哪些?

储气罐是气源装置的重要组成部分。储气罐的主要作用如下:

1)储存一定数量的压缩空气;调节用气量或以备空气压缩机发生故障和临时需要应急使用,维持短时间的供气,以保证气动设备的安全工作。

2)消除压力波动,保证输出气流的连续性、平稳性。

3)依靠绝热膨胀及自然冷却降温,进一步分离掉压缩空气中的水分和油分。

11-5 从空气压缩机输出的压缩空气为什么要净化？

从空气压缩机输出的压缩空气中含有大量的水分、油分和粉尘等杂质，必须采用适当的方法来清除这些杂质，以免它们对气动系统的正常工作造成危害。

变质油分会使橡胶、塑料、密封材料等变质，堵塞小孔，造成元件动作失灵和漏气；水分和尘土还会堵塞节流小孔或过滤网；在寒冷地区，水分会造成管道冻结或冻裂等。

如果空气质量不良，将使气动系统的工作可靠性和使用寿命大大降低，由此造成的损失将会超过气源处理装置的成本和维修费用，故正确选用气源处理系统显得尤为必要。

11-6 从空气压缩机输出的压缩空气中的杂质是怎样产生的？

1）由系统外部通过空气压缩机等吸入的杂质。如大气中的各种灰尘、烟雾等。

2）由系统内部产生的杂质。如湿空气被压缩、冷却而出现的冷凝水，高温下压缩机油变质而产生的焦油物，管道中产生的铁锈，运动件之间磨损产生的粉末，密封过滤材料的粉末等。

3）系统安装和维修时产生的杂质。如安装维修时未清除掉的螺纹牙铁屑、毛刺、纱头、焊接氧化皮、铸砂、密封材料碎片等杂质。

11-7 气动设备对空气质量有哪些要求？

不同的气动设备，对空气质量的要求不同。空气质量低劣，优良的气动设备也会事故频繁，缩短使用寿命。但提出过高的空气质量要求，又会增加压缩空气的成本。表11-1列出了不同应用场合下气动设备对空气质量的要求，这里的气态溶胶油分是指 $0.01\sim10\mu m$ 的雾状油粒子。

表 11-1　不同应用场合下气动设备对空气质量的要求

应用场合	清除水分		清除油分			清除粉尘				清除臭气
	液态	气态	液态	气状溶胶	气态	>50 μm	>25 μm	>5 μm	>1 μm	
药品、食品的搅拌、输送、包装；酒、化妆品、胶片的制造	*	*	*	*	*	*	*	*	*	*
电子元件和精密零件的干燥和净化，空气轴承，高级静电喷漆，卷烟制造工程、化学分析	*	*	*	*	*	*	*	*	*	×
利用空气输送粉末、粮食类	*	*	*	*	*	*	*	*	○	×
冷却玻璃、塑料	*	○	*	*	*	*	*	*	×	×
气动逻辑元件组成的回路	*	×	*	*	×	*	*	*	×	×
气动测验量仪用气	*	×	*	*	×	*	*	*	×	×

（续）

应用场合	清除水分		清除油分			清除粉尘				清除臭气
	液态	气态	液态	气状溶胶	气态	>50 μm	>25 μm	>5 μm	>1 μm	
气动马达、间隙密封换向阀、风动工具	*	×	*	*	×	*	*	○	×	×
气动夹具、气动卡盘，吹扫用气喷枪	*	×	*	○	×	*	*	*	×	×
焊接机械、冷却金属	*	×	*	×	×	*	○	×	×	×
纺织、铸造、玻璃、砖瓦机械，包装、造纸、印制机械，一般气动回路，建筑机械	*	×	*	×	×	*	×	×	×	×

注：*——必须清除；○——建议清除；×——不必清除。

11-8　净化压缩空气的方法有哪些？

压缩空气中存在的杂质主要是固态颗粒、气态水分、液态水分、气态油分、气状溶胶油粒子和液态油分等，对于不同的杂质应采用不同的净化方法。

（1）固态颗粒　对于固态颗粒类杂质，可采用的净化方法有重力沉降、静电作用、弥散作用、惯性分离和拦截过滤等，而惯性分离又可分为撞击分离和离心分离两种，拦截过滤可分为金属网过滤、烧结材料过滤和玻璃纤维或树脂过滤等。

（2）水分　水分有液态水分和气态水分两种形式。对于液态水分的净化方法有重力沉降、惯性分离、拦截过滤和凝聚作用等；对于气态水分的净化方法有压缩、降温、冷冻和吸附等，而降温又可分为风冷降温、水冷降温和绝热膨胀降温三种，吸附可分为无热再生吸附和加热再生吸附两种。

（3）油分　油分有液态油分、气态油分和气状溶胶油分三种形式。对于液态油分的净化方法有惯性分离、水洗法、拦截过滤和凝聚作用等；对于气态油分的净化方法是用活性炭吸附；对于气状溶胶油分的净化方法有水洗法和纤维层多孔滤芯拦截。

11-9　油水分离器的作用是什么？如何分类？

油水分离器也称除油器，其作用是将压缩空气中凝聚的水分和油分等杂质分离出来，使压缩空气得到初步净化。油水分离器通常安装在后冷却器后的管道上，其结构形式有环形回转式、撞击折回式、离心旋转式、水浴式及以上形式的组合使用等。应用较多的是使气流撞击并产生环形回转流动的结构形式。

11-10　空气过滤器的作用是什么？有哪些类型？

空气过滤器的作用是除去压缩空气中的固态杂质、水滴和污油滴，不能除去气态油和气态水。

按过滤器的排水方式可分为手动排水型和自动排水型。自动排水型按无气压时的排水状态又可分为常开型和常闭型。

 11-11 空气过滤器的性能指标有哪些？

1. 流量特性

流量特性指在一定的进出口压力下，通过元件的空气流量与元件两端压力降之间的关系。输出流量一定时，两端压力降越小越好。两端压力降主要取决于滤芯和导流叶片的流动阻力。

2. 分水效率

分水效率指分离出来的水分与进口空气中所含水分之比。

3. 过滤精度

过滤精度指通过过滤器滤芯的颗粒最大直径。标准过滤精度为 $5\mu m$，对一般气动元件的使用已能满足。其他可供选择的过滤精度有 $2\mu m$、$10\mu m$、$20\mu m$、$40\mu m$、$70\mu m$、$100\mu m$。可根据对空气的质量要求选定。

 11-12 空气过滤器在使用维护时应注意哪些问题？

空气过滤器在使用维护时应注意以下几点：

1）装配前，要充分吹掉配管中的切屑、灰尘等，防止密封材料碎片混入。

2）过滤器必须垂直安装，并使放水阀向下。壳体上箭头所示方向为气流方向，不得装反。

3）应将过滤器安装在远离空气压缩机处，以提高分水效率。使用时，必须经常放水。滤芯要定期进行清洗或更换。

4）应避免日光照射。

 11-13 自动排水器的作用是什么？有哪些类型？

自动排水器用于自动排除管道低处、油水分离器、储气罐及各种过滤器底部等处的冷凝水。自动排水器可安装于不便通过人工排污水的地方，如高处、低处、狭窄处，并可防止人工排水被遗忘而造成压缩空气被冷凝水重新污染。

自动排水器有气动式和电动式两大类。气动自动排水器按工作原理可分为弹簧式、差压式和浮子式，其中使用最多的是浮子式。浮子式又可分为带手动操作排水型和不带手动操作排水型。

 11-14 气动自动排水器在使用维护时应注意哪些问题？

气动自动排水器的使用维护应注意以下问题：

1）自动排水器排水口必须垂直向下安装。

2）阀口及密封件处要保持清洁，弹簧不得断裂，O形密封圈不能划伤，以防漏气漏水。

3）若不能自动排水，先利用手动操作杆排除积水，再利用工作间隙停机拆卸，检查喷嘴小孔及溢流孔是否被堵塞，并清洗滤芯。

11-15　电动自动排水器在使用维护时应注意哪些问题?

电动自动排水器的使用维护应注意以下问题:

1)安装前,必须清除储气罐内的残余水。

2)排水口必须垂向下。自动排水器的进口处应装截止阀,以便检查保养。

3)阀芯组件内积有灰尘时,可按手动按钮进行清洗。

 11-16　干燥器的作用是什么? 有哪些类型?

1. 干燥器的作用

压缩空气经后冷却器、油水分离器、储气罐、主管道过滤器和空气过滤器得到初步净化后,仍含有一定量的水分,对于一些精密机械、仪表等装置还不能满足要求,为防止初步净化后的气体中所含的水分对精密机械、仪表等产生锈蚀,需使用干燥器进一步清除水分。

干燥器的作用是为了满足精密气动装置用气的需要,把已初步净化的压缩空气进一步净化,吸收和排出其中的水分、油分及杂质,使湿空气变成干空气。

2. 干燥器的分类

干燥器的形式有机械式、离心式、高分子隔膜式、吸附式、加热式、冷冻式等几种。目前应用最广泛的是吸附式和冷冻式。冷冻式是利用制冷设备使空气冷却到一定的露点温度,析出空气中的多余水分,从而达到所需要的干燥程度。这种方法适用于处理低压、大流量并对于干燥程度要求不高的压缩空气。压缩空气的冷却,除用制冷设备外,也可以直接蒸发或用冷却液间接冷却的方法。

 11-17　冷冻式干燥器在使用维护时应注意哪些问题?

进入干燥器的进气温度高、环境温度高,都不利于充分进行热交换,也就不利于干燥器性能的发挥。当环境温度低于2℃,冷凝水就会开始冻结,故进气温度应该控制在40℃以下,可在前面设置后冷却器等。环境温度宜低于35℃,可装换气扇降温,环境温度过低,应用暖气加热。

干燥器的进气压力越高越好(在耐压强度允许的条件下)。空气压力高,则水蒸气含量减少,有利于干燥器性能的发挥。

干燥器前应设置过滤器和分离器,以防止大量灰尘、冷凝水和油污等进入干燥器内,粘附在热交换器上,使效率降低。

空气处理量不能超过干燥器的处理能力,否则干燥器出口的压缩空气达不到应有的干燥程度。

干燥器应安装在通风良好、无尘埃、无振动、无腐蚀性气体的平稳地面或台架上。周围应留足够的空间,以便通风和保养检修。安放在室外的,要防日晒雨淋。分离器使用半年便应清洗一次。

冷冻式干燥器适用于处理空气量较大、露点温度不要太低的场合。它具有结构紧凑、占用空间较小、噪声小、使用维护方便和维护费用低等优点。

目前广泛使用的制冷剂是 R-12、R-22 氟利昂族制冷剂,它对大气臭氧层有破坏作用,国际上已限制其使用量。

11-18 冷冻式干燥器如何选择?

不管选择多大尺寸、具有何种特征的空气干燥器,都必须研究确定所需露点、处理空气量、入口空气压力、入口空气温度、环境温度。根据其条件和制造厂的产品目录就可进行选择了。各制造厂可提出各种各样的机型。例如,有内装后冷却器可直接连结到空气压缩机上的空气干燥器、有内装过滤器和调节器力求节省空间的空气干燥器,还有考虑节能、可靠性好且采用微处理器控制的空气干燥器等。

(1) 所需的露点 要根据其用途确定所需的露点。如果低露点在所需的露点以上,要选择很大的机型是不经济的,这一点必须注意。

(2) 处理空气量 一般来讲,取空气压缩机的排出量为标准即可。空气干燥器的处理空气量要大体与其配合。但是由于处理空气量还随着所需露点、入口空气压力、入口空气温度和环境温度等条件而变化,因此必须根据各制造厂的选择条件确定处理空气量的变化。仅在工厂一部分使用空气干燥器这样的定点场合,必须充分掌握其末端使用的空气量。

(3) 入口空气压力 入口空气压力也与处理空气量一样,只要以空气压缩机排出压力为标准即可。但是,当空气压缩机与空气干燥器之间装有过滤器或者空气压缩机与空气干燥器之间很长而有压力降时,考虑到这种情况而降低入口空气压力是比较安全的。空气干燥器的入口空气压力越高,效率越好,因此最好尽量设置在空气压缩机附近。像往复式空气压缩机那样排出压力变化很大,螺杆式空气压缩机也有压力变化,当所需露点要求不太严时,压力变化幅度取中间值为宜。当露点要求高的时候,入口空气压力必须取最低时的压力,且应考虑到达空气干燥器的压力降。入口空气压力超过 990kPa 时,会成为高压气体管理的对象,因此要注意各制造厂的最高使用压力。

(4) 入口空气温度 入口空气温度根据后冷却器的种类不同而异,大体上是 30~50℃。还有接近 80℃的情况,因此要充分调查空气压缩机和后冷却器的制造厂和方式。入口空气温度高,所包含的水蒸气量就多,空气干燥器的处理能力就下降。因此尽可能将入口空气温度降为最低。

(5) 环境温度 一般来讲,环境温度为 6~40℃,从空气干燥器的原理来看,零度以下使用基本上是不可能的。从空气干燥器的性能来看,环境温度最好在其范围内处于最低值。但是如果低到零下,则除湿的水滴会在管内冻结而堵塞管道,使空气不能流通。即使水滴在自动排水管中积留,也由于冻结而排不出去。这种空气干燥器即使在寒冷地区也可使用,但必须采取各种冬季防寒措施。例如空气干燥器,将其设置于环境温度在 6℃以上的地方;或者工厂内的管路采用口径尽可能粗的管子,即使水蒸气冻结也不致堵塞管道;或者将其埋在地下使其不致太冷。有些地方将进行空气净化所产生的水滴在白天排出,这样即使夜间冻结也不会堵塞管路。总之,寒冷地区的冬季作业场,按原来状态进行除湿工作,其善后处理也是比较容易的。

11-19 如何使用和维护吸附式干燥器?

1) 干燥器入口前应设置空气过滤器及油雾分离器,以防油污和灰尘等粘附在吸附表面而降低干燥能力,缩短使用寿命。

2) 吸附剂长期使用会粉化,应在粉化之前予以更换,以免粉末混入压缩空气中。

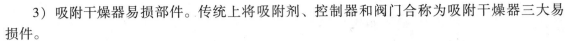
3）吸附干燥器易损部件。传统上将吸附剂、控制器和阀门合称为吸附干燥器三大易损件。

①吸附剂作为干燥器工作主体，吸附剂大部分时间里承受着压力、水气和热量的频繁冲击，容易遭受机械性破碎和水介质污损，使吸附性能劣化。自从活性氧化铝取代硅胶成为主选吸附剂后，各种性能都大为改善，尤其抗压强度及抗液态水浸泡性方面达到了很高水准，不会出现"再生能耗不足"等操作因素，经活性氧化铝处理后，压缩空气露点可以稳定达到-40℃，且工作寿命也可达 2~3 年。

②程序控制器是吸附干燥器指挥中心，电子技术发展及单片机和 PLC 技术推广应用，控制精度与可靠性方面均比早期机械——电气控制有了长足的进步。加热再生干燥器所用功率器件除抗过载性和抗干扰性方面还需提高外，大部分程序控制器已经不属于易损部件了。

③控制阀是吸附干燥器中比较易损的零部件。尽管厂家都将密封性和使用寿命作为阀门选择（其空载寿命往往都在几十万次以上）的主要依据，但仍免不了应用时过早损坏。阀片破裂、密封泄露和电磁线圈烧毁是控制阀常见的故障。频繁切换（无热再生）和长期遭受水分及吸附剂脱落物混合侵袭（特别是加热再生）是阀门损坏重要原因。阀门故障为多发性故障，选型时应将阀门现场快速维修的便捷性考虑进去。

④除以上三种易损零部件外，消声器也是一个容易出现故障的部件。其故障的主要表现形式是消声排气通道堵塞。在吸附干燥器中，消声器除用来降低再生排气噪声外，几乎没有其他实质性功能，但一旦消声器出现故障（特别是"堵塞"），给整机运行带来的损伤却是致命的。对这个部件进行日常维修不能忽视。

4）常见故障及排除。吸附干燥器最常见的故障可分为器质性、负载性和再生性三类。

①器质性故障是由干燥器上某一零部件损坏所引起的，如阀门损坏、消声器故障和控制器失灵等。工作寿命终了和遭受外力破坏是发生器质性故障的主要原因。这类故障往往在无先兆或先兆不明的情况下突然发生，但较容易判断，也较容易处理。

②负载性故障产生的主要原因是设备超负荷运行，其主要表现为出口排气露点升高。压缩空气处理量增大、进气温度升高或进气压力降低等是造成吸附干燥器超负荷工作常见的原因。多数情况下，负载性故障不易被觉察，但后果不太严重，且较容易处理。

③再生性故障是由"再生能耗不足"引起的。其显性表征有：再生尾气排放温度过低、尾气带水，消声器或排气阀外表结露、再生塔外表温度低于环境温度或出现"外壁结露"等；而隐性弊症则是"塔内结露"，即能量载体（干燥气）供给不足，解吸出来水气不能在规定时间里全部排出，冷却时剩余水气就会在吸附床内凝聚成液态水，这是极端有害的。实践表明：吸附干燥器运行中所发生的许多"疑难杂症"几乎都与"再生能耗不足"有关。

再生性故障隐蔽性强、潜伏时间长，往往还掺杂有认为因素（如"惜耗"心理）或先发因素（如选型不当），处理起来比较困难。这类故障对吸附干燥器运行及整体性能都有较大危害。增加再生能耗是这类故障最直接有效办法。

11-20 吸附式空气干燥器应如何选择？

吸附式空气干燥器选择的要求与冷冻式空气干燥器基本相同。因此只重点叙述吸附式空气干燥器与冷冻式空气干燥器不同的地方以及必须特别注意之处。

（1）所需露点 这种空气干燥器的露点范围很广，其加压露点为 10~70℃。其中比较高的露点适用于加热式，比较低的露点适用于不加热式。

（2）处理空气量　吸附式空气干燥器的出口空气量如图11-1所示，为了干燥剂的再生，需将入口空气量的一部分净化后排放到大气中。净化空气量根据所需露点而异：对不加热式为10%～20%，加热式为6%～8%。因此，如果不很好地了解实际希望使用的空气量和空气压缩机的排出量，就会产生事故。

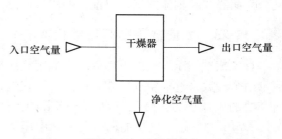

出口空气量 = 入口空气量 − 净化空气量

图 11-1　吸附式空气干燥器的出口空气量

（3）入口空气压力　条件与冷冻式空气干燥器相同。这种空气干燥器被定点使用的情况比较多，因此必须正确掌握实际的入口空气压力。

（4）入口空气温度、环境温度　条件与冷冻式空气干燥器相同，温度越低越好。

11-21　干燥器使用维护的注意事项有哪些？

1）使用干燥器时，必须确定气动系统的露点温度，然后才能选用干燥器的类型和使用的吸附剂等。

2）决定干燥器的容量时，应注意整个气动系统流量的大小以及输入压力、输入端的空气温度。

3）若用有润滑油的空气压缩机作为气压发生装置时，需注意空气中混有油粒子，油能粘附于吸附剂的表面，使吸附剂吸附水蒸气能力降低，对于这种情况，应在空气入口处设置除油装置。

4）干燥器最好远离空气压缩机安装，以稳定进气温度。从空气压缩机出来的管路应平缓倾斜伸进空气干燥器，这是因为管路垂直沉落可能积聚水分，从而引起冻结问题。干燥器一般安装在室内。

5）干燥器无自动排水时，需要定期手动排水，否则一旦混入大量冷凝水后，干燥器的效率就会下降，影响压缩空气质量。

6）干燥器日常维护保养必须按生产厂商提供的产品说明书进行。

11-22　空气压缩机的作用是什么？它是如何分类的？

空气压缩机是气动系统的动力源，它把电动机输出的机械能转换成压缩空气的压力能输送给气动系统。

空气压缩机的种类很多，按压力高低可分为低压型（0.2～1.0MPa）、中压型（1.0～10MPa）和高压型（>10MPa）；按排气量可分为微型压缩机（$V < 1m^3/min$）、小型压缩机（$V = 1～10m^3/min$）、中型压缩机（$V = 10～100m^3/min$）和大型压缩机（$V > 100m^3/min$）；若按工作原理可分为容积型和速度型（也称透平型或涡轮型）两类。

在容积型压缩机中，气体压力的提高是由于压缩机内部的工作容积被缩小，使单位体积内气体的分子密度增加而形成的。而在速度型压缩机中，气体压力的提高是由于气体分子在高速流动时突然受阻而停滞下来，使动能转化为压力能而达到的。

容积型压缩机按结构不同又可分为活塞式、膜片式和螺杆式等。速度型压缩机按结构不同分为离心式和轴流式等。目前，使用最广泛的是活塞式压缩机。

 11-23　如何选用空气压缩机?

首先按空气压缩机的特性要求来确定空压机类型，再根据气动系统所需要的工作压力和流量两个参数来选取空气压缩机的型号。在选择空气压缩机时，其额定压力应等于或略高于所需要的工作压力。一般气动系统需要的工作压力为 0.5~0.8MPa，因此选用额定压力为 0.7~1MPa 的低压空气压缩机。此外，中压空气压缩机的额定压力为 1MPa；高压空气压缩机的额定压力为 10MPa；超高压空气压缩机的额定压力为 100MPa。空气压缩机的流量以气动设备的最大耗气量为基础，并考虑管路、阀门泄漏以及各种气动设备是否同时连续用气等因素。一般空气压缩机按流量可分为微型（流量小于 $1m^3/min$）、小型（流量在 $1~10m^3/min$）、中型（流量在 $10~100m^3/min$）和大型（流量大于 $100m^3/min$）。

 11-24　使用空气压缩机时应注意哪些事项?

1. 空气压缩机用润滑油

空气压缩机冷却良好，压缩空气温度为 70~180℃，若冷却不好，可达 200℃以上。为了防止高温下压缩机用润滑油发生氧化、变质而成为油泥，应使用厂家指定的压缩机用润滑油，并要定期更换。

2. 空气压缩机的安装地点

选择空气压缩机的安装地点时，必须考虑周围空气清洁、粉尘少、湿度小，以保证吸入空气的质量，同时要严格遵守国家限制噪声的规定（表 11-2），必要时可采用隔声箱。

表 11-2　我国规定城市环境噪声标准　　　　　　（单位：dB）

适用区域	白天	晚间
特殊住宅区	45	35
居民文教区	50	40
一类混合区	55	45
二类混合区、商业中心区	60	50
工业集中区	65	55
交通干线道路两侧	70	55

3. 空气压缩机的维护

空气压缩机起动前，应检查润滑油位是否正常，用手拉动传动带使活塞往复运动 1~2 次，起动前和停车后，都应将小气罐中的冷凝水排放掉。

 11-25　如何保养和检查往复式空气压缩机?

1. 日常保养

（1）日常维护　日常维护是操作人员必须履行的工作，也是确保空气压缩机正常运转的条件之一。日常维护主要有以下内容：

1）看。勤看各指示仪表，如各级压力表、油压表、温度计、油温表等，注意润滑情况，如注油器、油箱和各润滑点以及冷却水流动的情况。

2）听。勤听机器运转的声音，如气阀、活塞、十字头、曲轴及轴承等部分的声音是否正常。

3）摸。勤摸各部位，感觉压缩机的温度变化和振动情况，如冷却后的排水温度、油温，运转中机件的温度和振动情况等，从而及早发现不正常的温升和机件的坚固情况，但要注意安全。

4）查。勤检查整个机器设备的工作情况是否正常，发现问题及时处理。

5）写。认真负责地填写机器运转记录表。

6）保洁。认真搞好机房安全卫生工作，保持压缩机的清洁接班工作。

（2）三级保养

1）一级保养。一级保养是每天必须进行的工作。一般在班前、班后及当班时间进行。目的是保证设备正常运转和工作现场文明整洁。

①每天或每班应向压缩机各加油点加油一次，有特殊要求的，如电动机轴承的润滑，应按说明书的规定加油。总之，一切运动的摩擦部位，包括附件在内都要定时加油。

②要按操作规程使用机器，勤检查，勤调查，及时处理故障并记入运行日记。

③工作时，要保持机器和地面的清洁。交班前应将设备擦干净。

2）二级保养。

①每800h清洗气阀1次，清除阀座、阀盖的积炭，清洗润滑油过滤器、过滤网，对运动机构做1次检查。

②每1200h清洗滤清器1次，以减少气缸磨损。

③运行2000h将机油过滤1次，以除去金属屑及灰尘杂质。如果油不干净，应换油。轴瓦应刮调1次，对整台机器的间隙进行一次全面的检查。

3）三级保养。三级保养的目的，是提高设备中修间隔期内的完好率，工作内容与小修基本相同。

（3）长期闲置设备的保养　如果长期不使用机组，则应做好机组的封存、保养工作。

1）机组封存前，按要求加注规定数量的润滑油，超过6个月的闲置期，应重新加注润滑油，在开车前必须再重新加入润滑油。

2）要在机组重新投运之前，将油封的油脂清除，用煤油或汽油洗净，随后加入新油。

（4）压缩机保养完好的标准

1）运转正常，效果良好。

①设备出力能满足正常生产需要或达到铭牌能力的90%以上。

②压力润滑和注油系统完整好用，注油部位（轴承、十字头、气缸等处）油路畅通。油压、油位、润滑油选用均符合规定。

③运转平稳无杂声，机体振动符合规程的规定。

④运转参数（温度、压力）符合规定。各部轴承、十字头等温度正常。

2）内部机件无损，质量符合要求。各零部件的材质选用、磨损极限以及严密性均符合颁布规程的规定。

3）主体整洁，零附件齐全好用。

①安全阀、压力表、湿度计、自动调压系统应定期校验，保证灵敏准确。安全护罩、对

轮螺钉、锁片等要齐全好用。

②主体完整，稳钉、安全销等齐全牢固。

③基础、机座坚固完整，地脚螺栓、各部螺钉应满扣、齐整、紧固。

④进出门阀门及润滑、冷却管线安装合理，横平竖直，不堵不漏。

⑤机体整洁，油漆完整，符合颁布规程的规定。

2. 计划检修

往复式压缩机的计划检修是在计划规定的日期内对其进行维护和修理。压缩机的检修工作，是确保压缩机正常运行的科学规则，压缩机的完善状态，其能否正常地工作，在很大程度上取决于对压缩机能否坚持正常合理的检修。压缩机检修工作包括四个内容：大修、中修、小修和日常修理。

（1）大修　大修是将压缩机件全部解体拆开，更换全部磨损的零件，检查压缩机所有部件，排除压缩机所有故障。大修周期：一般空气压缩机运行 20000～26000h 进行 1 次大修，每次大修需 7～15 天，大型工艺压缩机运行 14000h 大修 1 次，每次大修需 15 天左右。大修的主要内容如下：

1）检查曲轴是否有裂纹，曲轴主轴颈的锥度、圆度，平衡铁与曲轴的连接情况。

2）检查或更换十字头销和活塞销。

3）检查所有轴承的磨损情况，更换磨损严重的轴瓦。

4）检查连杆与活塞，曲轴的相对位置是否有偏斜的现象。

5）检查连杆螺栓是否有拉伸变形、裂纹、磨损等现象。

6）检查活塞与活塞杆的固定情况，活塞杆在运动中是否有跳动偏差。

7）清洗气缸和活塞，检查其磨损，进行修理。

8）更换压缩机所有易损零件，如活塞环、阀片等。

9）检查所有安全阀，调整其开启压力，使其达到规定的要求。

10）检查所有仪器、仪表的检定日、灵敏度和工作情况。

（2）中修　空气压缩机每运行 4500～6000h 进行 1 次中修，大约 4～5 天。中修的检修范围比大修小，其拆卸程度也较小。中修的主要内容为检修易损零部件，校验压力表、安全阀及其他阀门的密封性。在中修过程中，如发现下列零件磨损应更换：填料的密封元件、刮油器中的密封元件、气阀、减荷阀小活塞、活塞环、连杆轴瓦、十字头衬套及无润滑的各种零部件。

（3）小修　压缩机一般运转 2100～3000h 可进行 1 次小修，检修内容根据实际情况而定，可在下列内容中选取一项或几项：

1）清洗储气罐、过滤器、排气管路、阀门、压缩机的冷却水套、中间冷却器的冷却水管、油过滤器、油管、压力调节器及减荷阀装置等。

2）检查压缩机运动机构的曲轴、连杆、十字头等部分的配合间隙。

3）检查各连接部位的螺栓、垫片的紧固情况，必要时更换。

4）检查试验安全阀、压力调节阀、减荷阀的动作是否灵敏。

5）检查气缸活塞环的磨损情况，磨损严重者予以更换。检查气阀各零件，如阀片、阀座、弹簧等，如有损坏、变形、扭曲等则要更换。

（4）日常修理　为了保证压缩机的正常运行，在压缩机运行中出现的一些小故障要及时排除和修理。如冷却水系统、润滑油系统出现漏水和漏油现象，螺栓的松动、气阀的故障等以及不正常的振动、响声、过热等。实践证明，只要严格遵守操作规程，增强压缩机日常维护保养意识，适时进行检修管理，就能保证压缩机在最佳工况下运行，延长压缩机的使用寿命，达到较满意的使用效果。

11-26 往复式空气压缩机爆炸的原因有哪些？应采取哪些预防措施？

通过大量实际应用证明，易出现故障和发生爆炸损坏的空压机主要是往复式空气压缩机。所以，对往复式空气压缩机的防爆应当引起我们的重视。

1. 形成空气压缩机爆炸的三要素

根据空气压缩机的工作特性，把空气经过一级或二级以上压缩，制成压缩空气。缸体和活塞需要润滑油润滑必然会生成积炭，空气压缩后会大幅升温，空气中含有氧气，这就形成了空压机爆炸的三要素：积炭、温度、空气。

（1）积炭　积炭产生量的大小与润滑油的氧化安定性、加油量、润滑油的质量及检修有关。积炭和局部过热是爆炸的主要起因，而碳化氢气体与空气的混合物气体是爆炸的主要介质。

据实验证明：排气阀上生成积炭的发热反应是在154~250℃的温度下发生的。其过程为雾状或粘在金属表面上的润滑油，在高温高压下尤其是在有金属接触的条件下，迅速被空气氧化，生成氧化聚合物（胶质油泥等），沉积在金属表面上，继续受热作用，发生热分解脱氢反应，而形成氢质类的积炭。积炭厚度达到3mm以上时，就会有自燃的危险。另外，积炭也会影响蓄积其散热效率，蓄积热量而形成火点，一部分润滑油粘在积炭火点上，被蒸发和分解，产生裂化轻质碳化氢和游离碳，当和高温、高压空气混合后，达到爆炸极限时即发生爆炸。

1）基础油的质量差。空气压缩机活塞润滑所需的润滑油是在精制基础油的基础上添加各种添加剂制成的。基础油的好坏直接影响残炭量的大小，基础油好抗热氧化安定性好，残炭值就小，润滑油生成积炭的速度就低，不易形成大量积炭，所以选好压缩机油很重要。

2）注油器加油量过多。操作工的意识存在偏差，认为注油量大的设备不至于烧缸，所以在操作上比较保守；再者在设备运行时，由于振动等原因，使注油器的锁母松动，比原来锁定的注油量大。空气压缩机缸体注油器加油量的大小，直接导致积炭、油泥、油气的生成量，如40m³二级压缩的空气压缩机，标准规定一级缸注油11~18滴/min，二级缸注油11~15滴/min，超过此规定过量的润滑油就会吸附在凹陷处和管道壁上，生成油泥和积炭，只有一部分随压缩气体排出。

3）检修不及时、消炭效果不好。检修不及时、消炭效果不好，也是促使积炭累计生成量大的原因。据调查，中间冷却箱、后冷却器及管道是不易清炭的部位，此处一般生成积炭、油泥的量也较大。

（2）温度　压缩气体温度升高是促使爆炸的一个重要条件：据统计，空气压缩机的温度超过170℃时，约50%的空气压缩机会发生爆炸，因而各国均规定排气温度不得超过150℃。

1）冷却水量不足或水质差。冷却水量不足、结垢严重会造成压缩空气冷却不好，导致温升偏高。冷却水质差，硬度高且含有杂质，使冷却系统逐渐结垢堵塞，造成通道面积减小、导热差，影响冷却效果。

2）排气阀了漏气。排气阀积炭引起阀漏气，也会造成排气升温。如 700kPa 的空气压缩机正常排气温度为 130℃，而阀漏气时会产生 270℃ 的高温，很容易发生爆炸事故。

3）进气量不足。进气量减少 10%，则排气温度会上升 20℃。因而要求进口要有足够的进气量。

2. 防爆措施

鉴于上述针对复式空气压缩机爆炸三要素和起因的说明，可加强以下几方面的工作：

（1）加强润滑油管理　为了控制积炭的生成速度，应选用基础油好、残炭值小、黏度适宜、抗热氧化安定性好、燃点高的润滑油。气缸供油量不能太大，最大不得超过 $50g/m^3$，以防止油气量增大和结焦积炭增多。严禁开口储油方式，防止润滑油杂质超标堵塞注油器。另外，空气压缩机油要有产品合格证和油品化验单。

（2）加强设备检修维护管理　空气压缩机各部件的状况，要定期验证，要制订完整的检修计划，项目要具体，有验收标准，尤其是定期清炭工作要有专人负责验收。吸气口不应设在室内，并保证规定的吸入量，防止空气过滤器堵塞而减少进气量，造成排气温度升高。同时加强水冷却，保证冷却槽进出口水温差不高于 10℃，即使夏季时冷却槽出口水温也不得超过 50℃。定期清除压缩机内部积炭，一般每 600h 检查清扫排气阀 1 次，每 4000h 换新排气阀。

（3）加强操作管理　空气压缩机可作为危险源点来对待，因此要求操作人员要经培训后持证上岗；操作人员在严格按操作规程操作的同时，要能够对一般空气压缩机故障进行判定和处理。要求操作人员对空气压缩机的工作原理、爆炸起因、合理注油、定时排污、严格执行开停机制度等要有明确的认识。

（4）提高空压机运行状态的监控能力　在保证空气压缩机空气冷却、温度压力仪表显示、安全阀等基本安全设施的基础上，还应在排气阀出口管线接连处，装自动温度报警器，严格控制温度不超过规定的 150℃。

11-27　活塞式空气压缩机常见的故障有哪些？产生的原因有哪些？

1. 排气量不足

排气量不足是指空气压缩机的实际排气量不能达到额定数值，主要原因可以从以下几个方面分析。

（1）气缸、活塞、活塞环过度磨损，使相互配合的间隙过大，产生漏气，影响到排气量　属于正常磨损的就需要更换老化部件了。活塞和气缸之间的间隙有一定的技术要求，铸铁活塞间隙值为气缸直径的 0.06%~0.09%，对于铝合金活塞间隙值为活塞直径的 0.12%~0.18%。钢活塞可取铝合金活塞的最小值。

（2）进气道故障　这其中包括过滤器阻塞，使进气量不足和进气管道结垢，增加进气阻力。因此要定期清洁进气道部件，更换滤芯。

（3）吸排气阀故障　在吸排气阀的阀片间掉有异物或阀口、阀片磨损，使阀口封闭不严，产生漏气也会影响排气量。仔细检查吸排气阀，分析具体问题后排除故障。

（4）填料不严产生漏气　这其中有填料本身的尺寸问题和活塞杆运行时磨损填料而产生漏气。一般在填料处都加注有润滑油，它起到润滑、密封和冷却的作用。

2. 压力不足

空气压缩机的排气压力不能满足使用需要时，在排除设备本身机械故障的前提下，如果达不到额定压力，则是排气压力不够。当实际排气量大于设计排气量时，实际压力就达不到额定压力，此时就要考虑更换或增加设备了。

3. 排气温度不正常

温度不正常指运行温度高于设计温度。从理论上讲，影响排气温度的原因有，进气温度、压力比以及压缩指数。而实际情况有室温过高机体散热不好冷却水压不足以及冷却水道结垢，影响到换热效率。另外机器的长时间运行或超负荷运行也能使机体温度和排气温度升高。

4. 声音不正常

当压缩机某些部位发生故障时，将会发出异常声音。一般来讲，工作人员可以根据声音的性质和发出部位来判断故障位置。活塞与气缸间隙过小，直接撞击缸盖，活塞连杆与活塞连接螺母松动或脱落，活塞向上窜动碰撞气缸盖，气缸中掉入金属物，以及气缸中积水，均可在气缸中发出敲击声。曲轴箱内轴瓦螺栓、螺母、连杆螺栓、十字头螺栓松动、脱扣、折断，曲轴轴瓦磨损严重等可在曲轴箱发出敲击声。排气阀折断、阀片弹簧损坏可在阀体部位听到异常声音。

5. 其他注意事项

对于水冷式压缩机，在起动前要保证冷却水通畅，否则在运行过程中由于温度过高出现粘缸，就将造成事故了。在北方冬季要做好防冻工作。机器停机在没有保温措施时要放完冷却水，以防止冷却水结冰撑破缸体。

总之，为保障空气压缩机的正常运行，避免事故发生，必须做到勤检查，有当班和交班记录，以便随时发现空气压缩机的机体温度、排气温度、压力和声音的异常变化，及时有序地做出维护保养计划，避免大的事故发生。

11-28 空气压缩机排量不足的原因有哪些？应采取哪些对策？

1. 密封部位泄漏

空气压缩机的工作压力很高，因此对各连接部分的密封性要求也很高，如果各连接部分的密封性差，势必会造成泄漏，降低压缩机的排量，主要是由于以下两个原因造成的。

（1）装配不当 主要是各级气缸体、气缸盖之间，由于装配中螺母的拧紧不均匀、不适度，产生漏气，降低空气压缩机的排量；各密封件在安装时装配不当，也会引起漏气，降低空气压缩机的排量。

（2）零件超差 活塞与气缸的间隙配合要求非常紧密，若二者之间的间隙配合超过公差所规定的范围，将会使气体泄漏增加，降低压缩机的排量。如四级活塞无活塞环，只是在活塞上设有曲颈槽，磨损严重时，造成活塞与气缸间隙过大，四级压缩气体漏入一级，降低空气压缩机的排量。

在管理维修中，要及时测量配合间隙，必要时更换四级活塞；安装时对角拧紧各级气缸体、气缸盖之间的螺母；严格按照有关技术规定装配各密封件，消除泄漏，保证空气压缩机的排量。

2. 气缸、活塞故障

气缸和活塞是制造压缩空气的主要部件，它们之间的配合要求非常严密，如果气缸和活塞发生故障，造成气体泄漏，也会导致压缩机的排量降低。

（1）余隙增大　随着压缩机工作时间的增长，由于机械磨损等原因，余隙容积增大，容积效率就会降低。但由于各级活塞的行程容积和各级间管路及冷却器的容积不变，所以造成每一级吸气量都会减小，空气压缩机的排量就降低了。

（2）气缸镜面严重磨损　气缸受活塞连杆组件的侧推力作用，造成气缸磨损不均匀，出现圆度误差，增大了活塞与气缸之间的间隙，增大了泄漏的可能性。同时，由于每级气缸的排气温度都很高，如果冷却和润滑效果不好，易造成润滑油积炭，导致气缸镜面擦伤或拉毛，使气体泄漏，降低空气压缩机的排量。

（3）活塞环的故障　活塞环在高温高压下工作，润滑条件差，这样就使活塞环外表面加快磨损，环的宽度减小，弹力减弱，开口间隙及活塞与缸壁的间隙增大，漏气量增加。导致下级吸气量减小，降低了空气压缩机的排量。

在管理维修中，要使压缩空气和气缸保持良好的冷却，使气缸与活塞、活塞环保持良好的润滑，应及时调整余隙容积在规定的范围内，及时更换受损的活塞环，以保证空气压缩机的排量。

3. 气阀泄漏

气阀是空气压缩机吸排管路上非常重要的部件，如果气阀出现泄漏，可能会引起排量的显著下降，其主要原因有以下几点：

（1）气阀组件损坏

1）由于空气压缩机的转速很高，有的达 22r/s 甚至更高，其吸气阀和排气阀每秒钟要开启和关闭 22 次甚至更多，并且阀片两侧有一定的压差，因此容易造成气阀的弹簧失去弹力和阀片击碎，导致气体倒流，使空气压缩机的实际排量减小。

2）即使气阀是新的，气阀组件也可能有残次品。不合格的气阀安装在压缩机上，就会发生漏泄，造成气体倒流，使空气压缩机的实际排量减小。

（2）气阀装配不当

1）由于各级气阀受压不同，各级气阀的弹簧钢丝直径和阀盘厚度不同，所以各级气阀不能装错，否则就会造成气阀漏泄，使空气压缩机排量不足。

2）阀壳与安装孔的接触平面上的纯铜垫圈，安装时一定要退火，压紧程度要合适，否则就会造成气阀漏泄，使空气压缩机排量不足。

在管理维修中，要严格按照有关技术规定，对气阀仔细检查、精心装配，以保证空气压缩机的排量。

4. 吸气受阻

外界空气被吸入气缸时，经过吸入过滤网、吸入管道及吸气阀，受到阻力，吸气终止时气缸内的空气压力就会低于大气压力，使气缸内实际吸入的空气重量减少，压缩机的吸气能力下降，造成压缩机因吸气压力损失而降低排气量。

在管理维修中，要注意清洁吸入过滤网，防止吸气阀卡住，并要选择适当弹力的气阀弹簧，以保证空气压缩机的排量。

5. 转速降低

因为空气压缩机由电动机带动，所以电动机的转速也是影响压缩机排量的因素之一，其主要原因是：

（1）电动机故障　由于电动机磁场线圈发生局部短路和电动机轴承磨损严重。因此电动机转速达不到规定的要求，降低空气压缩机的排量。

（2）电控系统故障　电控系统各触点接触不良，增大电阻，使压降增大，供电电压过低。因此电动机转速达不到规定要求，降低空气压缩机的排量。

管理维修中，要及时清洗各触点，测量线圈，检查轴承，发现问题及时修理更换部件，使电动机转速恢复到额定值内，保证空气压缩机的排量。

6. 空气湿度的影响

空气压缩机吸入的空气都含有水蒸气，吸入空气的湿度越大，空气中含有的水蒸气就越多，这些水蒸气经过压缩和空气冷却器冷却后，一部分冷凝成水排除掉了，那么，压缩机排入气瓶的实际空气量就减少了，并且空气湿度越大，对压缩机的排量影响就越大。

因此在管理中要经常测量空气湿度，一般空气湿度在 80% 以上时，尽量不使用空气压缩机充气。

7. 吸气温度的影响

由理想气体的状态方程式 $P_1 V_1 / T_1 = P_2 V_2 / T_2$ 可知，在同等压缩条件下，压缩机的吸气温度在很大程度上影响着压缩机的排量：吸气温度越低，压缩机吸入的空气越多，则排量越大；反之，吸气温度越高，则排量越小。

1）气体流过吸气阀时的压力损失，转变成热量加给气体，也使吸入气体温度升高。所以气体吸入过程中，因气体加热而造成吸气能力下降，也会使空气压缩机排量不足。

2）外界空气被吸入气缸时，由于被高温的活塞、气缸、气阀等零件加热，吸气终止时缸内空气温度比大气温度高，使吸入空气的比重减小，实际吸入气体的重量减小，从而造成压缩机排量降低。

管理维修中，要保证有足够的冷却水和保持冷却水套清洁，以使空气压缩机保持良好的冷却；装配吸入阀时不要选用弹力过大的气阀弹簧，以免增大吸气压力损失，提高进气温度，从而保证空气压缩机的排量。

11-29　防止活塞式空气压缩机排气温度过高应注意哪些问题？

活塞式空气压缩机以其效率高、便于维修、价格低等优点广泛应用于矿山、机械制造、铁路、医院等各个行业，但是由于活塞式空气压缩机排气温度过高，从而造成后冷却器积炭过多，在夏季引起着火、爆炸等事故，冬季则送风管网积水结冰造成生产线停产等故障现象也时有发生。通过分析可知，问题主要出现在三个方面，即设备类型、安装工艺、运行与维护。为了保证压缩机运行的安全性和生产效率，不断在设备选型、安装、运行、检修等方面进行探索，最终达到了降低排气温度的目的。

1. 设备选型与安装应注意的问题

（1）中间冷却器的选择　中间冷却器一般在购买主机时已经确定，为了使主机结构紧凑，一般均为抽屉式的翅片式结构（小型中间冷却器除外），这种结构的冷却器的优点是体积小、换热面积大、重量轻，适合于安装在主机的机身上，但它的缺点是当换热面积满油污和尘土时，换热能力迅速下降。而且，随着通风截面的堵塞，压缩空气会经破损的密封毡通过，形成空气短路，压缩后的气体得不到深度的冷却。另外，翅片上的油污和尘土很难清洗掉，会造成备件费用的增加。为了解决这个问题，可以采用以下两种方法：

1）加强冷却器的检修，定期检查密封毡的破损情况并请专业清洗厂家清洗中间冷却器上的油污、尘土和水垢。

2）将中间冷却器改为列管式，水走管程，压缩空气走壳程。

（2）设备平面布置　进行设备平面布置时，应充分考虑到设备及附属管道的散热问题。

1）应考虑到主机与后冷却器的相对位置关系，调整好通风扇的位置和角度，应使尽可能多的通风扇能够同时吹到同一台设备的各个部位上，有利于设备的降温。

2）吸气管道与排风管道不应设在同一地沟内，且排风管道越短越好。

（3）空气过滤器选择　在选择空气过滤器时，主要考虑到与主机配套的过滤器所能达到的清除效果能否达到用风品质的要求。若不符合，可以考虑从空气过滤器专业生产厂家订购或自行加以改造。在安装吸风管道时，吸风头的高度应尽量高一些，但以不超过厂房顶部为好，这样做既可以使吸入的空气比较干净和减轻气流脉动所造成的振动，又避免了在夏季因阳光直射屋顶而造成吸入空气预热。

（4）后冷却器的选择　后冷却器在主机生产厂一般均为选购件，而大多数主机厂家选用的后冷却器均为立式，它固然有占地面积小、结构紧凑的优点，但它的缺点也是显而易见的。因此，作为使用方，在订购设备时，可以考虑从专业生产冷却器的厂家订购。

在选择后冷却器时，应以列管式、双壳程为好，它的优点是：

1）强度好，耐振动，清除管内水垢和清除管间的油污和积炭相对较容易。

2）因为是双管程，换热较充分。

3）换热面积大（可以根据场地面积确定），即使有些油污，换热能力降低有限。

但也存在一些不足，其缺点是：

1）备件困难且费用高。

2）一次投资费用大，占地面积大。

2. 建站时应注意的问题

（1）设备的平面布置　在进行设备平面布置时，应避免阳光直接照射在设备上，吸气管道与储风罐也应避免阳光直射，同时还应考虑到在东西两侧开大门及屋顶开天窗，保持设备间距，便于在设备间形成穿堂风，有利于设备散热。

（2）站址的选择　选择站址时，除了要考虑到应尽量靠近用风点外，还应远离尘土大、雾气大、热源等地方。

（3）厂房的立柱要配有通风扇　厂房的立柱最好配有通风扇，这样做可以使空气压缩机和电气柜的通风效果更好。

（4）冷却水系统的设计　在设计冷却水系统时，冷却塔的能力应为循环水量的两倍。平时冷却塔一开一备，在夏季高温时，冷却塔全部投入使用，使循环水得到更好的冷却。另外，冷却塔应设置于风口处，同时远离压缩机的吸气管道，这样做可以使空气流动畅通和避免冷却塔喷出的水雾经吸风管道进入压缩机，造成油水负荷加重。

3. 运行与维护时应注意的问题

（1）做好除垢工作　中间冷却器芯子、后冷却器芯子应每两年做一次除垢，同时清除换热器表面的油污和积炭，气缸水套内的淤泥、水垢的清除、油冷却器的清洗也应两年进行一次清洗，用酸洗法除垢的部位必须进行水压试验。

（2）冷却塔和冷却水池维护　应加强对冷却塔和冷却水池的清扫工作，同时定期投放水质稳定剂和补充新水。

（3）加强巡回检查　加强巡回检查，对于设备运行中出现的压力异常、温度异常、声响异常应及时查找原因，并且有效地排除。

（4）空气过滤器的维护　空气过滤器性能的好坏直接影响到换热器能否正常工作，因此应定期进行清洗。可以根据设备维护使用说明书进行，也可以根据具体情况自行制订维护计划。

（5）加强气阀的维护与更换　对于在用设备，每半年必须统一更换新气阀，在设备运行中，坚决杜绝吸气阀漏气的现象，每半年清扫一次阀室的积炭，这项工作应结合中、后冷却器的检修同时进行。设备进行大、中修时，以上项目应重新进行。

（6）正确地选用润滑油的牌号　正确地选用润滑油的牌号，气缸用润滑油和曲轴箱用润滑油不能混用，油水应定时排放，以免在风的夹带作用下带到下一级，这样可以有效地降低积炭的生成，是确保设备安全运行的关键。

创造一个最佳的运行效果是从设备选型、工艺平面设计就开始的，也就是说在建站设备安装之前，就应该充分考虑到设备运行时可能出现的问题，通过适当的调整，则可以避免一些在设备投产后难以解决的问题。必须改变"轻运行，重维修"的错误观念，只有做到设备操作者的精心操作和设备维护人员的认真维护的有机结合，才是空压设备安全、高效的根本保证。因此，可以说，从设计、安装，到运行、维护人员的三方共同努力，互相取长补短，才能做到投资小、效益高，安全运行。

 11-30　什么是气动控制阀？气动控制阀分为哪几类？

气动控制阀是指在气动系统中控制气流的压力、流量和流动方向，并保证气动执行元件或机构正常工作的各类气动元件。控制和调节压缩空气压力的元件称为压力控制阀。控制和调节压缩空气流量的元件称为流量控制阀。改变和控制气流流动方向的元件称为方向控制阀。气动控制阀的结构可分解成阀体（包含阀座和阀孔等）和阀芯两部分，根据两者的相对位置，有常闭型和常开型两种。气动控制阀从结构上可以分为：截止式、滑柱式和滑板式三类。

11-31　气动控制阀和液压阀有什么区别？

气动控制阀和液压阀相比主要区别有：

（1）使用的能源不同　气动元件和装置可采用空压站集中供气的方法，根据使用要求和控制点的不同来调节各自减压阀的工作压力。液压阀都设有回油管路，便于油箱收集用过的液压油。气动控制阀可以通过排气口直接把压缩空气向大气排放。

（2）对泄漏的要求不同　液压阀对向外的泄漏要求严格，而对元件内部的少量泄漏却是允许的。对气动控制阀来说，除间隙密封的阀外，原则上不允许内部泄漏。气动阀的内部泄漏有导致事故的危险。对气动管道来说，允许有少许泄漏；而液压管道的泄漏将造成系统压力下降和对环境的污染。

（3）对润滑的要求不同　液压系统的工作介质为液压油，液压阀不存在对润滑的要求；气动系统的工作介质为空气，空气无润滑性，因此许多气动控制阀需要油雾润滑。阀的零件应选择不易受水腐蚀的材料，或者采取必要的防锈措施。

（4）压力范围不同　气动阀的工作压力范围比液压阀低。气动阀的工作压力通常在10bar（1bar＝10^5Pa）以内，少数可达到40bar以内。但液压阀的工作压力都很高（通常在50MPa以内）。若气动阀在超过最高容许压力下使用，往往会发生严重事故。

（5）使用特点不同　一般气动阀比液压阀结构紧凑、重量轻，易于集成安装，阀的工作频率高、使用寿命长。气动阀正在向低功率、小型化方向发展，已出现功率只有0.5W的低功率电磁阀。可与计算机和PLC可编程序控制器直接连接，也可与电子器件一起安装在印制线路板上，通过标准板接通气电回路，省却了大量配线，适用于气动工业机械手、复杂的生产制造装配线等场合。

 11-32　什么是气动方向控制阀？气动方向控制阀有哪几种？

气动方向控制阀是改变气体流动方向或通断的控制阀。方向控制阀按气流在阀内的作用方向，可分为单向型控制阀和换向型控制阀。

只允许气流沿一个方向流动的控制阀称为单向型控制阀，如单向阀、梭阀、双压阀和快速排气阀等。

换向型控制阀是指可以改变气流流动方向的控制阀。按控制方式可分为气压控制、电磁控制、人力控制和机械控制。按阀芯结构可分为截止式、滑阀式和膜片式等。

 11-33　气动压力控制阀的作用是什么？有哪几种类型？

压力控制阀主要用来控制系统中压缩气体的压力或依靠空气压力来控制执行元件的动作顺序，以满足系统对不同压力的需要及执行元件工作顺序的不同要求。压力控制阀是利用压缩空气作用在阀芯上的力和弹簧力相平衡的原理来进行工作的。压力控制阀主要有减压阀、溢流阀和顺序阀。

 11-34　在气动系统中为什么要安装气动减压阀？气动减压阀有哪两种类型？

气动系统一般由空气压缩机先将空气压缩并储存在储气罐内，然后经管路输送给各气动装置使用。储气罐输出的压力一般比较高，同时压力波动也比较大，只有经过减压作用，将其降至每台装置实际所需要的压力，并使压力稳定下来才可使用。因此，减压阀是气动系统中一种必不可少的调压元件。按调节压力方式不同，减压阀有直动型和先导型两种。

11-35　气动减压阀在使用过程中应注意哪些事项？

气动减压阀在使用过程中应注意以下事项：

1）减压阀的进口压力应比最高出口压力大0.1MPa以上。

2）安装减压阀时，最好手柄在上，以便于操作。阀体上的箭头方向为气体的流动方向，安装时不要装反。阀体上的堵头可以拧下来，装上压力表。

3）连接管道安装前，要用压缩空气吹净或用酸蚀法将锈屑等清洗干净。

4）在减压阀前安装分水过滤器，减压阀后安装油雾器，以防止减压阀中的橡胶件过早变质。

5）减压阀不用时，应旋松手柄回零，以免膜片经常受压产生塑性变形。

 11-36 气动溢流阀（气动安全阀）的作用是什么？有几种类型？

气动溢流阀的作用是当系统压力超过调定值时，便自动排气，使系统的压力下降，以保证系统能够安全可靠地工作，因而，也称其为安全阀。按控制方式分类，溢流阀有直动型和先导型两种。按其结构有活塞式、膜片式和球阀式等。

气动溢流阀和安全阀在结构和功能方面相类似，有时可以不加以区别。它们的作用是当气动回路和容器中的压力上升到超过调定值时，能自动向外排气，以保持进口压力为调定值。实际上，溢流阀是一种用于维持回路中空气压力恒定的压力控制阀；而安全阀是一种防止系统过载、保证安全的压力控制阀。

 11-37 什么是气动顺序阀？

气动顺序阀是依靠气压的大小来控制气动回路中各元件动作先后顺序的压力控制阀，常用来控制气缸的顺序动作。若将顺序阀与单向阀并联组装成一体，则称为单向顺序阀。

 11-38 气动流量控制阀的作用是什么？气动流量控制阀有哪些类型？

气动流量控制阀的作用是通过改变阀的通气面积来调节压缩空气的流量，控制执行元件的运动速度。在气动系统中，控制气缸的运动速度、信号的延迟时间、油雾器的滴油量、缓冲气缸的缓冲能力等都是依靠控制流量来实现的。流量控制阀包括节流阀、单向节流阀、排气节流阀、柔性节流阀和行程节流阀等。

 11-39 在使用气动流量控制阀时应注意哪些事项？

用气动流量控制阀控制气缸的运动速度，应注意以下几点：

1）防止管道中的漏损。有漏损则不能期望有正确的速度控制，低速时更应注意防止漏损。

2）要特别注意气缸内表面加工精度和表面粗糙度，尽量减少内表面的摩擦力，这是速度控制不可缺少的条件。在低速场合，往往使用聚四氟乙烯等材料作密封圈。

3）要使气缸内表面保持一定的润滑状态。润滑状态一改变，滑动阻力也就改变，速度控制就不可能稳定。

4）加在气缸活塞杆上的载荷必须稳定。若这种载荷在行程中途有变化，则速度控制相当困难，甚至成为不可能。在不能消除载荷变化的情况下，必须借助于液压阻尼力，有时也使用平衡锤或连杆等。

5）必须注意速度控制阀的位置。原则上流量控制阀应设在气缸管接口附近。使用控制台时常将速度控制阀装在控制台上，远距离控制气缸的速度，但这种方法很难实现完好的速度控制。

 11-40 什么是气动逻辑元件？它有哪些类型？

气动逻辑元件是一种以压缩空气为工作介质，通过元件内部可动部件（如膜片、阀芯）

的动作，改变气流流动的方向，从而实现一定逻辑功能的气体控制元件。现代气动系统中的逻辑控制，大多通过采用 PLC 来实现，但是，在对防爆、防火要求特别高的场合，常用到一些气动逻辑元件。气动逻辑元件按工作压力分为高压（0.2~0.8MPa）、低压（0.05~0.2MPa）和微压（0.005~0.05MPa）三种。按结构形式不同可分为截止式、膜片式、滑阀式和球阀式等几种类型。

 11-41　气动逻辑元件有什么特点？

1）元件孔径较大，抗污染能力较强，对气源的净化程度要求较低。

2）元件在完成切换动作后，能切断气源和排气孔之间的通道，即具有关断能力，元件耗气量较低。

3）负载能力强，可带多个同类型元件。

4）在组成系统时，元件间的连接方便，调试简单。

5）适应能力较强，可在各种恶劣环境下工作。响应时间一般在 10ms 以内。

6）在强冲击振动下，有可能使元件产生误动作。

 11-42　气动逻辑元件在使用时应注意哪些问题？

1）气源净化要求低。一般情况下气动逻辑元件对气源的处理要求较低，所使用的气源经过常用的 QTY 型减压阀和 QSL 型分水过滤器就可以了。国内有的气动逻辑控制装置，气源经一般的处理后，在几年的使用中不出故障，仍在正常地工作。

另外，元件不需要润滑。由于元件内有橡胶膜片，要注意把逻辑控制系统用的气源同需要润滑的气动控制阀和气缸的气媒分开供气。

2）要注意连接管路的气密性。要特别注意元件之间连接管路的密封，不得有漏气现象。否则，大量的漏气将引起压力下降，可能使元件动作失灵。

3）在安装之前，首先按照元件技术说明书试验一下每个元件的逻辑功能是否符合要求。元件接通气源后，排气孔不应有严重的漏气现象。否则，应拆开元件进行修整，或调换元件。

4）使用中如果发现同与门元件相连的元件出现误动作，应该检查与门元件中的弹簧是否折断，或者弹簧是否太软。

5）元件的安装可采用安装底板，底板下面有管接头，元件之间用塑料管连接。为了连接线路的美观、整齐，也能采用像电子线路中的印制线路板一样，气动逻辑元件也能用集成气路板安装，元件之间的连接已在气路板内实现，外部只有一些连接用的管接头。集成气路板可用几层有机玻璃板黏合，或者用金属铅板和耐油橡胶材料构成。

6）逻辑元件要相互串联时，一定要保证有足够的流量，否则可能无力推动下一级元件。

7）无论采用截止式还是膜片式高压逻辑元件，都要尽量将元件集中布置，以便于集中管理。

8）由于信号的传输有一定的延时，信号的发出点（例如行程开关）与接收点（例如元件）之间不能相距太远。一般来说，最好不超过几十米。

9）气动逻辑控制系统所用气源的压力变化必须保障逻辑元件正常工作需要的气压范围

和输出端切换时所需的切换压力，逻辑元件的输出流量和响应时间等在设计系统时可根据系统要求参照有关资料选取。

11-43 什么是阀岛？简单介绍阀岛的发展情况。

阀岛是由多个电控阀构成的控制元器件，它集成了信号输入、输出及信号的控制，犹如一个控制岛屿。"阀岛"一词来自德语，英文名为"Valve Terminal"。阀岛由德国 Festo 公司发明并最先应用。

阀岛是新一代气电一体化控制元器件，已从最初带多针接口的阀岛发展为带现场总线的阀岛，继而出现可编程序阀岛及模块式阀岛。阀岛技术和现场总线技术相结合，不仅确保了电控阀的布线容易，而且也大大地简化了复杂系统的调试、性能的检测和诊断及维护工作。借助现场总线高水平一体化的信息系统，使两者的优势得到了充分的发挥，具有广泛的应用前景。

20 世纪后期，市场用户希望从 Festo 得到技术支持：如何简化整机上电磁阀的组装。基于此，Festo 公司于 1980 年年底率先推出了 PAL 型铝制气路板，该板具有统一的气源口。当需安装大量电磁阀时，气路板显得格外有效。气路板通常与 Festo 传统系列老虎阀组合使用。为追求更简化的电磁阀安装方式，Festo 又开发了 PRS 型气路板（P 口供气，R、S 口排气），板上安装 2000 型老虎阀。

随着气动技术的普遍使用，一台机器上往往需要大量的电磁阀，由于每个阀都需要单独的连接电缆，因此如何减少连接电缆线就成了一个不容忽视的问题。由于气路板方式无法实现阀的电信号传输。因此，Festo 在已解决气路简化的基础上又尝试着对电路的简化，从而致力于电-气组合体——阀岛的研究，即电控部分通过一个接口方便地连接到气路板并对其上的电磁阀进行控制，不再需要对单个电磁阀独立地引出信号控制线。在减小接线工作量的同时提高操作的准确性，并使其防护等级达到 IP65。

11-44 阀岛的应用特点有哪些？

1. 安装方便，可靠性高

阀岛把多个电控换向阀集成在一起，由于采用了集中接线和多芯插座，使得布线占用空间小，接线、布线、检修作业简单，大大节约了拆装时间，并且可靠性高。

2. 减少了控制线，便于远程控制

电控换向阀的传统控制采用的是接线束方式，每个电磁铁都需要两根控制线。阀岛采用了公共地线，大大减少了控制线的数量，便于采用多芯电缆进行远程控制。

3. 使用总线控制方式，便于众多电控换向阀的计算机控制

计算机控制众多电控换向阀时，采用传统的接线束控制方式，需要计算机对大量接线直接控制，这使得布线、安装上都很困难。采用阀岛的计算机直接控制方式，仍需要多根电缆线，使用总线控制方式，只需要一根控制电缆就可以完成控制。

11-45 气动比例、伺服控制系统与液压比例、伺服控制系统相比有什么特点？

气动比例、伺服控制系统与液压比例、伺服控制系统比较有如下特点：

1）能源产生和能量储存简单。

2）体积小，重量轻。

3）温度变化对气动比例、伺服机构的工作性能影响很小。

4）气动系统比较安全，不易发生火灾，并且不会造成环境污染。

5）由于气体的可压缩性，气动系统的响应速度较低，在工作压力和负载大小相同时，液压系统的响应速度约为气动系统的 50 倍。同时，液压系统的刚度约为相当的气动系统的 400 倍。

6）由于气动系统没有泵控系统，只有阀控系统，阀控系统的效率较低。阀控系统和气动伺服系统的总效率分别为 60% 和 30% 左右。

7）由于气体的黏度较小，润滑性能不好。在同样加工精度的情况下，气动部件的漏气和运动副之间的干摩擦相对较大，负载易出现爬行现象。

 11-46 什么是气动电液比例控制阀？气动电液比例控制阀有哪些类型？

气动电液比例控制阀是一种输出量与输入信号成比例的气动控制阀，它可以按给定的输入信号连续、按比例地控制气流的压力、流量和方向等。由于气动电液比例控制阀具有压力补偿的性能，所以其输出压力、流量等可不受负载变化的影响。

按控制信号的类型，可将气动电液比例控制阀分为气控电液比例控制阀和电控电液比例控制阀。气控电液比例控制阀以气流作为控制信号，控制阀的输出参量，可以实现流量放大，在实际系统中应用时一般应与电-气转换器相结合，才能对各种气动执行机构进行压力控制。电控电液比例控制阀则以电信号作为控制信号。

 11-47 新型驱动方法及电气比例/伺服控制阀的发展状况如何？

随着新材料的出现及其应用，驱动方法也发生了巨大的变化，从传统机械驱动机构到电控驱动机构，电气比例/伺服控制阀的研究成为电气技术的热点。新型驱动机构都有着共同点：位移控制精密、控制方便、驱动负载能力强等。下面就压电驱动和超磁致伸缩驱动器简单叙述电气比例/伺服控制阀的发展。

1. 压电驱动

压电驱动是利用压电晶体的逆压电效应形成驱动能力，可以构成各种结构的精密驱动器件。压电晶体产生的位移与输入信号有较好的线性关系，控制方便，产生的力大，带负载能力强，频响高，功耗低，将它作为驱动元件取代传统的电磁线圈来构造气动比例/伺服阀，使比例/伺服阀微小型化，这将给电子控制智能和气动系统的集成提供全新的发展空间。

压电驱动技术可以利用双晶片的弯曲特性（图 11-2a、b），制作成各种开关阀、减压阀，也可以利用压电叠堆直接推动阀芯（图 11-2c）

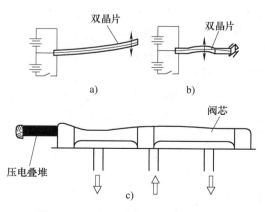

图 11-2 压电驱动构造气动阀示意图

构造成直动式或带位移放大机构的比例/伺服阀，实现对输出信号（流量或压力）的高精度控制。

2. 超磁致伸缩驱动器

超磁致伸缩材料是一种新型的电（磁）-机械能转换材料，具有在室温下应变量大、能量密度高、响应速度快等特性，国外已应用于伺服阀、比例阀和微型泵等流体控制元件中。超磁致伸缩材料具有独特的性能：在室温下的应变值很大（$1500 \times 10^{-6} \sim 2000 \times 10^{-6}$），是镍的 40～50 倍，是压电陶瓷的 5～8 倍；能量密度高（14000～25000J/m），是镍的 400～500 倍，是压电陶瓷的 10～14 倍；机电耦合系数大；响应速度快（达到 μs 级）；输出力大，可达 220～880N。由于超磁致伸缩材料的上述优良性能，因而在许多领域尤其是在执行器中的应用前景良好。

超磁致伸缩执行器结构简单、输出位移大、输出力大、带负载能力强、易实现微型化，并可采用无线控制。图 11-3 所示的超磁致伸缩执行器，主要采用棒状超磁致伸缩合金直接驱动执行器件，不采用放大机构。由于超磁致伸缩材料的抗压强度远远大于其抗拉强度，因此采用预压弹簧使其在一定的压力下工作。图中两块永久磁铁用来提供一定的偏磁场，使超磁致伸缩棒在特定的线性范围内工作。

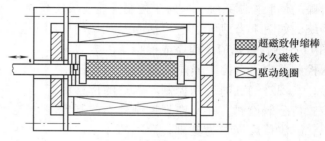

图 11-3　超磁致伸缩执行器示意图

利用图 11-3 所示结构的驱动器直接推动阀芯移动，可实现输入信号与输出信号的比例关系；也可以利用这种结构的驱动器做成各种减压阀或开关阀。

气动技术的发展基础是各种新型气动元件的出现，这些都离不开各种新技术在气动技术中的应用。新材料的出现产生了各种性能优良的电控驱动器，给电气比例/伺服控制阀的研究开发提供了新的实现方法，它们将成为未来气动比例/伺服控制元件开发领域的研究热点。

11-48　气动比例/伺服控制系统的基本构成是什么？

20 世纪 70 年代后期，随着现代控制理论和微电子技术的发展，各种廉价、多功能、高性能的集成电路大量涌现，为电/气控制系统开辟了广阔的应用前景。同时，微电子技术和计算机控制技术的不断完善和发展为电/气伺服控制技术的发展奠定了坚实的理论基础。近年来，工业发达国家如日本、德国、美国等竞相投入大量人力、物力、财力从事该项研究，并取得了较大的发展，使得以比例/伺服控制阀为核心的气动比例伺服控制系统可实现压力、流量变化的高精度控制。

比例伺服阀加上电子控制技术的比例控制系统，可满足各种各样的控制要求。比例控制系统的基本构成如图 11-4 所示。图中的执行元件可以是气动缸或气动马达、容器和喷嘴等将空气的压力能转化为机械能的元件。比例控制阀作为系统的电-气压转换的接口元件，实现对执行元件供给气压能量的控制。控制器作为人机的接口，起着向比例控制阀发出控制量指令的作用。它可以是单片机、计算机及专用控制器等。比例控制阀的精度较高，一般为

±0.5%~2.5%FS，即使不用各种传感器构成负反馈系统，也能得到十分理想的控制效果，但不能抑制被控制对象参数变化和外部干扰带来的影响。对于控制精度要求更高的场合，必须使用各种传感器构成负反馈，来进一步提高系统的控制精度，如图 11-4 中虚线部分所示。

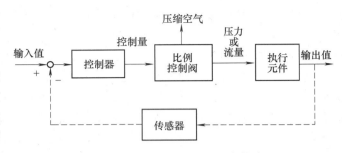

图 11-4　比例控制系统的基本构成

对于 MPYE 型伺服阀，在使用中可用计算机作为控制器，通过 D/A 转换器直接驱动。可使用标准气缸位置传感器来组成价廉的伺服控制系统。但对于控制性能要求较高的自动化设备，宜使用厂家提供的伺服控制系统，如图 11-5 所示，它包括 MPYE 型伺服阀、位置传感器内藏气缸、SPC 型控制器。在图 11-5 中，目标值以程序或模拟量的方式输入控制器中，由控制器向伺服阀发出控制信号，实现对气缸的运动控制。气缸的位移由位置传感器检测，并反馈到控制器。控制器以气缸位移反馈量为基础，计算出速度、加速度反馈量。再根据运行条件（负载质量、缸径、行程及伺服阀尺寸等），自动计算出控制信号的最优值，并作用于伺服控制系统，从而实现闭环控制。控制器与计算机相连接后，使用厂家提供的系统管理软件，可实现程序管理、条件设定、远距离操作、动特性分析等多项功能。控制器也可与可编程序控制器相连接，从而实现与其他系统的顺序动作、多轴运行等功能。

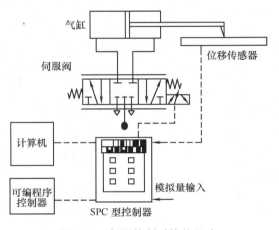

图 11-5　伺服控制系统的组成

11-49　气动系统中为什么需要润滑元件？按照原理不同润滑元件分为哪几种类型？

气动系统中使用的许多元件和装置都有滑动部分，为使其能正常工作，需要进行润滑。然而，以压缩空气为动力源的气动元件滑动部分都构成了密封气室，不能用普通的方法注油，只能用某种特殊的方法进行润滑。

按工作原理不同，润滑元件可分为不供油润滑元件和油雾润滑元件。

11-50　有些气动系统为什么采用不供油润滑元件？不供油润滑元件有什么特点？

有些气动应用领域不允许供油润滑，比如食品和卫生领域，因为润滑油油粒子会在食品和药品的包装、输送过程中污染食品和药品。其他类似的问题又如影响某些工业原料、化学药品的性质，影响高级喷涂表面及电子元件的表面质量，对工业炉用气有起火的危险，影响气动测量仪的测量准确性等。故目前不供油润滑元件已逐渐普及。

不供油润滑元件内的滑动部位的密封仍用橡胶，密封件采用特殊形状，设有滞留槽，内存润滑剂，以保证密封件的润滑。另外，其他材料也要使用不易生锈的金属材料。

不供油润滑元件的特点是不仅节省了润滑设备和润滑油、改善了工作环境，而且减少了维护工作量、降低了成本，还改善了润滑状况。另外，因润滑效果与通过流量、压力高低、配管状况无关，所以不存在忘记加油造成的危害。

11-51　气动系统在使用不供油润滑元件时应注意哪些问题？

气动系统在使用不供油润滑元件时应注意以下几点：

1）要防止大量水分进入元件内，以免冲洗掉润滑剂而失去润滑效果。

2）大修时，需在密封圈的滞留槽内添加润滑脂。

3）不供油润滑元件也可以供油使用，一旦供油，不得中途停止供油，因为油脂被润滑油冲洗掉就不能再保持自润滑。

此外，还有无油润滑元件，它使用自润滑材料，不需润滑剂即可长期工作。

11-52　油雾器的作用是什么？

油雾器是一种特殊的给油装置，其作用是将普通的液态润滑油滴雾化成细微的油雾，并注入空气，随气流输送到滑动部位，达到润滑的目的。

11-53　油雾器在使用过程中应注意哪些事项？

油雾器在使用过程中应注意以下事项：

1）油雾器一般安装在分水过滤器、减压阀之后，尽量靠近换向阀，与阀的距离不应超过 5m。

2）油雾器和换向阀之间的管道容积应为气缸行程容积的 80% 以下，当通道中有节流装置时上述容积比例应减半。

3）安装时注意进、出口不能接错，必须垂直设置，不可倒置或倾斜。

4）保持正常油面，不应过高或过低。

11-54　什么是空气处理组件？什么是过滤减压阀？什么是空气处理二联件？什么是空气处理三联件？

将过滤器、减压阀和油雾器等组合在一起，称为空气处理组件。该组件可缩小外形尺寸、节省空间，便于维修和集中管理。

将过滤器和减压阀一体化，称为过滤减压阀。

将过滤减压阀和油雾器连成一个组件，称为空气处理二联件。

将过滤器、减压阀和油雾器连成一个组件，称为空气处理三联件，也称气动三大件。

11-55　在气动系统中为什么要设置消声器？

在执行元件完成动作后，压缩空气便经换向阀的排气口排入大气。由于压力较高，一般排气速度接近声速，空气急剧膨胀，引起气体振动，便产生了强烈的排气噪声。噪声的强弱与排气速度、排气量和排气通道的形状有关。排气噪声一般可达80~100dB。这种噪声使工作环境恶化，使人体健康受到损害，工作效率降低。所以，一般车间内噪声高于75dB时，都应采取消声措施。

11-56　在气动系统中采取的消除噪声的措施有哪些？

（1）吸声　吸声是用吸声材料，如玻璃棉、矿渣棉等装饰在房间内壁，或敷设在管道内壁上，将噪声吸收一部分，从而达到降低噪声的目的。

吸声材料能够降低噪声是由于吸声材料是一种多孔隙的材料，孔内充满空气，声波射到多孔材料表面，一部分被表面反射，另一部分进入多孔材料内引起细孔和狭缝中空气振动，声能转化为热能被吸收。

（2）隔声　用厚实的材料和结构隔断噪声的传播途径，隔声材料一般为砖、钢板、混凝土等。如用三夹板隔声量为18dB，一砖厚的墙隔声量为50dB。

（3）隔振　振动是噪声的来源之一，该噪声不仅通过空气向外传播，还通过固体向外传播，一般可以通过涂刷阻尼材料，装弹簧减振器、橡胶、软木等使振动减弱，降低噪声。

（4）消声　用装设消声器的方法，使噪声沿通道衰减，而气体仍能自行通过。

11-57　气动管道布置应注意哪些事项？

气动管道布置时应注意以下事项：

1）供气管道应按现场实际情况布置，尽量与其他管线（如水管、煤气管、暖气管等）、电线等统一协调布置。

2）管道进入用气车间，应根据气动装置对空气质量的要求，设置配气容器、截止阀、气动三联件等。

3）车间内部压缩空气主干管道应沿墙或柱子架空铺设，其高度不应妨碍运行，又便于检修。管长超过5m时，顺气流方向管道向下坡度为1%~3%。为避免长管道产生挠度，应在适当的部位安装托架。管道支承不得与管道焊接。

4）沿墙或柱子接出的分支管必须在主干管上部采用大角度拐弯后再向下引出。支管沿墙或柱子离地面1.2~1.5m处接一气源分配器，并在分配器两侧接分支管或管接头，以便用软管接到气动装置上使用。在主干管及支管的最低点，设置集水罐，集水罐下部设置排水器，以排放污水。

5）为便于调整、不停气维修和更换元件，应设置必要的旁通回路和截止阀。

6）管道装配前，管道、接头和元件内的流道必须清洗干净，不得有毛刺、铁屑、氧化皮等异物。

7）使用钢管时，一定要选用表面镀锌的管子。

8）在管路中容易积聚冷凝水的部位，如倾斜管末端、分支管下垂部、储气罐的底部、凹形管道部位等，必须设置冷凝水的排放口或自动排水器。

9）主管道入口处应设置主过滤器。从分支管至各气动装置的供气都应设置独立的过滤、减压或油雾装置。

典型的管路布置如图11-6所示。

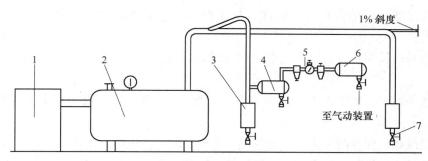

图 11-6　典型的管路布置

1—压缩机　2—储气罐　3—凝液收集管　4—中间储罐
5—气动三联件　6—系统用储气罐　7—排放阀

 11-58　什么是气动马达？它是如何分类的？

气动马达是将压缩空气能量转换成连续回转运动机械能的气动执行元件。马达按工作原理分为透平式和容积式两大类。气动系统中最常用的马达多为容积式。容积式气动马达按结构不同可分成叶片式、活塞式、齿轮式等，其中以叶片式和活塞式两种最常用。

11-59　气动马达在应用与润滑时应注意哪些问题？

目前国产叶片式气动马达的输出功率最大约为 15kW，活塞式气马达的最大功率约为 18kW，其耗气量较大，故效率低、噪声较大。

气动马达适用于要求安全、无级调速，经常改变旋转方向，起动频繁以及防爆、负载起动，有过载可能性的场合还适用于恶劣工作条件下，如高温、潮湿以及不便于人工直接操作的地方。当要求多种速度运转，瞬时起动和制动，或可能经常发生失速和过负载的情况时，采用气动马达要比别的类似设备价格便宜，维修简单。目前，气动马达在矿山机械中应用较多；在专业性成批生产的机械制造业、油田、化工、造纸、冶金、电站等行业均有较多的使用；工程建筑、筑路、建桥、隧道开凿等均有应用；许多风动工具如风钻、风扳手、风砂轮及风动铲刮机等均装有气动马达。

气动马达转速高，使用中要注意润滑。气动马达必须得到良好的润滑后才可正常运转，良好的润滑可保证马达在检修期内长时间运转无误。一般在整个气动系统回路中，在气动马达操纵阀前面均设置油雾器，使油雾与压缩空气混合再进入气动马达，从而达到充分润滑的目的。注意保证油雾器内正常油位，及时添加新油。

11-60　气动马达在使用时应注意哪些事项？

1）气动马达被驱动物的输出轴心连接不当时会形成不良动作或导致故障。

2）发现故障时（如发生噪声或异常情况），应立即停止使用，须由专业维修人员进行检查、调整。

3）空气供应来源要充足，以免造成转速忽快忽慢。

4）在使用气动马达时，必须在进气口前连接三联件或二联件以确保气源的干净和对马达的润滑（无油自润滑型除外）。

5）空气过滤减压油雾器（三联件）要定期检查，油雾器内的润滑油若已减少，就要补充。

6）气动马达长期存放后，不应带负荷起动，应在低压有润滑条件下进行 0.5~1min 的空转。

7）气动马达正常使用 3~6 个月后，拆开检查清洗一次，在清洗过程中发现磨损零件须更换。

8）安装维修、保养时一定要关闭气阀，切断气源，方可进行工作。

9）气动马达的排气口可安装与其匹配的消声器，但不能完全堵死，否则会影响马达的运转。

10）气动马达工作一段时间后必须进行维修和保养，一般来说叶片式气动马达的工作维修期是 800h，活塞式马达的工作维修期是 1100h，齿轮式气动马达的工作维修期是 1500h。

11-61　气动马达在配管上应注意哪些事项？

1）气动马达和其他空气压力机器产生故障的主要原因都是由于灰尘等异物的进入。配管前都必须先用压缩空气清扫管内，注意千万不能让切削粉、封缄带的断片、灰尘或锈等进入配管内。检验方法有：在将气管连接到马达之前应接通气源，然后将气管出气这头对住一张白纸，如果白纸上只有少量油，没有灰尘、杂质和水分等则为标准气源。

2）不允许更改空气压力机器的管径大小。

3）气动马达所连接的管道内应当安装空气过滤装置、油雾器和气控阀，以保证管道内气体清洁、气压稳定。

4）气动马达连接管道中的油雾器必须保持油量，严禁脱油现象发生，否则会造成气动马达的加速磨损，减少气动马达的使用寿命。

11-62　气动马达在运转时应注意哪些事项？

1）确认旋转方向是否正确或被驱动体与轴心之间有无不正常安装。

2）气动马达速度的控制和稳定性，必须从供应空气方进行调整，如此，排气边就不会产生背压。

3）不可使马达在无负荷状态下连续旋转或高速旋转，如果连续无负荷空转时，旋转速度将过度提高，气动马达将减少使用寿命或损坏。一般要求气动马达的空载时间不宜过长，最多不要超过 3min，其中活塞式气动马达的空载时间不能超过 30s。

4）负荷工作（正常使用）时，慢慢旋转空气调压器或针阀式调速阀提高空气压力，到达需要的旋转数，若长期强制使用超过最大压力时马达会损坏，故不得超压使用。

5）在气动马达装置运转时，应检查油雾器的滴油量是否符合要求，油色是否正常。如发现油杯中油量没有减少，应及时调整滴油量；调节无效，需检修或更换油雾器。

6）气动马达的工作压力必须保持在一定范围内，不能超过额定的工作压力，气动马达的压力保持在接近最高工作气压的水平时，可以更好地发挥气动马达的功率。

11-63 叶片式气动马达在装配时应注意哪些事项?

1) 将合格零件洗净后,按常规方法装配,切忌硬性敲打。
2) 注意前后端盖、定子的安装方向。
3) 调整好衬套,保证前端与转子端面间隙为0.08~0.12mm。
4) 叶片在转子槽内应自由滑动,其宽度以在死点时不至压死为宜。
5) 气动马达机盖装好后,均匀地将螺钉拧紧,然后转动转子,检查转动是否灵活。
6) 将调节螺钉放入机盖,推动止动环,消除转子的轴向间隙,保证前、后端盖和转子端面的合理间隙。以转子转动灵活为宜,调好后,用锁紧螺母拧紧。

11-64 气动马达在冬季使用时应注意哪些事项?

气动马达在北方的冬季或南方的寒冷时节,由于润滑油的使用不当,容易造成气动马达转子叶片的粘住,不能自如滑动;或是起动空气中的水分在传输管路中结冰,将叶片冻在转子叶片槽内,造成气动马达不能转动。因此,在冬天寒冷时节,除了加强对气动马达的维护保养之外,还应注意以下事项:

1) 在冬季来临之前,将气动马达全部解体。用轻柴油将转子、叶片、定子等部件进行彻底清洗。打掉转子端部和叶片槽内磨损的毛刺和痕迹,更换过度磨损劈裂的叶片。组装时,一定要调整好转子端面与定子、叶片与叶片槽的间隙,以转子转动自如、叶片能从叶片槽内顺利地滑出、滑入为适度。从技术上和性能方面保证气动马达能有效可靠地转动。

2) 冬季气动马达润滑油杯内应加入轻柴油和润滑油的混合油。随着当地气温的逐渐下降,混合油中的轻柴油成分逐渐增大,而润滑油的成分逐渐减少。最寒冷时混合油中轻柴油成分可占90%左右,润滑油的成分可占10%左右。这样可有效地防止全使用润滑油因气候寒冷而使润滑油凝结粘住气动马达叶片的故障,又能使转子、叶片可靠自如地滑动。这种轻柴油与润滑油的混合使用,充分利用了轻柴油低温抗凝的润滑作用,又具有润滑油的密封作用,从而保证了气动马达的可靠性,又可减少磨损,延长了气动马达的使用寿命。

3) 保持起动压缩空气的干燥性。尤其在寒冷季节,虽室内温度要求保持在5℃以上,但是储气瓶内空气若含水较多,容易使传输管路积水。在气温突降,或者停用时间较长时,有可能使传输管路与气动马达里的积水结冰,使得再次起动困难或根本不能进行起动操作。所以,在寒冷季节要及时放掉储气瓶中的凝水,经常用压缩空气吹扫传输管路和气动马达,是使气动马达在冬季有效地转动,日常必做的首要工作之一。

4) 由于寒冷,同时气动马达没有用混合油润滑,极易因寒冷使润滑油变凝,这会导致一是润滑油流动性变差,随着起动空气喷入气动马达内部的润滑油量减少;二是残留在气动马达叶片间的润滑油变凝易粘住气动马达的叶片,使得气动马达不能转动。可采用如下方法进行应急处理:

①首先,将气动马达的进气管拆开,露出气动马达的进气口,然后用喷油壶,喷入气动马达内2~3壶的轻柴油,或看到气动马达的出气口有油流出为止。同时,可用螺钉旋具拨动转子,把粘住的叶片尽量拨动。再把进气管接上,使用不经减压阀的直通压缩起动空气。

②打开、关闭几次气动马达的进气阀,对气动马达进行吹扫驱动。因轻柴油有良好的清洗作用,同时由于高压起动空气的冲刷作用,使气动马达很快转动起来,消除了故障。这种

应急处理方法非常有效，不仅能消除故障，同时起到了清洗气动马达内部并将磨损杂质、污物排除掉的作用，减少了再次发生故障的可能性。

5）在寒冷的冬季若停机时间较长，应加强暖机工作，增加暖机次数。这样能提高整个工作环境的室温，便于起动，以至可大大减少气动马达故障的发生，也就是改善气动马达的外部条件，减少起动转矩，缩短起动时间，增加气动马达的可靠性。

因此，在冬季对其要进行更精心的维护管理，注意润滑油的调合使用，经常排除起动空气中的凝水，就成为冬季对气动马达日常管理的主要工作，只有保证气动马达的有效转动，才能保证系统生产的安全、及时、可靠。

11-65 气动马达间隙泄漏有哪些？影响间隙泄漏的因素有哪些？怎样控制间隙泄漏？

气动马达的主要性能指标如功率、耗气量在同一类产品中差别很大，有时相差 30% ~ 40%，即使同一个工厂的同一批产品，其性能差别往往也很大。下面针对气马达间隙泄漏的形式及其控制进行分析，这对提高气动马达的性能、降低能源消耗有十分重要的意义。

1. 气动马达的间隙泄漏

在气动马达中，由于转子与外壳、转子与盖板端面、活塞与气缸壁之间的相对运动，所以它们之间应留有适当的间隙。否则，没有间隙或间隙过小，将会增大运动件的运动阻力，从而降低产品的机械效率，甚至发生研缸、闷车、停车等现象。有间隙就会有泄漏。而当间隙过大时，工作室与非工作室产生严重窜气现象，压缩空气大量泄漏，降低了工作室的压力，缩小了示功面积，从而增大了耗气量，降低了气马达的性能。

间隙泄漏的形式为：①气缸与活塞的间隙泄漏；②配气阀部分的配合间隙泄漏；③死点间隙泄漏；④转子与盖板端面间隙泄漏；⑤转子与盖板的端面间隙以及转子轴与盖板的环面间隙的泄漏。

2. 间隙泄漏的影响分析

在实际计算中发现，气动马达的泄漏与间隙的 3 次方成比例。间隙越大，泄漏量越大，也即气马达的耗气量增加，降低了其性能。

控制死点间隙要比控制端面间隙更重要，因为通过死点间隙的泄漏随气动马达长度而增加，这比端面间隙泄漏要严重得多。压缩空气泄漏量随死点间隙 δ_1 的变化见表 11-3，随端面间隙 δ_2 的变化见表 11-4。

表 11-3 压缩空气漏气量（漏气耗气量）随死点间隙 δ_1 的变化

死点间隙 δ_1/mm	δ_1^3/mm³	平均漏气量/（m³/min）	气动马达平均耗气量增长率[1]（%）
1×10^{-2}	1×10^{-6}	0.000 833	0.17
2×10^{-2}	8×10^{-6}	0.006 66	1.39
3×10^{-2}	27×10^{-6}	0.022 5	4.69
4×10^{-2}	64×10^{-6}	0.053 3	11.10
5×10^{-2}	125×10^{-6}	0.104 1	21.69
6×10^{-2}	216×10^{-6}	0.18	37.50
7×10^{-2}	343×10^{-6}	0.285 7	59.52

① 气动马达平均耗气量增长量是由平均泄漏量除以气动马达理论耗气量乘以 100 得来的，它表示泄漏耗气量占气动马达理论耗气量的增长百分数。

表 11-4 压缩空气泄漏量（泄漏耗气量）随端面间隙 δ_2 的变化

端面间隙 δ_2/mm	δ_2^3/mm^3	平均漏气量/（m^3/min）	气动马达平均耗气量增长率（%）
1×10^{-2}	1×10^{-6}	0.000 146	0.03
2×10^{-2}	8×10^{-6}	0.001 17	0.24
3×10^{-2}	27×10^{-6}	0.003 94	0.82
4×10^{-2}	64×10^{-6}	0.009 34	1.95
5×10^{-2}	125×10^{-6}	0.018 3	3.8
6×10^{-2}	216×10^{-6}	0.031 5	6.5
7×10^{-2}	343×10^{-6}	0.050 08	10.43
8×10^{-2}	512×10^{-6}	0.074 75	15.57
9×10^{-2}	729×10^{-6}	0.106 4	22.17
10×10^{-2}	1000×10^{-6}	0.146	30.4

对于叶片式马达来说，一般新机装配时的死点间隙控制在 0.01~0.03mm，当磨损后间隙达到 0.06mm 时，需要换新零件；端面间隙（单边）控制在 0.03~0.05mm，而且尽可能地保证两端的间隙均匀分配。

3. 间隙的控制

由于结构型式、制造水平及润滑条件的不同，各种气动马达的配合间隙的最优值是不一样的。大量的实验表明，相同的设计结构和参数，甚至是根据同一套产品图样制造，往往产品性能也有很大差别，其原因与间隙及制造精度分不开。因此，在确定间隙时，不应生搬硬套，而应结合具体条件，进行配合间隙对性能的影响和润滑工作方面的试验研究，通过试验做出间隙-性能曲线，以确定最优出厂间隙及允许磨损极限值。

确定了合理的配合间隙，就要从设计、工艺、装配等方面来保证，才能使间隙得到合理的控制。

（1）死点间隙的控制 一般情况下，死点间隙是由零件制造公差组合决定的。如果采用极限公差，缩小组成零件的公差，这对零件制造的工艺性和降低产品成本极为不利。比较合理的方法是应用概率的观点，适当放大某些组成零件的公差，而发生过盈间隙的概率又是微乎其微的。这样既改善了零件制造的工艺性，又控制了间隙，提高了产品质量。

同时，为了减少表面相碰的概率，提高装配合格率，应适当提高气缸内表面和转子外表的表面粗糙度精度，提高气缸内壁的表面粗糙度精度，还因为叶片与内壁有相对运动。但由于提高内孔的表面粗糙度精度较困难，现在一般规定表面粗糙度值为 $Ra1.6~3.2\mu m$，转子外表面的表面粗糙度值 Ra 建议提高到 $1.25~1.6\mu m$。这样，由于表面粗糙度的影响，有 $2.85~4.8\mu m$ 发生干涉的可能性。但是如果表面粗糙度精度降低，干涉的量还会增大。由表面粗糙度所产生的微量过盈，在一定范围可通过适当装配来解决。

另一方面，由于气动马达是以外径定心的，在能锁紧气动马达的情况下，通过气缸和前、后盖板的外径差，可以适当增大或减小死点间隙。当然，用此方法调整间隙是极为有限的，它不能代替零件公差带的分布，即组成零件装配公差带设计不合理，或机床偏差分布中心与零件尺寸公差中心不重合，是不能靠装配来纠正的。

（2）端面间隙的控制。端面间隙的大小是靠零件制造公差组合来控制的。但是，间隙的均匀分配要依靠装配来保证。常用的两种方法如下：

1）用调整环保证间隙。首先测得气缸与转子长度之差并均匀分配间隙，以单面间隙为 $\delta/2$ 选配调整环的长度，使其超出后端面 $\delta/2$，装配后，即可得到所需间隙。这种方法的优点是控制间隙准确可靠，缺点是结构和装配工艺较为复杂。

2）用塞尺保证间隙。根据所测得的端面间隙，按对半选出合适厚度的塞尺或薄金属片，放在轴承配合较紧的一端，当转子端面快要接近盖板端面时，将塞尺塞在两端面之间，继续敲击转子端面，直至塞尺比较紧地能抽出来时为止，然后再装气缸、另一盖板及其他零件。用这种方法控制间隙可靠、简便易行，既适合单件装配，也适合批量生产。

4. 结论

采用上述所推荐的死点、端面间隙控制方法，死点间隙产生的最大泄漏流量不超过气动马达耗气量的 3.5%，端面间隙产生的最大泄漏流量不超过气动马达耗气量的 7.6%，两者泄漏的总和最大不超过 11.1%。这样就有效地减少了耗气量的增加，从而提高了气动马达的性能，降低了能源消耗，也就产生了一定的经济效益。

 11-66　什么是气缸？有哪些类型？

气缸是将压缩气体的压力能转换为机械能的气动执行元件，在气动系统中应用广泛。气缸用于实现直线运动或往复摆动。根据使用条件、场合的不同，其结构、形状和功能也不一样，种类很多。

气缸一般根据作用在活塞上力的方向、结构特点、功能及安装方式来分类。

1）按压缩空气在活塞端面作用力的方向可分为单作用气缸与双作用气缸。单作用气缸只有一个方向靠压缩空气推动，复位靠弹簧力、自重或其他力。双作用气缸的往返运动全靠压缩空气推动。

2）按气缸的结构特点有活塞式、膜片式、柱塞式、摆动式气缸等。

3）按气缸的功能分为普通气缸和特殊气缸。普通气缸包括单作用式和双作用式气缸。特殊气缸包括冲击气缸、缓冲气缸、气液阻尼气缸、步进气缸、摆动气缸、回转气缸和伸缩气缸等。

4）按安装方式不同分为耳座式、法兰式、销轴式和凸缘式。

11-67　气缸在使用时应注意哪些事项？

气缸在使用时应注意以下几点：

1）根据工作任务的要求，选择气缸的结构型式、安装方式并确定活塞杆的推力和拉力。

2）为避免活塞与缸盖之间产生频繁冲击，一般不使用满行程，而使其行程余量为 30~100mm。

3）使用气缸，应该符合气缸的正常工作条件，以取得较好的使用效果。这些条件有工作压力范围、耐压性、环境温度范围、使用速度范围、润滑条件等。气缸工作时的推荐速度在 0.5~1m/s，工作压力为 0.4~0.6MPa，环境温度为 5~60℃。低温时，需要采取必要的防冻措施，以防止系统中的水分出现冻结现象。由于气缸的品种繁多，各种型号的气缸性能和使用条件各不一样，而且各个生产厂家规定的条件也各不相同，因此，要根据各生产厂的产品样本来选择和使用气缸。

4）装配时要在所有密封件的相对运动工作表面涂上润滑脂；注意动作方向，活塞杆只能承受轴向负载，活塞杆不允许承受偏心负载或横向负载，并且气缸在1.5倍的压力下进行试验时不应出现漏气现象。安装时要保证负载方向与气缸轴线一致。Yx形密封圈安装时要注意安装方向。

5）要避免气缸在行程终端发生大的碰撞，以防损坏机构或影响精度。除缓冲气缸外，一般可采用附加缓冲装置。

6）除无给油润滑气缸外，都应对气缸进行给油润滑。一般在气源入口处安装油雾器；湿度大的地区还应装除水装置，在油雾器前安装分水过滤器。在环境温度很低的冰冻地区，对介质（空气）的除湿要求更高。

7）气动设备如果长期闲置不使用，应定期通气运行和保养，或把气缸拆下涂油保护，以防锈蚀和损坏。

8）气缸拆解后，首先应对缸体、活塞、活塞杆及缸盖进行清洗，除去表面的锈迹、污物和灰尘颗粒。

9）选用润滑脂成分不能含固体添加剂。

10）密封材料根据工作条件而定，最好选用聚四氟乙烯（塑料王），该材料摩擦系数小（约为0.04），耐腐蚀、耐磨，能在-80~200℃温度范围内工作。

11-68 气缸漏气的原因有哪些？如何排除？

1. 气缸外泄漏的原因与排除方法

1）缸体与缸盖固定密封不良。应及时更换密封圈。

2）活塞杆与缸盖往复运动处密封不良。若活塞杆有伤痕或活塞杆偏磨时，应及时更换活塞杆；若因密封圈的质量问题而漏气，应及时更换密封圈。

3）缓冲装置处调节阀、单向阀泄漏。认真检查，应及时更换泄漏的调节阀或单向阀。

4）固定螺钉松动。应及时按要求紧固螺钉。

5）活塞杆与导向套之间有杂质。应及时检查并清洗活塞杆与导向套之间的杂质，应补装防尘圈。

2. 气缸内泄漏的原因与排除方法

1）活塞密封件损坏，活塞两边相互窜气。应及时更换密封件。

2）活塞与活塞杆连接螺母松动。及时检查，按要求拧紧螺母。

3）活塞配合面有缺陷。应更换活塞。

4）杂质挤入密封面。应除去杂质。

5）由于活塞杆承受偏载，活塞被卡住。重新安装，消除活塞杆的偏载。

11-69 气缸动作不灵的原因有哪些？如何排除？

1. 不能动作的原因与排除

1）气缸漏气，按上述方法检查排除。

2）缸内气压达不到规定值。检查气源的工作状态及其气动管路的密封情况，发现问题采取对应措施。

3）活塞被卡住。检查活塞杆、活塞及缸体是否出现锈蚀或损伤，根据情况要进行清洗，修复损伤，要检查润滑情况及更换排污装置。

4）外负载太大。适当提高使用压力，或更换尺寸较大的气缸。

5）有横向负载。可使用导轨来进行消除。

6）润滑不良。检查给油量、油雾器规格和安装位置。

7）安装不同轴。检查不同轴的原因，采取措施保证导向装置的滑动面与气缸轴线平行。

8）混入冷凝水、灰尘、油泥，导致运动阻力增大。检查气源处理系统是否符合要求。

2. 气缸偶尔不动作的原因与排除方法

1）混入灰尘杂质造成气缸卡住。检查灰尘杂质进入的原因，有针对性地采取防尘措施。

2）电磁换向阀没换向。检查电磁换向阀没换向的原因，有针对性地采取措施。

3. 气缸爬行的原因与排除方法

1）负载变化过大。使负载恒定。

2）供气压力和流量不足。调整供气压力和流量。

3）气缸内漏大。参考前面的气缸内泄漏的原因与排除方法。

4）润滑油供应不足。改善润滑条件。

5）回路中耗气量变化大。在回路中增设储气罐。

6）负载太大。可更换尺寸较大的气缸。

7）进气节流量过大。改进气节流为排气节流。

8）使用最低使用压力。提高使用压力。

4. 气缸工作速度达不到要求的原因与排除方法

1）气缸内漏大。参考前面的气缸内泄漏的原因与排除方法。

2）气缸活塞杆别劲，运动阻力过大。调整活塞杆，减少阻力。

3）缸径可能变化过大。检查修复缸体。

5. 气缸动作不平稳的原因与排除方法

1）气缸润滑不良。检查给油量、油雾器规格和安装位置。

2）空气中含有灰尘杂质。检查气源处理系统是否符合要求。

3）气压不足。检查气源的工作状态及其气动管路的密封情情况，发现问题采取对应措施。

4）外负载变动大。适当提高使用压力，或更换尺寸较大的气缸。

6. 气缸走走停停的原因与排除方法

1）限位开关失控。及时更换限位开关。

2）气液缸的油中混入空气。检查油中进气的原因，及时除去油中的空气，并采取措施避免空气再次进入。

3）电磁换向阀换向动作不良。更换性能好的电磁换向阀。

4）接线不良。检查并拧紧接线螺钉。

5）继电器节点寿命已到。更换新的继电器。

6）电插头接触不良。检查接触不良的原因，修复或更换电插头。

7. 气缸动作速度过快的原因与排除方法

1）回路设计不合适。对于低速控制，应使用气液阻尼缸或利用气液转换器来控制液压缸做低速运动。

2）没有速度控制阀。在合适的部位增设速度控制阀。

3）速度控制阀规格选用不当。由于速度控制阀有一定的流量控制范围，用大通径阀调节微流量较为困难，所以遇到这种情况，及时换用规格合适的速度控制阀。

8. 气缸动作速度过慢的原因与排除方法

1）供气压力和流量不足。调整供气压力和流量。

2）负载太大。可适当提高供气压力或更换尺寸较大的气缸。

3）速度控制阀开度过小。调整速度控制阀的开度。

4）气缸摩擦阻力过大。改善润滑条件。

5）缸体或活塞密封圈损伤。修复缸体或更换已损坏的缸体或活塞密封圈。

9. 缓冲作用过度的原因与排除方法

1）缓冲节流阀流量调节过小。改善调节缓冲节流阀的性能。

2）缓冲柱塞别劲。修复缓冲柱塞。

3）缓冲单向阀未开。修复单向阀。

10. 失去缓冲作用的原因与排除方法

1）缓冲调节阀全开。调节缓冲调节阀。

2）缓冲单向阀全开。调整单向阀。

3）惯性力过大。调整负载，改善惯性力。

11-70 气缸损坏的原因有哪些？如何排除？

1. 缸盖损坏的原因与排除方法

缓冲机构不起作用。在外部或回路中设置缓冲机构。

2. 活塞杆损坏的原因与排除方法

1）有偏心横向负荷。改善气缸受力情况，消除偏心负荷。

2）活塞杆受冲击负荷。冲击不能加在活塞杆上。

3）气缸的速度太快。设置缓冲装置。

4）轴销摆动缸的摆动面与负载摆动面不一致，摆动缸的摆动角度过大。重新安装和设计摆动缸。

5）负载大，摆动速度过快。重新设计摆动缸。

3. 摆动气缸轴损坏或齿轮损坏的原因与排除方法

1）惯性能量过大。减少摆动速度，减轻负载，设外部缓冲，加大缸径。

2）轴上承受非正常的负载。设外部轴承。

3）外部缓冲机构安装位置不合适。调整外部缓冲机构的安装位置，安装在摆动起点和终点的范围内。

11-71 什么是真空发生器？它的应用情况如何？它有哪些类型？

真空发生器是利用压缩空气通过喷嘴时的高速流动，在喷口处产生一定真空度的气动元件。由于采用真空发生器获取真空容易，因此它的应用十分广泛。

真空发生器就是利用正压气源产生负压的一种新型、高效、清洁、经济、小型的真空元器件，这使得在有压缩空气的地方，或在一个气动系统中同时需要正负压的地方获得负压变得十分容易和方便。真空发生器广泛应用在工业自动化中，如机械、电子、包装、印刷、塑料及机器人等领域。真空发生器的传统用途是吸盘配合，进行各种物料的吸附、搬运，尤其适合于吸附易碎、柔软、薄的非铁、非金属材料或球形物体。在这类应用中，一个共同特点是所需的抽气量小，真空度要求不高且为间歇工作。

按喷管出口马赫数 Ma（出口流速与当地声速之比）分类，真空发生器可分为亚声速喷管型（$Ma<1$）、声速喷管型（$Ma=1$）和超声速喷管型（$Ma>1$）。亚声速喷管型和声速喷管型都是收缩喷管，而超声速喷管型必须是先收缩后扩张型喷管（即 Laval 喷嘴）。为了得到最大吸入流量或最高吸入口处压力，真空发生器都设计成超声速喷管型。

 11-72   真空吸盘在使用时应注意哪些事项？

真空吸盘在使用时的注意事项主要有以下几点：

1）用真空吸盘吸持及搬送重物时，严禁超过理论吸持力的 40%，以防止过载，造成重物脱落。

2）若发现吸盘因老化等原因而失效时，应及时更换新的真空吸盘。

3）在使用过程中，必须保持真空压力稳定。

11-73   在选择真空吸盘时应考虑哪些事项？

选择真空吸盘时考虑的事项主要有以下几点：

1）被移送物体的质量决定了吸盘的大小和数量。

2）被移送物体的形状和表面状态决定了真空吸盘的种类。

3）由工作环境（温度）来选择真空吸盘的材质。

4）由连接方式决定所用的吸盘、接头、缓冲连接器。

5）被移送物体的高低。

6）缓冲距离。

项目12

气压传动基本回路及应用实例分析

12-1　什么是气动基本回路？

气动基本回路是由相关气动元件组成的，用来完成某种特定功能的典型管路结构。它是气压传动系统中的基本组成单元。

12-2　气动基本回路有哪些？

气动基本回路一般按其功能分类：用来控制执行元件运动方向的回路被称为方向控制回路；用来控制系统或某支路压力的回路被称为压力控制回路；用来控制执行元件速度的回路被称为调速回路；用来控制多缸运动的回路被称为多缸运动回路。实际上任何复杂的气动控制回路均由以上这些基本回路组成。

12-3　方向控制回路有哪些？

气动执行元件的换向主要是利用方向控制阀来实现的。方向控制阀按其通路数来分，有二通阀、三通阀、四通阀、五通阀等，利用这些方向控制阀可以构成单作用执行元件和双作用执行元件的各种换向控制回路。

12-4　单作用气缸的换向回路是靠哪些换向阀来控制的？

单作用气缸靠气压使活塞杆朝单方向伸出，反向依靠弹簧力或自重等其他外力返回。通常采用二位三通阀、三位三通阀和二位二通阀来实现方向控制。

12-5　什么是双作用气缸的换向回路？双作用气缸的换向回路是靠哪些换向阀来控制的？

双作用气缸的换向回路是指通过控制气缸两腔的供气和排气来实现气缸的伸出和缩回运动的回路。双作用气缸的换向回路一般用二位五通阀和三位五通阀控制。

12-6　气动压力控制回路有哪些？

压力控制方法通常可分为气源压力控制、工作压力控制、双压驱动、多级压力控制、增压控制等。在气动系统中，压力控制不仅是维持系统正常工作所必需的，而且也是关系到总的经济性、安全性及可靠性的重要因素。

12-7　什么情况下需要增压回路？增压回路一般使用什么元件来增压？

当压缩空气的压力较低，或气缸设置在狭窄的空间里，不能使用较大面积的气缸，而又要求很大的输出力时，可采用增压回路。

增压一般使用增压器，增压器可分为气体增压器和气液增压器。气液增压器的高压侧用液压油，以实现从低压空气到高压油的转换。

12-8　为什么采用气液转换速度控制回路？

由于空气的可压缩性，气缸活塞的速度很难平稳，尤其在负载变化时其速度波动更大。在有些场合，例如机械切削加工中的进给气缸要求速度平稳、加工精确，普通气缸难以满足此要求。为此可使用气液转换器或气液阻尼缸，通过调节油路中的节流阀开度来控制活塞运动的速度，实现低速和平稳的进给运动。

12-9　为什么要设置位置控制回路？常采用的位置控制方式有哪几种？

如果要求气动执行元件在运动过程中的某个中间位置停下来，则要求气动系统具有位置控制功能。

常采用的位置控制方式有气压控制方式、机械挡块方式、气液转换方式和制动气缸控制方式等。在气动系统中，气缸通常只有两个固定的定位点。

12-10　什么是同步控制回路？

同步控制回路是指驱动两个或多个执行机构以相同的速度移动或在预定的位置同时停止的回路。由于气体的可压缩性及负载的变化等因素，要使它们保持同步并非易事。

12-11　为什么要设置安全保护回路？

由于气动执行元件的过载、气压的突然降低以及气动执行机构的快速动作等情况都可能危及操作人员或设备的安全，因此在气动回路中，常常要设置安全保护回路。

12-12　东风 EQ1092 型汽车主车气压制动回路是怎样工作的？

图 12-1 所示为东风 EQ1092 型汽车主车气压制动回路。空气压缩机 1 由发动机通过传动带驱动，将压缩空气经单向阀 2 压入储气筒 3，然后再分别经两个相互独立的前桥储气筒 5 和后桥储气筒 6 将压缩空气输送到制动控制阀 7。当踩下制动踏板时，压缩空气经控制阀同时进入前轮制动缸 11 和后轮制动缸 10（实际上为制动气室）使前后轮同时制动。松开制动踏板，前后轮制动室的压缩空气则经制动阀排入大气，解除制动。

该车使用的是风冷单缸空气压缩机，缸盖上设有卸荷装置，压缩机与储气筒之间还装有调压阀和单向阀。当储气筒气压达到规定值后，调压阀就将进气阀打开，使空气压缩机卸荷，一旦调压阀失效，则由安全阀起过载保护作用。单向阀可防止压缩空气倒流。该车采用双腔膜片式并联制动控制阀（踏板式）。踩下踏板，使前、后轮制动。当前、后桥回路中有一回路失效时，另一回路仍能正常工作，实现制动。在后桥制动回路中安装了膜片式快速放气阀，可使后桥制动迅速解除。压力表 8 指示后桥制动回路中的气压。该车采用膜片式制动室，利用压缩空气的膨胀力推动制动臂及制动凸轮，使车轮制动。

 12-13　电雷管自动包装系统的气动搬运机械手是怎样工作的？

爆破器材行业作为基础性产业，肩负着为国民经济建设服务的重要任务。同时，爆破器材具有易燃易爆危险属性，确保安全生产和保障社会公共安全十分重要。电雷管是爆破工程的主要起爆材料，它的作用是引爆各种炸药及导爆索、传爆管。电雷管自动包装生产线是集机、电、液和气于一体的爆破器材行业装备。在PLC程序控制下，整套包装生产设备可自动完成电雷管的包装、打包和成品运输等生产工序。

1. 系统概况

电雷管自动包装系统的作用是将检验合格的产品装盒并打包。控制检测对象包括：搬运机械手、装盒机械手、捆扎机等，如图 12-2所示。

2. 气动搬运系统的结构分析

机械手动作示意图如图 12-3 所示。机械手的全部动作由气缸驱动，而气缸又由相应的电磁阀控制。其中，上升或下降、伸出或缩回和左旋或右旋分别由双线圈二位电磁阀控制。下降电磁阀通电时，机械手下降；下降电磁阀断电时，机械手下降停止。只有上升电磁阀通电时，机械手才上升；上升电磁阀断电时，机械手上升停止。同样，伸出或缩回和左旋或右旋

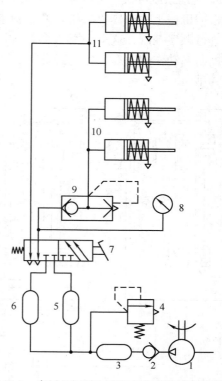

图 12-1　东风 EQ1092 型汽车主车气压制动回路
1—压缩机　2—单向阀　3—储气筒　4—安全阀
5—前桥储气筒　6—后桥储气筒　7—制动控制阀
8—压力表　9—快速排气阀
10—后轮制动缸　11—前轮制动缸

分别由伸出、缩回电磁阀和左旋、右旋电磁阀控制。机械手的放松或夹紧由一个单线圈（称为夹紧电磁阀）控制。该线圈通电，机械手夹紧；该线圈断电，机械手放松。

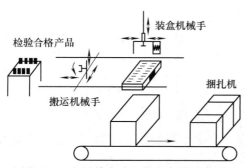

图 12-2　电雷管自动包装生产线示意图

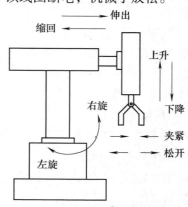

图 12-3　机械手动作示意图

当机械手伸出到位并准备下降时，为确保安全，必须在右工作台上无工作时才允许机械手下降。若上一次搬运到右工作台上的工件尚未搬走时，机械手自动停止下降。

3. 气动系统原理

根据机械手的动作要求和 PLC 所具有的控制特点，整个气动系统就是要对 4 个气缸的动作进行顺序控制，这里采用了 4 个双电控先导式电磁阀作为驱动气缸的主控阀。另外，为便于控制各动作的速度，各气路安装了可调单向节流阀进行调速。机械手的气动原理图，如图 12-4 所示。

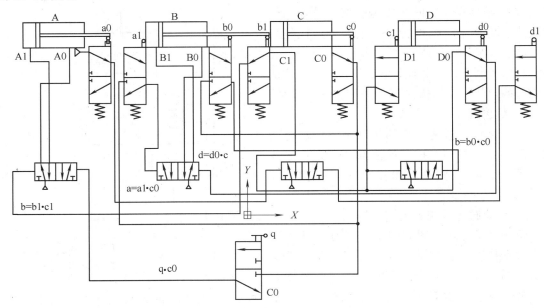

图 12-4　机械手气动原理图

4. 控制系统分析

气动搬运系统采用以 FX2 系列 PLC 为核心的控制系统，通过对 4 个二位五通电磁换向阀和 4 个二位三通换向阀的控制，实现气动搬运系统的动作循环。根据系统工作环境的特殊要求，所有的电气驱动器件均采用 24V 直流驱动器件，并采用本案设计，以保证系统的安全防爆要求。

（1）气动搬运系统的动作顺序　该机械手在 PLC 控制下可实现手动、自动循环、单步运行、单周期运行和回原点 5 种执行方式。

手动：每按一下 g 按钮，机械手可实现"左旋""下降""伸出""右旋""上升""缩回"等顺序动作；气动搬运系统的动作顺序如图 12-5 所示。

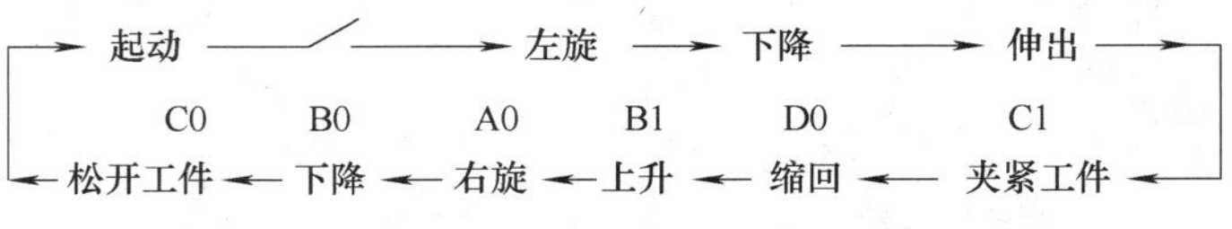

图 12-5　气动搬运系统的动作顺序

自动循环：按下"起动"按钮后，机械手从第一个动作开始自动延续到最后一个动作，然后重复循环以上过程，如图 12-6 所示。

手动控制功能主要是为了进行工艺参数的摸索研究，程序简单。当然，正常生产中采用的是自动控制方式。

（2）控制系统软件应用分析　采用 FXGP/WIN-C 软件进行编程，它支持梯形图、指令表、顺序功能图等多种编程语言。

I/O 点的确定。该机械手中，需要以下输入信号端：8 个行程开关发出的信号，分别用来检测机械手的升降极限、伸缩极限和转动极限。另外根据系统控制的要求，需要 START、RESET 和 POSITION 3 个按钮信号，1 个 STOP 按钮信号，还需要 1 个用来控制机械手运行方式的 AUTO/MAN 旋动开关。

PLC 所需要的输出信号端：用来驱动 4 个气缸的电磁阀需要 8 个输出信号，3 个用来显示工作状态的 START、RESET、POSITION 信号指示灯。所以选用输入点的个数 ≥ 13、输出点的个数 ≥ 11 的 PLC。

（3）控制面板的应用　搬运机械手 PLC 控制面板如图 12-7 所示。接通 PLC 电源，特殊辅助继电器 M8000 闭合。

1）将选择开关 SA1 扳到手动方式，分别按下点动按钮上升、伸出、左旋、夹紧，机械手分别执行上升、伸出、左旋、夹紧动作。

2）将选择开关 SA1 扳到回原点方式，完成特殊继电器 M8043 的置位和机械手回原点的动作。

3）将选择开关 SA1 扳到自动循环方式，初始状态 IST 指令使转移开始辅助继电器 M8041 一直保持 ON，机械手回原点后，M8044 = ON，所以自动循环工作能一直连续运行。

基于 PLC 控制的气动机械手能够实现物体的自动循环搬运，而且 PLC 有着很大的灵活性，易于模块化。当机械手工艺流程改变时，只对 I/O 点的接线稍作修改，或 I/O 继电器重新分配，程序中作简单修改，补充扩展即可。提高了电雷管包装的自动化程度和生产安全性。

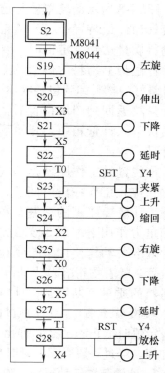

图 12-6　自动循环控制状态流程图

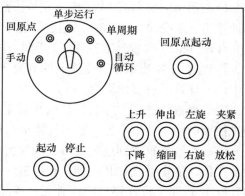

图 12-7　搬运机械手 PLC 控制面板

12-14　包装机械气动系统是怎样工作的？

物料包装在现代工业中的应用内容和范围极广，有固体、液体、气体的包装；食品、药品、化妆品的包装；硬包装、软包装；普通包装、真空包装等多种类型。包装机械是气动技术中最为典型的应用，此类设备主要利用气动技术，具有动作迅速、反应快、不污染环境和被包装物、防爆、防燃等独特优点。

1. 计量装置气动系统的主机功能机构及工作原理

在工业生产中，经常要对传送带上连续供给的粒状物料进行计量，并按一定质量进行分装。图 12-8 所示的装置就是这样一套气动计量装置。当计量箱中的物料质量达到设定值时，要求暂停传送带上物料的供给，然后把计量好的物料卸到包装容器中。当计量箱返回到图示位置后，物料再次落入计量箱中，开始下一次计量。

该装置的工作原理是：气动装置在停止工作一段时间后，因泄漏，计量气缸 A 的活塞会在计量箱重力作用下缩回，故首先要有计量准备动作使计量箱到达图示位置。随着物料落入计量箱中，计量箱的质量不断增加，计量气缸 A 慢慢被压缩。计量的质量达

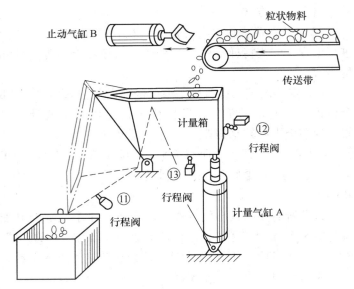

图 12-8　粒状物料计量装置气动系统的主机功能机构

到设定值时，止动气缸 B 伸出，暂时停止物料的供给；计量气缸换接高压气源后伸出把物料卸掉。经过一段时间的延时后，计量气缸缩回，为下一次计量做好准备。

2. 计量装置气动系统工作原理

图 12-9 所示为粒状物料计量装置气动系统原理图。工作原理是：计量装置起动时，先将三位四通手动换向阀 14 切换至左位，高压减压阀 1 调节的高压气体使计量气缸 A 外伸，当计量箱上的凸块（图 12-8）通过设置于行程中间的行程阀 12 的位置时，手动阀切换至右位，计量气缸 A 以排气节流阀 17 所调节的速度下降。当计量箱侧面的凸块切换行程阀 12 后，行程阀 12 发出的信号使换向阀 6 换至图示位置，使止动气缸 B 缩回。然后把手动阀换至中位，计量准备工作结束。

随着来自传送带的粒状物料落入计量箱中，计量箱的质量逐渐增加，此时计量气缸 A 的主控换向阀 4 处于中位，缸内气体被封闭住而呈现等温压缩过程，即计量气缸 A 活塞杆慢慢缩回。当质量达到设定值时，切换行程阀 13。行程阀 13 发出的气压信号使换向阀 6 切换至左位，使止动气缸 B 外伸，暂停被计量物料的供给。同时切换换向阀 5 至图示右位。止动气缸 B 外伸至行程终点时，其无杆腔压力升高，顺序阀 7 打开。计量气缸 A 的主控阀 4 和高低压换向阀 3 被切换至左位，0.6MPa 的高压空气使计量气缸 A 外伸。当计量气缸 A 行至终点时，行程阀 11 动作，经过单向节流阀 10 和气容 C 组成的延时回路延时后，换向阀 5 被切换至左位，其输出信号使阀 4 和阀 3 换向至右位，0.3MPa 的压缩空气进入计量气缸 A 的有杆腔，计量气缸 A 活塞杆以单向节流阀 8 调节的速度内缩。单方向作用的行程阀 12 动作后，发出的信号切换气压换向阀 6，使止动气缸 B 内缩，来自传送带上的粒状物料再次落入计量箱中。

3. 计量装置气动系统技术特点

计量装置气动系统技术特点如下：

1）止动气缸安装行程阀有困难，因此采用了顺序阀发信号的方式。

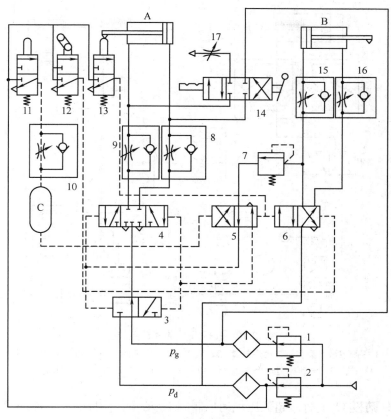

图 12-9　粒状物料计量装置气动系统原理

1—高压减压阀（调压值 p_g = 0.6MPa）　　2—低压减压阀（调压值 p_d = 0.3MPa）
3—二位三通气压换向阀　4—三位四通气压换向阀　5、6—二位四通气压换向阀　7—顺序阀
8、9、10、15、16—单向节流阀　11、12、13—行程阀　14—三位四通手动换向阀
17—排气节流阀　A—计量气缸　B—止动气缸　C—气容

　　2）在整个动作过程中，计量和倾倒物料都是由计量气缸 A 来完成的，所以系统采用了高低压切换回路，计量室用低压，计量结束倾倒物料时用高压，计量质量的大小可以通过调节低压减压阀 2 的调定压力或调节行程阀 12 的位置来实现。

　　3）系统中采用了由单向节流阀 10 和气容 C 组成的延时回路。

12-15　气动拉门自动、手动开闭系统是怎样工作的？

　　拉门开、关气动系统如图 12-10 所示，利用超低压阀来自检测人的踏板动作。在拉门内、外踏板 6 和 11，踏板下方装有完全封闭的橡胶管，管的一端与超低压气动控制阀 7 和 12 的控制口连接。当人站在踏板上时，橡胶管内压力上升，超低压气动阀产生动作。

　　首先使手动换向阀 1 上位接入工作状态，空气通过气动换向阀 2、单向节流阀 3 进入主缸 4 的无杆腔，将活塞杆推出（门关闭）。当人由内向外时，踏在内踏板 6 上，气动控制阀 7 动作，使梭阀 8 下面的通口关闭，上面的通口接通，压缩空气通过梭阀 8、单向节流阀 9 和气罐 10 使气动换向阀 2 换向，进入气缸 4 的有杆腔，活塞左退，门打开。

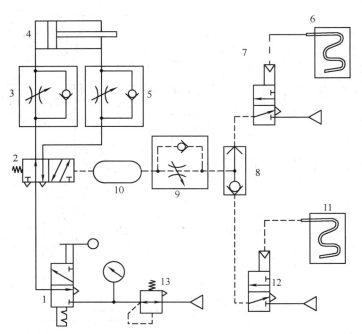

图 12-10　拉门开、关气动系统

1—手动换向阀　2—气动换向阀　3、5、9—单向节流阀　4—气缸　6—内踏板
7、12—气动控制阀　8—梭阀　10—气罐　11—外踏板　13—减压阀

当人站在外踏板 11 上时，超低压气动控制阀 12 动作，使梭阀 8 上面的通口关闭，下面的通口接通，压缩空气通过梭阀 8、单向节流阀 9 和气罐 10 使气动换向阀 2 换向，进入气缸 4 的有杆腔，活塞左退，门打开。

人离开踏板 6、11 后，经过延时（由节流阀控制）后，气罐 10 中的空气经单向节流阀 9、梭阀 8 和气动控制阀 7、12 放气，气动换向阀 2 换向，气缸 4 的无杆腔进气，活塞杆外伸，拉门关闭。

该回路利用逻辑"或"的功能进行控制，回路比较简单，很少产生误动作。人们不论从门的哪一边进出即可。减压阀 13 可使关门的力度自由调节，十分便利。如将手动阀复位，则可变为手动门。

 12-16　机床气动系统是怎样工作的？

随着生活水平的不断提高，土木机械的结构越来越复杂，自动化程度也在不断提高。由于土木机械在加工时转速高、噪声大、木屑飞溅十分严重，在这样的条件下采用气动技术非常合适。下面针对八轴仿形铣加工机床分析其气动系统的组成和工作原理。

1. 八轴仿形铣加工机床简介

八轴仿形铣加工机床是一种高效专用半自动加工木质工件的机床。其主要功能是仿形加工，如梭柄、虎形退等异型空间曲面。工件表面经过粗、细铣，砂光和仿形加工后，可得到尺寸精度较高的木质构件。

八轴仿形铣加工机床一次可加工 8 个工件。在工件加工时，把样品放在居中的位置，铣刀主轴转速一般为 8000r/min 左右。由变频调速器控制的三相异步电动机，经蜗杆/蜗轮传动副控制降速后，可得工件的转速范围为 15~735r/min，纵向进给由电动机带动滚珠丝杠实现，其转速根据交换齿轮变化为 20~1190r/min 或 40~2380r/min，工件转速、纵向进给速度的改变，都是根据仿形轮的几何轨迹变化，反馈给变频调速器后，再控制电动机来实现的。该机床的接料盘升降，工件的夹紧、松开，粗、精铣加工，砂光和仿形加工等工序都是由气动控制与电气控制配合来实现的。

2. 气动控制回路的工作原理

八轴仿形铣加工机床使用夹紧缸 B（共 8 只），托盘升降缸 A（共 2 只），盖板升降缸 C，铣刀上、下缸 D，粗、精铣缸 E，砂光缸 F，平衡缸 G 共计 15 只气缸。其动作程序如下：

起动 —→ 工件夹紧（B1）—→ 托盘降（A0）⎡→ 盖板下
⎢→ 铣刀下（D0）—→ 粗铣（E0）—→ 精铣（E1）
⎣→ 平衡缸

—→ 砂光进 —→ 砂光退 —→ 铣刀上 ⎡→ 盖板下
⎢→ 托盘升 —→ 工件松开
⎣→ 平衡缸

该机床的气控回路如图 12-11 所示。先把动作过程分四方面说明如下：

（1）接料托盘升降及工件夹紧　按下接料托盘升按钮开关（电开关）后，电磁铁 1DT

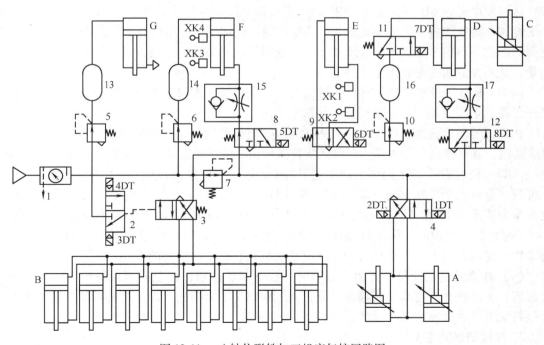

图 12-11　八轴仿形铣加工机床气控回路图

1—气动三联件　2、3、4、8、9、11、12—气控阀　5、6、7、10—减压阀　13、14、16—气容
15、17—单向节流阀　A—托盘缸　B—夹紧缸　C—盖板缸　D—铣刀缸　E—粗、精铣缸　F—砂光缸　G—平衡缸

通电，使阀4处于右位，A缸无杆腔进气，活塞杆伸出，有杆腔余气经阀4排气口排空，此时接料托盘升起。托盘升至预定位置时，由人工把工件毛坯放在托盘上，接着按工件夹紧按钮使电磁铁3DT通电，阀2换向处于下位。此时，阀3的气控信号经阀2的排气口排空，使阀3复位处于右位，压缩空气分别进入8只夹紧缸的无杆腔，有杆腔余气经阀3的排气口排空，实现工件夹紧。

工件夹紧后，按下接料托盘下降按钮，使电磁铁2DT通电，1DT断电，阀4换向处于左位，A缸有杆腔进气，无杆腔排气，活塞杆退回，使接料托盘返至原位。

（2）盖板缸、铣刀缸和平衡缸的动作　由于铣刀主轴转速很高，加工木质工件时，木屑会飞溅。为了便于观察加工情况和防止木屑向外飞溅，该机床有一透明盖板并由气缸C控制，实现盖板的上、下运动。在盖板中的木屑由引风机产生负压，从管道中抽吸到指定地点。

为了确保安全生产，盖板缸与缸力器同时动作。按下铣刀缸向下按钮时，电磁铁7DT通电，阀11处于右位，压缩空气进入D缸的有杆腔和C缸的无杆腔，D缸无杆腔和C缸有杆腔的空气经单向节流阀17、气控阀12的排气口排空，实现铣刀下降和盖板下降的同时动作。在铣刀的安装位置上，铣刀下降的同时悬臂将绕一个固定轴逆时针转动。而C缸无杆腔有压缩空气作用且对悬臂产生绕该轴的顺时针转动力矩，因此G缸起平衡作用。由此可知，在铣刀缸动作的同时盖板缸及平衡缸的动作也是同时的，平衡缸C无杆腔的压力由减压阀5调定。

（3）粗、精铣及砂光的进退　铣刀下降动作结束时，铣刀已接近工件，按下粗仿形铣按钮后，使电磁铁6DT通电，阀9换向处于右位，压缩空气进入E缸的有杆腔，无杆腔的余气经阀9排气口排空完成粗铣加工。E缸的有杆腔加压时，由于对下端盖有一个向下的作用力，因此，对整个悬臂等于又增加了一个逆时针转动力矩，使铣刀进一步增加对工件的吃刀量，从而完成粗仿形铣加工工序。

同理，E缸无杆腔进气，有杆腔排气时，对悬臂等于施加一个顺时针转动力矩，使铣刀离开工件，切削量减少，完成精加工仿形工序。

在进行粗仿形铣加工时，E缸活塞杆缩回，粗仿形铣加工结束时，压下行程开关XK1，6DT通电，阀9换向处于左位，E缸活塞杆又伸出，进行粗铣加工。加工完毕时，压下行程开关XK2，使电磁铁5DT通电，阀8处于右位，压缩空气经减压阀6、气容14进入F缸的无杆腔，有杆腔余气经单向节流阀15、阀8排气口排气，完成砂光进给动作。砂光进给速度由单向节流阀15调节，砂光结束时，压下行程开关XK3，使电磁铁5DT通电，F缸退回。

F缸返回至原位时，压下行程开关XK4，使电磁铁8DT通电，7DT断电，D缸、C缸同时动作，完成铣刀上升，盖板打开，此时平衡缸仍起着平衡重物的作用。

（4）托盘升、工件松开　加工完毕时，按下起动按钮，托盘升至接料位置。再按下另一按钮，工件松开并自动落到接料盘上，人工取出加工完毕的工件。接着再放上被加工工件至接料盘上，为下一个工作循环做准备。

3. 气控回路的主要特点

1）该机床气动控制与电气控制相结合，各自发挥自己的优点，互为补充，具有操作简便、自动化程度较高等特点。

2）砂光缸、铣刀缸和平衡缸均与气容相连，稳定了气缸的工作压力，在气容前面都设有减压阀，可单独调节各自的压力值。

3）用平衡缸通过悬臂对吃刀量和自重进行平衡，具有气弹簧的作用，其柔韧性较好，缓冲效果好。

4）接料托盘缸采用双向缓冲气缸，实现终端缓冲，简化了气控回路。

12-17 清棉机气动系统是怎样工作的?

在 SW 型清棉机中，棉卷压钩上升和对棉卷加压、紧压罗拉对棉层加压、滤尘器的间歇传动及自动落卷等，都是依靠气动系统完成的。自动落卷过程操作简便，工作安全可靠，气动加压的压力大，避免了棉层粘连。尤其是棉卷压钩的加压力在制卷过程中能随棉卷直径的逐渐变大而自动升高，改善了大小卷加压力量的差异。

SW 型清棉机气动系统如图 12-12 所示。

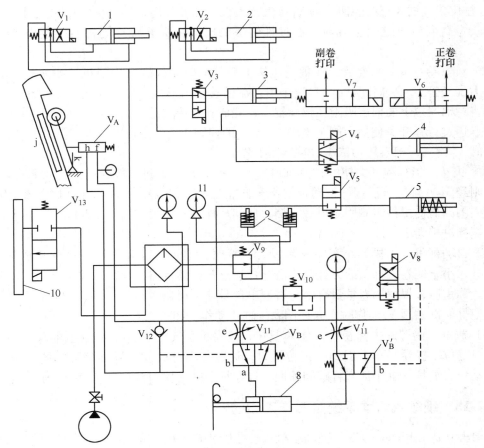

图 12-12　SW 型清棉机气动系统

1、2、3、4、5、8、9—气缸　10—管　11—压力表

V_1、V_2、V_3、V_4、V_5、V_6、V_7、V_8、V_9、V_{10}、V_{11}、V_{12}、V_{13}—阀

下面以其中的自动落卷回路为例进行说明。SW 型清棉机的自动落卷过程是在不停车的情况下进行的。当棉卷达到规定的长度后，满卷测长装置计数器发出自动落卷信号，接着便

依次完成下述动作（其中有些动作是同时进行的）：棉卷压钩释压；棉卷罗拉加速，使棉层断裂；棉卷压钩上升，上升到一定高度时，依靠棉卷压钩上推辊板的斜面把棉卷及棉卷辊推到拔卷小车上；棉卷压钩升到上限位置时，棉卷罗拉终止加速，同时棉卷压钩下降，放入预备的棉卷辊；新卷棉层生头；棉卷压钩降到最低位置后开始加压；拔卷小车向左移动拔卷，同时插入棉卷扦子；拔卷小车左移到一定位置时，将棉卷倒在称重托盘上称重，并喷印正卷或副卷记号；磅秤例卷及拔卷小车返回；拔卷小车返回到位后，放扦机构动作，放置预备用扦子。

上述动作完成后，各部分恢复原状，等待下次落卷。

（1）棉卷压钩上升　满卷后，测长装置计数器复位发出的信号使电磁换向阀 V_8 切换。控制压力气经阀 V_8 到气控换向阀 V_B' 的控制腔，使阀 V_B' 切换，减压阀 V_{10} 输出的压力气通过节流阀 V_{11} 和阀 V_B' 进入棉卷压钩加压气缸 8 的无杆腔。此时，由于阀 V_B 的控制压力气失压使阀 V_B 复位，气缸 8 有杆腔便经阀 V_B 排气，气缸活塞杆伸出，驱动棉卷压钩上升。棉卷压钩升到一定高度后再继续上升时，通过推辊板的斜面将棉卷辊连同棉卷一起推到拔卷小车上。

（2）新棉卷生头　满卷后，在棉卷压钩上升的同时，机械机构使机控换向阀 V_{13} 动作，依靠压力气经管 10 高速排气时的卷吸作用，在棉卷辊内形成一定的负压。通过棉卷辊上的补气孔将卷棉罗拉上的棉层吸附在棉卷辊上，完成新卷棉层的生头动作。棉卷压钩升到上限位置时，通过行程开关使换向阀 V_8 切换，阀 V_B' 的控制压力气失压，阀 V_B' 复位，气缸 8 的无杆腔经阀 V_B' 排气，棉卷压钩依靠自重迅速下降。

（3）拔卷　当行程开关使电磁换向阀 V_2 切换后，压力气进入拔卷小车气缸 2 的无杆腔，有杆腔则经阀 V_2 排气，活塞杆带动拔卷小车向左运动。拔卷小车向左运动时，棉卷辊因其一端的周围凸肩受机器右侧固定滑板阻挡，使其从棉卷中缓缓拔出，与此同时，棉卷扦子则从另一端插进棉卷中。

（4）自动称重　当拔卷小车左移到设计位置时，通过行程开关使电磁换向阀 V_3 切换，压力气进入小车倒卷气缸 3 的无杆腔，活塞杆顶小车托盘将棉卷倒在磅秤托上，气缸 3 靠弹簧复位。称重后，根据棉卷重量合格与否发出信号使电磁阀 V_6 或 V_7 动作，给棉卷喷印正卷或副卷记号。电磁阀 V_4 动作时，磅秤倒卷气缸 4 动作，卸去棉卷。

（5）放扦　磅秤卸去棉卷后，阀 V_2 复位，拔卷小车气缸 2 的进排气经阀 V_2 换向，拔卷小车右退复位。拔卷小车右退到一定位置时，通过行程开关发一脉冲信号，使电磁换向阀 V_1 瞬间动作，放扦气缸 1 活塞杆瞬间缩回，棉卷扦子脱开挂钩自重自动滚到固定位置。

12-18　细纱机气动系统是怎样工作的？

以瑞士立达（Rieter）G5/1 型细纱机自动落纱装置为例来介绍细纱机气动系统。瑞士立达（Rieter）G5/1 型细纱机自动落纱装置是由理管机构和落纱机构组成的，理管机构的作用是将空管整理成大小头方向，使大头往下插入下插管销钉（在传动钢带下），当机台上的管纱纺至满管的 75% 时开始装管。同时传送带将已插入下插管销钉上的空管运出，直到空管插满时，传送带停止运动，等待落纱。

落纱机构是由横梁、人字臂和传送钢带所组成，其作用是拔下满管并放置在下插管销钉上，再从下插管销钉上取下空管，并套入锭子。落纱机的横梁上每隔一个锭距安装一个上插管销钉，每锭一个气囊，横梁靠人字臂连杆机构上下升降和内外摆动，一根横梁有 6 个气缸推动。传动钢带上每隔一个锭距安装一个下插管销钉。落纱时横梁升到锭子上部，当上插管销钉插入筒管天眼后，气囊充气，夹持并拔下管纱。横梁下降将管纱放置在传动钢带的空管间（管纱和空管间隔放置），气囊放气后横梁又上升到一定高度，传送钢带向车头方向前移半个锭距，上插管销钉对准空管天眼并插入，气囊充气。当横梁上升到一定高度时，传动钢带后移半个锭距，使管纱头端向车尾倾斜。当空管插入锭子后，横梁下降到原位，同时传动钢带将管纱送入纱装。

G5/1 型细纱机自动落纱装置气动系统原理如图 12-13 所示。

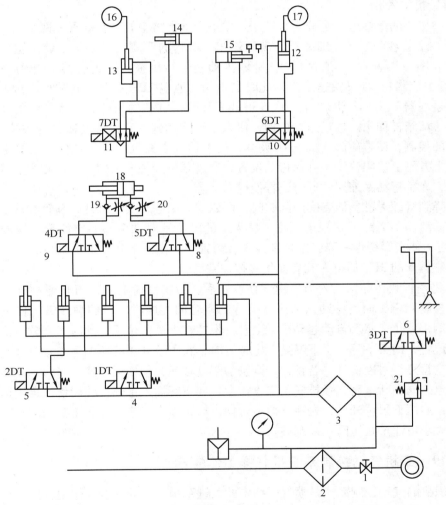

图 12-13　G5/1 型细纱机自动落纱装置气动系统原理图
1—截止阀　2—分水过滤器　3—油雾器　4、5、6、8、9、10、11—电磁阀
7、12、13、14、15、18—气缸　16、17—限位开关　19、20—单向节流阀　21—减压阀

1. 理管机构气路

当管纱纺至 75% 时开始装空管，此时限位开关（图 12-13 中未表示）被压下，接通两只

转动钢带马达。钢带起动后，理管机构开始运转，这时电磁阀8的5DT通电吸合，电磁阀9的4DT断电，压缩空气经电磁阀8、单向节流阀20进入装管机。打开气缸18的无杆腔，有杆腔的气体经单向节流阀19、电磁阀9排出，活塞杆伸出，准备装管。

此时左右送管电磁阀10、11断电，压缩空气分别进入气缸14、15的无杆腔，使活塞杆伸出，开始送管。并且筒管输送轮由气缸12、13的活塞缩回之后限位开关被压下，则左、右送管电磁阀10、11通电，送管缸活塞缩回，送管缸的活塞伸出，准备第二次送管。再压下另一个限位开关，送管缸活塞伸出第二次送管，气缸12、13活塞又缩回……如此反复动作直到插满空管为止。此时钢带停止转动，等待落纱。

2. 落纱机构气路

该落纱机构的落纱过程可分为从锭子上取下管纱和将空管装在锭子上两个阶段。

（1）取下管纱和空管　细纱机纺满纱停车，机台的两侧传送钢带上装满空管后，按下手动按钮（图中未表示），通过电气-机械传动使落纱机横梁上升。当上升到一定位置时（由限位开关控制），横梁快速下降，此时电磁阀5通电2DT吸合，电磁阀4断电，压缩空气经分水过滤器2、油雾器3、电磁阀5进入人字臂气缸7的无杆腔，有杆腔的气体经电磁阀4排出，活塞杆伸出。通过连杆机构，使人字臂摆动到一定位置（限位开关控制），通过限位开关的控制，使电磁阀6的3DT吸合，使夹持气囊充气，从而夹住满纱管上端。这时横梁快速上升到上极限位置，并保持其位置，通过限位开关发出信号，电磁阀4通电，电磁阀5断电，人字臂活塞缩回，通过连杆使横梁下降。

当下降到管纱对准空筒管间的间隙时，电磁阀6断电，气囊排气，满管纱落下。同时起动钢带向前移动1/2锭距并停止，此刻横梁上的定位销对准全部的空筒管。钢带完成移动1/2锭距后，使横梁缓慢下降，定位销插入空筒管中。横梁下降到下极限位置，压下限位开关，使电磁阀6的3DT通电，气囊充气夹持住空筒管。

（2）将空管装在锭杆上　当气囊夹住空管后，横梁慢速上升，当升到一定位置时（由限位开关控制）钢带向后移动，利用被夹持的空管向车尾方向拨倒满纱管。移至压下限位开关后，钢带停止，然后自动起动横梁上升，保持在上极限位置，此时人字臂再次摆进，并保持摆进位置，横梁下降，当下降到一定位置时，在限位开关的控制下停止下降。此时由挡车工检查空管是否对准锭杆，若正常，则按动起动按钮，使横梁慢速下降。

同时电磁阀6断电，气囊排气，空管松卡，使空管插入锭杆。此后使横梁快速上升到上极限位置，并压下限位开关，人字臂摆出。摆出后，横梁快速下降至正常的停止位置，气囊夹持力的大小可通过减压阀9来调整。

12-19　织机气动控制系统是怎样工作的？

喷气织机的气动控制系统是喷气引纬中的关键系统，它的功能和作用直接关系到喷气织机的织造效率和生产质量。Delta型喷气织机是比利时毕加诺（PLCANOL）公司近年来推出的一种比较先进的机型，其气动控制系统结构紧凑、功能较多，在诸多喷气引纬的气动控制中较具典型性。

图12-14所示为气动控制系统示意图，其主要功能如下：

（1）为断纬自动修补系统（PRA）提供压力空气　Delta型喷气织机的纬纱自动修补系统称为PRA，其工作过程为：当断纬时，织机自动将综框开到全开梭口位置，微处理器可

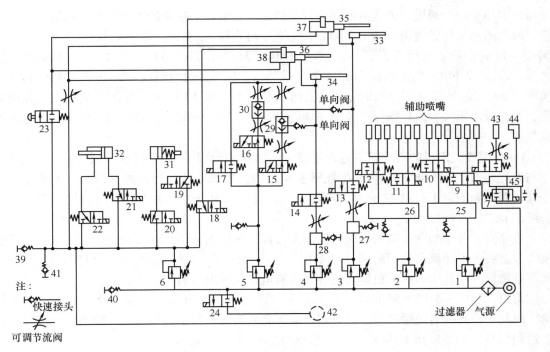

图 12-14　毕加诺 Delta 喷气织机气动控制系统示意图

防止把来自储纬器的纬纱切断。储纬器释放一组纬纱，借喷嘴吹入梭口，并将断纬从织口中带出，再由机器右侧抽吸装置吸出，然后织机自动恢复正常运转，其中 PRA 系统的抽吸装置实际上是个吸嘴，即图 12-14 中的 44。气动系统的气流先进入储气罐 45 的左腔，然后通过电磁阀 7 进入 45 的右腔，直接通向 PRA 的吸嘴并形成负压，完成抽取不良纬纱的任务。

（2）为张力延伸喷嘴供气　张力延伸喷嘴又称为拉伸喷嘴，一般安装在最末一只辅助喷嘴之后，当纬纱飞出梭口时，主、辅喷嘴先后关闭，这时便借助张力延伸喷嘴使纬纱继续保持平直，以免要综平之前纬纱产生扭结弯曲形成萎缩疵点。气流进入储气罐 45 左腔，再经过电磁阀 8 通向喷嘴 43。

另外，以上两个功能的压力空气经过调压阀 6 调节，其压力低于气源供气压力（6bar），但比主、辅喷嘴的供气压力高。

（3）为辅助喷嘴供气　辅助喷嘴由两个储气缸 25、26 分别供气，储气缸 25 供应 4 组；储气缸 26 供应 5 组，其压力由调节阀 1 和 2 调节，一般要求储气缸 25 的供气压力（靠近出纬侧）高于储气缸 26 的供气压力（靠近入纬侧），辅助喷嘴的供气时间由计算机控制的电磁阀 9、10、11、12（或更多）进行控制。

（4）为固定和摆动主喷嘴供气　Delta 喷气织机上的主喷嘴分为固定和摆动主喷嘴（图中的 33、34）两种。固定主喷嘴对准储纬器中心，使纬纱从储纬器上退绕时气圈稳定，张力波动小，断纬减少，同时由于纬纱与气流接触长度增加，摩擦牵引力也增加，有利于提高纬纱的初速；摆动主喷嘴装在筘座上随筘摆动，喷嘴始终对着筘槽中心，纬纱飞行角可以加大，纬纱飞行速度可以降低，供气压力也相应减少，可以节约耗气量。由于该机型采用单色混纬，引纬有两个通道，因而有两套固定、摆动主喷嘴。主喷嘴的供气分两个通道，一为正常引纬时的高压气流通道，即图 12-14 中气流经调节阀 3、4 进入缓冲储气缸 27、28，电磁阀 13、14 通向固定主喷嘴 35、36 和摆动主喷嘴 33、34；另一路是主喷嘴停止引纬时的低压供气，即图 12-14 中气流经调节阀 5，调节成低压，然后经过电磁阀 15、16 和节流阀到气动换向阀 29、30。气动换向阀 29、30 的工作状态由电磁阀 17 控制，其作用是在织机起动期间，停止低压供气，最后低压气流经单向阀进入主喷嘴。在织机运转期间，低压气流是连续供气的。

Delta 型喷气织机的引纬时间是通过设定纬纱进梭口时间 t_S 和出梭口时间 t_A 来确定的，t_A 与 t_S 之差即为引纬时间。t_S 与 t_A 通常参考经纱位置来确定，当经纱开口时，上下层经纱分开，到距筘槽上下边缘 3mm 时，即定为 t_S；当经纱闭合时，上下层经纱合拢，到距上下边缘 3mm 时，即定为 t_A。

主喷嘴和各个辅助喷嘴的供气时间必须协调，才能保证引纬的顺利进行。本机利用计算机来控制各个电磁阀的启闭时间，只要预先将织机速度、纬纱长度、综平时间、t_S 和 t_A 时间等参数输入计算机，计算机即自动算出所有电磁阀的顺序启闭时间。

每只阀门的有效喷气时间可以人工调节，目的是在布面不发生疵点的情况下降低耗气量。因此电磁阀在启闭时都有一段延迟时间，有效喷气时间不包括延迟，即当阀门打开时压力达到 90%，关闭时压力降到 50%，这段时间为有效喷气时间。

喷气引纬时，纬纱飞行得正常与否除取决于储纬器的开放时间以及主、辅喷嘴的供气压力和开放时间外，主喷嘴的射流流量也是一个重要参数。在不增加压缩空气消耗的前提下，主喷嘴的供气压力和流量大小有低压大流量与高压小流量两种工艺配制方法。低压大流量的射流流速较低，但引纬气流有效区域长，气流作用于纬纱的距离较大，采取这种方法，在引纬开始时，能减少瞬时高速气流对纬纱的冲击力度，因而纬纱被吹断的现象较少。在表面粗糙、毛羽较多的短纤纱引纬时，这种方式比较适合。高压小流量射流流速较高，流速衰减较快，有利于纬纱起动，在获得较大的初速后依靠惯性前进，适宜于表面光滑的长丝引纬。因此，压力和流量的工艺调整应根据不同的纤维性质和纱线表面特性来进行。

（5）纬纱张力程序控制系统（PET）用气

在 Delta 喷气织机的引纬系统中，特别配置了两套（配合两组喷嘴）被称为 PFT 的纬纱张力程序控制装置，如图 12-15 所示。PFT 装置一般同固定主喷嘴装在一起。纬纱的张力调节主要由两个导纱杆变化上下位置进行控制，而 PFT 装置的主要特点就是两个导纱杆的位置变化由一专门的气动装置控制，并且可由微处理器设定监控。

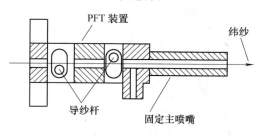

图 12-15　PFT 装置示意图

加装 PFT 后，纬纱引纬时的最大张力可降低 50%，特别适用于纬纱质量较差的情况。在图 12-14 中 PFT 装置即 37、38，工作主气流由调节阀调整后经电磁阀 18、19 进入 PFT 装置，其中电磁阀 18、19 在织机运转时不断供气。另外，用于清洁 PFT 装置和穿纱的用气（停车时用）则如图 12-14 所示，清洁用气由调节阀 6，经节流阀（图 12-14 的左侧）直接进入 37、38，穿纱用气也是由调节阀 6，经手动二位二通换向阀 23 进入 37、38，即穿纱时由人工进行控制。

（6）打纬机构停车制动和综框制动　压力空气经调节阀6一路通过电磁阀20进入打纬制动气缸，对打纬机构进行停机时的制动，另一路是通过电磁阀21、22进入综框制动气缸的左右腔，对综框进行制动。

（7）主电动机冷却　压缩空气经电磁阀24进入主电动机冷却系统42。

（8）快速接头　在该气动系统中有很多快速接头。其中，39用于储纬器穿纱用气；40用于接气动清洁工具等；41等其他快速接头用于测试气动系统中相应功能的气压。

综上所述，Delta型喷气织机的气动系统结构紧凑、性能优良，除了可控制引纬系统的主、辅喷嘴的喷气压力和时间外，还可控制纬纱张力，纬纱自动修补、打纬机构制动、综框制动、主电动机冷却等。引纬工艺可由计算机监控，工艺参数的设计与调整非常方便和准确，并为引纬质量提供了可靠的保证。

 12-20　气动自动冲饮线系统是怎样工作的？

随着气动技术的发展，气动技术在自动线上的应用越来越广泛。气动系统具有快速、安全、可靠、低成本等特点，同时还具有卫生、无污染等一系列得天独厚的优势，因而，气动系统在许多自动化生产线上显示了不可替代的重要作用。气动自动冲饮线是一条饮料自动冲调线，能够根据用户的要求调制多种饮料，用户只需在计算机上进行简单的操作，即可完成饮料的定制过程，它以气动技术为基础，并集成了自动控制技术、传感器技术和计算机控制技术。

1. 气动自动冲饮线的工作原理及结构

气动自动冲饮线按照模块化原则设计，每一模块都是一个独立的功能部件，各模块的有机组成即构成一条自动线。系统由气动分杯模块、气动取杯手、比例放大直线运动单元、气动步进送杯模块、链式传递模块、配料模块、气动关节型机器人、多位回转工作台、注水器、气动给棒模块、气动安全门等11个功能模块组成，呈U字形分布在两块组合式基础板上。根据杯子的流送过程，冲饮线可分成分杯、配料和冲制三部分。

（1）分杯过程　杯子为一次性普通塑料口杯，层叠置于垂直布置的杯库中。气动分杯模块将位于杯库底部的杯子从杯库中分离，由气动取杯机械手将杯子取出送至配料平台上进行配料。气动分杯装置有两对上下布置的气动卡爪。常态下卡爪伸出，杯子不能下落；工作时两对卡爪交替伸缩将杯库底部的杯子让出，位于杯库下方的真空吸附装置吸附于杯子底面，将杯子从杯库中分离出来。然后，气动取杯机械手从杯库中将杯子取走，并送至配料平台。

（2）配料过程　饮料原料采用市购的果汁结晶颗粒、奶粉及绵白糖等共10种。取杯机械手将杯子平放在配料平台上，杯子依次由比例放大直线运动单元、气动步进送杯模块、链式传递模块等沿配料平台送至各个料仓出口，系统根据用户定制的调配方案往杯子里添加原料，最后由链式传递模块将杯子送至配料平台末端，等候关节型机器人提走，进入冲制阶段。

（3）冲制过程　气动关节型机器人将杯子从配料平台末端提至多位回转工作台上，多位回转工作台旋转一个工位将杯子送至注水器出口，加好水后将杯子送至棒塔下，添加好搅拌棒，最后，杯子到达气动自动冲饮线出口位置，气动安全门打开。用户将饮料取走，至此，整个自动工作过程完成。

2. 气动系统工作原理

冲饮线大部分功能部件由气动系统构成，充分发挥气动系统结构紧凑、体积小、模块化、功能性强、无环境污染等特点，有效地降低了系统的复杂程度，提高了系统的可靠性和稳定性。气动元件均选用德国 Festo 公司的产品，图 12-16 所示为气动系统原理图。气动系统主要构成如下：

（1）阀岛　气动系统控制主框架由 3 个 MIDI/MAXI 型阀岛构成。阀岛集成了各种电磁阀，既可以包含单电控阀、双电控阀，也可以包含二位五通阀和二位三通阀。这种模块化的结构方式，有效地简化了管路布置。阀岛还配置了具有电路保护、可与 PLC 直接连接的电缆接口，这种接口只有一个接地 COM 端，减少了端子数量，不但使气动系统结构紧凑，而且提高了系统的可靠性。

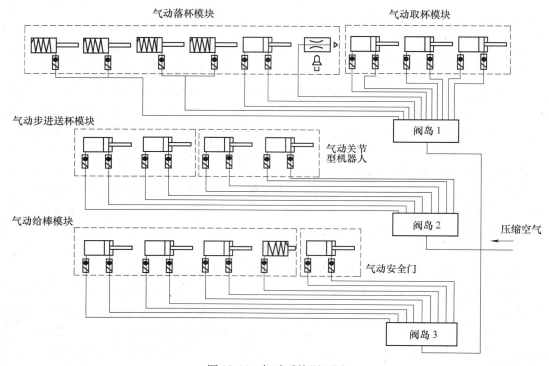

图 12-16　气动系统原理图

（2）执行件

1）分杯模块。由两对短行程单作用气缸、标准气缸和真空吸附装置等组成，短行程气缸适用于狭小空间的场合，真空发生器产生真空高达-88kPa。

2）气动取杯机械手。由摆动气缸、气动直线单元和摆动手指等组成。摆动缸的摆角在180°内可调，内置双端缓冲装置。

步进送杯模块由无杆气缸和带导向架的标准气缸等组成。

3）关节型机器人。由摆动气缸和三点手指等组成。三点手指可以内抓和外抓圆柱形的物体。合理调节气压，可以得到合适的夹持力。

4) 给棒模块。由直线摆动组合气缸、平行手指和单作用扁平气缸等组成。直线摆动组合缸是由叶片式摆动马达和直线缸组合模块化而成，可以实现翻转和直线运动。

5) 安全门。气动部分由标准气缸组成。通过调节气缸的速度和气压以及平衡锤的重量，实现安全门的柔性开启和关闭。

3. 控制系统结构

控制系统硬件结构如图12-17所示。上位机由两台基于以太网的计算机构成，是系统的管理级，一台作为客户机，完成用户与系统的交互，以及与下位机的通信联系；另一台作为服务器，用于管理人员对系统进行实时监控和密码管理等。下位机包括两台可编程序控制器（PLC），是系统的控制级，下位机采用基于RS232/485总线的LAN结构，这种结构适应了整个系统的模块化要求，方便且减少了系统的布线，从而简化了控制系统。PLC的运算速度快，功能强大，独特的批处理方式使系统更加稳定可靠，另一方面，采用以太网框架和LAN结构便于系统扩展和进一步开发，如接入互联网实现远程控制以及实现多级联动等。

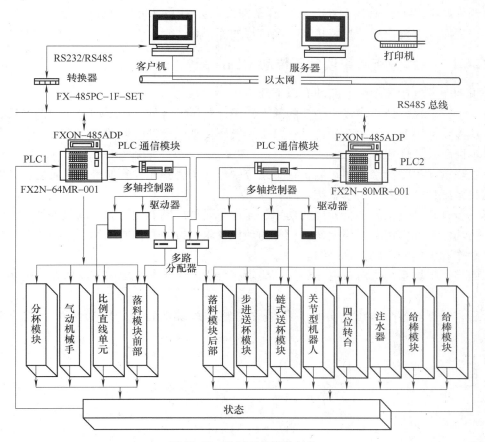

图 12-17 控制系统硬件结构

用户在客户机上输入密码，客户机与服务器交换信息，通过后进入用户界面，定制饮料。两台并行布置的三菱PLC构成系统的核心控制系统，PLC并联接入RS435总线，构成系统的控制级。管理级与控制级通过专用协议通信，按PLC站号寻址；采用这种结构方式最多可并行连接 16 台 PLC。多轴控制器是基于 89C2051 单片机的步进电动机控制器，可以同时控制 2~3 个轴的步进电动机独立运动。系统含有大量传感器，主要类型为漫反射式传感器、电感式传感器、电容式传感器和磁性开关等。

4. 软件设计方法

系统的软件设计包括上位机软件和下位机软件两部分，上位机软件主要包括人机界面、系统管理界面及数据库系统。下位机软件主要用于系统自动运行和安全监控。

（1）上位机软件设计　上位机由客户机和服务器组成。客户机是用户与系统直接交流的窗口，对软件的要求是：界面友好，醒目大方，具有向导性。客户机软件是 VB 编制，操作系统为 WIN98。服务器用于系统管理和监控，并链接了密码和资源数据库。软件功能包括监控、查询、打印、产生密码以及系统资源管理等。服务器软件也用 VB 编制，数据库平台是 SQL，操作系统为 WIN2000。

（2）下位机软件设计　下位机主要包括两个 PLC，为了提高系统的可靠性和安全性，以及协调好两个 PLC 的程序关系，下位机软件设计应用了面向对象程序设计的方法。这样使下位机程序具有模块化、封装特性、接口特性等特点。

 12-21　怎样分析和识读气压传动的回路图？

分析和阅读气压传动的回路图有以下几步：

第一步，要很好地掌握气压传动的基本知识，要了解各种气压传动中元件的名称、工作原理、功能特性以及它们的图形符号；要了解气压传动中元件的各种控制方式；掌握气压传动的基本回路及工作原理。

第二步，初步阅读系统图。分析整个系统中包含了哪些元件，如果遇到较为复杂的系统图可以将系统划分为若干个子系统。

第三步，要分析系统各个元件的功用、元件与元件之间的相互关系以及各元件组成的基本回路的功能及动作情况。根据执行元件的动作要求，按照元件的动作顺序逐步搞清楚各个行程的动作和工作介质的流动路线。

第四步，根据系统中对执行元件间的要求，分析各个子系统之间的联系及如何实现这些要求。

最后，根据对整个系统的分析，归纳总结整个系统的特点，以加深对系统的理解和掌握。

项目13

气动系统的安装与调试、使用及维护

 13-1　气动系统在安装时应注意哪些事项？

气动系统的安装并不是简单地用管子把各种阀连接起来，其实质是设计的延续。作为一种生产设备，它首先应保证运行可靠、布局合理、安装工艺正确、维修及检测方便。此外，还应注意以下事项：

1. 管道的安装

安装前要彻底清理管道内的粉尘及杂物；管子支架要牢固，工作时不得产生振动；接管时要充分注意密封性，防止出现漏气，尤其注意接头处及焊接处；管路尽量平行布置，减少交叉，力求最短，转弯最少，并考虑到能自由拆装。安装软管要有一定的转弯半径，不允许有拧扭现象，且应远离热源或安装隔热板。

2. 元件的安装

元件应严格按照阀的推荐安装位置和标明的安装方向进行安装施工；逻辑元件应按照控制回路的需要，将其成组地装在底板上，并在底板上开出气路，用软管接出；可移动缸的中心线应与负载作用力的中心线重合，否则易产生侧向力，使密封件加速磨损、活塞杆弯曲；对于各种控制仪表、自动控制器、压力继电器等，在安装前要先进行校验。

 13-2　气动系统如何调试？

1. 调试前的准备

调试前，要熟悉说明书等有关技术资料，力求全面了解系统的原理、结构、性能和操作方法；了解元件在设备上的实际位置、元件调节的操作方法及调节旋钮的旋向；还要准备好相应的调试工具等。

2. 空载运行

空载运行时间一般不少于 2h，且注意观察压力、流量、温度的变化，如发现异常应立即停车检查，待故障排除后才能继续运转。

3. 负载试运转

负载试运转应分段加载，运转时间一般不少于 4h，分别测出有关数据，记入试运转记录。

 13-3　气动系统使用时应注意哪些事项？

气动系统使用时的注意事项有：

1）开车前后要放掉系统中的冷凝水。

2）定期给油雾器注油。

3）开车前要检查各调节手柄是否在正确的位置，机控阀、行程开关、挡块的位置是否正确、牢固。

4）对导轨、活塞杆等外露部分的配合表面进行擦拭。

5）随时注意压缩空气的清洁度，对空气过滤器的滤芯要定期清洗。

6）设备长期不用时，应将各手柄放松，防止因弹簧发生永久变形而影响各元件的调节性能。

13-4 压缩空气的污染及防止方法有哪些？

压缩空气的质量对气动系统的性能影响极大，如被污染将使管路和元件锈蚀、密封件变形、堵塞喷嘴，使系统不能正常工作。压缩空气的污染主要来自水分、油分和粉尘三个方面。其污染原因及防止方法如下：

1. 水分

压缩空气吸入的是含有水分的湿空气，经压缩后提高了压力，当再度冷却时就要析出冷凝水，侵入到压缩空气中致使管道和元件锈蚀，影响其性能。

防止冷凝水侵入压缩空气的方法是：及时排除系统各排水阀中积存的冷凝水；注意经常检查自动排水器、干燥器的工作是否正常，定期清洗空气过滤器、自动排水器的内部元件等。

2. 油分

这里是指使用过的因受热而变质的润滑油。空气压缩机使用的一部分润滑油呈雾状混入压缩空气中，受热后汽化，随压缩空气一起进入系统，将使密封件变形，造成空气泄漏、摩擦阻力增大、阀和执行元件动作不良，而且还会污染环境。

清除压缩空气中的油分的方法有：对于较大的油分颗粒，通过除油器和空气过滤器的分离作用可将其与空气分开，并经设备底部的排污阀排除；较小的油分颗粒，则可通过活性炭的吸附作用加以清除。

3. 灰尘

大气中含有的粉尘、管道内的锈粉及密封材料的碎屑等进入到压缩空气中，将引起元件中的运动件卡死、动作失灵、堵塞喷嘴、加速元件磨损、降低使用寿命，导致故障发生，严重影响系统性能。

防止粉尘侵入压缩机的主要方法是：经常清洗空气压缩机前的预过滤器，定期清洗空气过滤器的滤芯，及时更换滤清元件等。

13-5 如何对气动系统进行日常维护？

气动系统的日常维护主要是指对冷凝水的管理和系统润滑的管理。对冷凝水管理的方法在前面已讲述，这里仅介绍对系统润滑的管理。

气动系统中从控制元件到执行元件，凡有相对运动的表面都需要进行润滑。如润滑不当，将会使摩擦阻力增大而导致元件动作不良，因密封面磨损会引起系统泄漏等危害。

润滑油黏度的高低直接影响润滑的效果。通常，高温环境下用高黏度的润滑油，低温环境下用低黏度的润滑油。如果温度特别低，为克服雾化困难可在油杯内装加热器。供油量是随润滑部位的形状、运动状态及负载大小而变化的，而且供油量总是大于实际需要。一般以每 $10m^3$ 自由空气供给 $1mL$ 的油量为基准。

平时要注意油雾器的工作是否正常，如果发现油量没有减少，需及时检修或更换油雾器。

13-6　如何对气动系统进行定期检修？

气动系统定期检修的时间通常为三个月。检修的主要内容有：

1）查明系统各泄漏处，并设法予以解决。

2）通过对方向控制阀排气口的检查，判断润滑油是否适度，空气中是否有冷凝水。如果润滑不良，考虑油雾器规格是否合适，安装位置是否恰当，滴油量是否正常等。如果有大量冷凝水排出，考虑过滤器的安装位置是否恰当，排除冷凝水的装置是否合适，冷凝水的排除是否彻底。如果方向控制阀排气口关闭时，仍有少量泄漏，往往是元件损伤的初期阶段，检查后，可更换受磨损元件以防止发生动作不良。

3）检查安全阀、紧急安全开关动作是否可靠。定期检修时，必须确认它们动作的可靠性，以确保设备和人身安全。

4）观察换向阀的动作是否可靠。根据换向时声音是否异常，判断铁心和衔铁配合处是否夹有杂质。检查铁心是否有磨损，密封件是否老化。

5）反复开关换向阀，观察气缸动作，判断活塞上的密封是否良好。检查活塞外露部分，判断前盖的配合处是否有泄漏。

上述各项检查和修复的结果应记录下来，以作为设备出现故障查找原因和设备大修时的参考。

气动系统的大修间隔期为一年或几年。大修的主要内容是检查系统各元件和部件，判定其性能和寿命，并对平时产生故障的部分进行检修或更换元件，排除修理间隔期内一切可能产生故障的因素。

13-7　气动系统故障的基本特征有哪些？

在构造上，气动系统由多个子系统作为其元素组合而成，这种组合是多层次的，在子系统内，层次之间的联系有可能是不确定的；在功能上，气动系统的输入与输出之间存在着由构造所决定的一般并非严格的、定量的或逻辑的因果关系，所以它的故障与征兆之间不存在一一对应的简单关系，从而使故障诊断问题复杂化。一般，气动装置系统的故障会具有以下一些特征：

（1）层次性　气动系统的结构可划分为系统、子系统、部件、元件等各个层次，从而形成其功能的层次性，因而其故障与征兆也有不同的层次。

（2）传播性　气动系统的故障有两种传播方式：横向传播，即同一层次内的故障传播；纵向传播，即元件的故障会相继引起部件、子系统、系统的故障。

（3）相关性　即某一故障可能会对应若干征兆，而某一征兆又可能会对应若干故障。

（4）放射性　即某一部位的故障本身征兆并不明显，却引起其他部位的故障。

（5）延时性　即气动装置系统的故障发生、发展和传播时间的延迟。

（6）不确定性　即气动装置系统的故障和征兆信息的随机性、模糊性及某些信息的不确定性。

 13-8　气动系统故障诊断的基本原理是什么？

一般气动系统故障诊断的基本原理就是采用对比检测法，即根据实际气动系统输出值与参考数值或与标准值的比较，来判断气动系统是否存在故障。若存在故障，则从检测到的故障信息中分离出故障征兆，据此识别故障原因，将故障源定位，并采取相应的处理措施。图13-1所示为一般气动系统故障诊断基本原理。

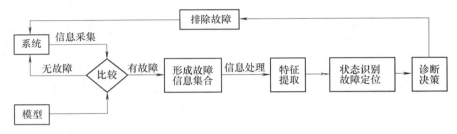

图13-1　一般气动系统故障诊断基本原理

由于气动系统的故障是多种多样的，而且其故障和征兆之间并不存在一一对应的简单关系，因此其故障诊断往往是一种探索的过程，这一过程可用图13-2来表示。

图13-2　气动系统故障诊断过程流程图

由图13-2可见，故障诊断应包括四个方面的内容：信息采集、信息处理、故障原因识别和诊断决策。具体地说，信息采集技术目前已从接触式信息获取方式向非接触式信息获取方式发展，为在线故障诊断提供了条件；而诊断决策也从人工方式向自动方式过渡。应当说，随着故障诊断技术的发展，信息处理和故障原因识别获得到了相当成功的应用。当然，一些经验丰富者在气动系统故障诊断中成功尝试的"望、闻、问、切"之手段，也不失为一种高效、快速的逻辑故障排除法，这种诊断故障的逻辑推理如图13-3所示。

虽然这种"阀控气缸不动作的故障诊断逻辑推理"有一定的局限性，但它确实是故障诊断技术中的一种绝活。不可否认，在气动系统发生故障时，有实践经验者往往会凭五官感觉到一些难以由数据描述的事实，根据气动装置系统的结构和故障发生的历史，就能很快地做出判断。这种专家经验的运用，对气动系统的故障诊断尤其见效。当然，随着计算机科学的发展，计算机也运用到了气动系统的工程实践，虽然当前的计算机在故障诊断中还缺乏联想、容错、自学习、自适应及自组织的自我完善功能；智能化、人性化并不理想，且知识库的组织和维护十分复杂、困难，推理的效率也受到限制，不过它还是能成功地应用在故障诊断中，并带来巨大的经济效益。不管怎么说，对气动装置系统的故障诊断的手段，还是应该根据具体情况来选择合适的故障信息处理技术和故障原因识别技术，力求在能利用现有的科

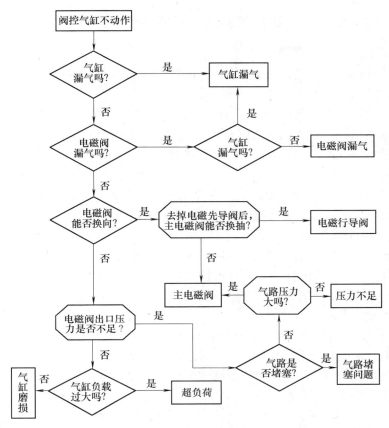

图 13-3　阀控气缸不动作的故障诊断逻辑推理图

学手段去实现的前提下，尽可能准确地诊断故障，并使故障诊断的代价较低；而不能固定在一个故障诊断的模式上。

　　故障一旦得到了诊断，就一定要及时处理。当需要拆卸气动装置并排除故障时，首先应彻底切断电源、气源。而分解气动元件前，就应注意到截止阀关闭后，气路管道内仍会有余气压，此时可通过调节电磁先导阀的手柄调节杆，把气路管道内的余气压排除掉。对分解下来的气动元件，应仔细地查找其零件是否损坏、锈蚀，密封件是否老化，喷嘴节流孔、滤芯是否堵塞，电磁阀工作线圈是否短路或断路，气动弹簧是否折断等具体原因，并尽快排除之。在确认气动系统故障被排除之后交付使用之前，一定要认真地检查其油雾器内的储油量是否符合要求，对换向阀排气的质量、各调节气阀的灵活性、仪表指示的正确性、电磁阀切换动作的可靠性、气缸动作的准确性，应有一个清晰明确的结论。当然，在组装气动装置时，也必须注意：

　　1）不能漏装密封组件。

　　2）不能把安装方向搞反，以免重复拆卸，增添新的麻烦，浪费时间和增加维修费用。

　　总之，只要在工作上做到了冷静思考、认真仔细，就能迅速、准确地发现情况，解决问题。

13-9　数控机床气动回路如何调试？故障检测与排除的方法如何？

1. 数控机床气动回路的调试

气动回路的调试是一个比较复杂的问题，因为在调试气动回路时可能会出现各种各样的问题，有些问题甚至使人意想不到。下面阐述调试气动回路的一般方法和步骤。

气动回路的调试必须要在机械部分动作完全正常的情况下进行。在调试气动回路前，首先要仔细阅读气动回路图。先阅读程序框图；气动回路图中表示出的位置均为停机时的状态；详细检查各管道的连接情况，在绘制气动回路图时，为了减少线条数目，有些管路在图中并未表示出来；在气动回路图中，管径大小一般不予标注，图中的线条也不代表管路的实际走向，它仅代表元件与元件之间的联系与制约关系；要熟悉换向阀的换向原理、接通气源、向气动系统供气时，首先要把压力调整至工作压力范围。

2. 故障检测和排除方法

有些数控机床气动控制系统发生的故障可能产生在机械部分，也可能产生在控制部分和机械部分的故障交织在一起的地方。发生故障后，应首先分析属于何种故障，找出发生故障的原因，然后对症下药，才能起到事半功倍的效果。

（1）故障分析与排除

1）漏步。所谓漏步是指应该发出的信号未发出，造成某一步动作被漏掉。例如，当推桶动作完成以后，推桶缸已返回原处，但计量灌装或压盖动作之中发现漏掉一步的现象。出现漏步时，就会出现未灌装液体的一个空桶或漏压一个盖等。以上情况往往没有明显的规律性，但在实际生产中也是不允许存在的。

2）圆盘不转动。圆盘的气控部分比较简单，很少发生故障。但曾发现过气缸在动作，圆盘却不转动的故障。经检查供气及发信部分无任何问题，但发现套在活塞杆上的机械挡块的径向固定螺栓松动，挡块在活塞杆上滑动，因压不下行程阀，故发不出行程信号，使转盘停转。螺栓紧固后，圆盘立即开始转动。

3）增步。所谓增步是指比按程序要求的动作增加了一步。例如发出信号后，分别完成一次计量灌装和压盖动作。但有时出现增步现象，即计量灌装或压盖动作增加了一步。

4）其他问题。

①机控行程阀。机控行程阀是用得较多，且较易损坏的元件。因气控回路采用的执行元件均为无缓冲气缸，当运动速度调得不合适时，其到达行程终端时的撞击力很大。如果行程阀安装位置不当，就容易损坏。行程阀的损坏情况主要有以下几种：一种是因撞击力过大而造成阀芯"镦粗"而失灵；另一种是密封圈损坏（多数被阀体内腔沟槽锐边或毛刺啃坏）；还有一种是弹簧变形或疲劳损坏。

②逻辑元件。逻辑元件有许多优点，只要熟悉它的功能及使用方法，在回路中使用是十分方便的，且具有外形尺寸小、排列整齐、功能齐全、动作灵敏等特点。其可能出现的问题如下：顶杆尺寸变化引起失灵；压紧螺栓松动，形成膜片位置移动，引起密封腔之间的窜气；双稳元件切换压力过高，使之换向困难。

③气缸和气控阀出现的问题较少，如果有问题，大多数是密封件损坏。对气缸来说，活塞上的密封件损坏会引起推力不足，甚至丧失推力，对换向阀来说，如果阀芯上的密封件损坏，则通道之间就"窜气"。如果是控制活塞上的密封件损坏，会使换向困难或换向不到

位，遇到这种情况，一般应更换密封件。

（2）气动系统故障的几个共性问题　在气控回路调试中，可能出现的一些共同性问题。

1）气源系统压力波动大。如果空气压缩机容量过小，出现供小于求的情况时，就会产生较大的压力波动。设备运转时，压力稍有波动，如波动范围为 0.03～0.05MPa，属于正常情况。但有时并非属于这种情况，例如，某设备估算耗气量后采用 0.5m³/min 的空气压缩机就足够了，现采用 0.9m³/min 的空气压缩机，供气仍感到不足。设备运转时间不久，压力就降至允许工作压力范围以下。查找其原因，除供气系统管路有少量泄漏外，主要是因供气管内径过小（内径为 10mm）、过长（50m 左右），产生了过大压力降所致。解决的办法是增大管径，减小压降，最好增设一个容量较大的储气罐。储气罐一方面能够协调压缩空气供需气量，同时还能起稳压作用，可以较好地解决压力波动的问题。

2）常用的发信方式。机控行程发信器、非门发信、微压发信、磁力发信，另外，还有一些发信方式如压力发信、卸压发信等也有使用，但应用不够广泛。

3）执行元件的调速。

①采用单向节流阀调速。采用单向节流阀调速可实现进气节流调速和排气节流调速。在气动系统采用排气节流调速较为普遍，因其运动的平稳性好于进气节流调速。

②采用气-液转换器调速。采用气-液转换器的调速回路，这种调速方案同样可以获得像液压传动那样平稳的运动速度。由于气-液转换器制造比较简单，又不受安装位置的限制，因此，使用比较广泛。

③采用气-液阻尼缸调速。这种调速方法应用注意事项是：采用气-液阻尼缸调速时，可以获得像液压传动那样的速度平稳性。一般可以实现慢进快退动作，中间要变速时可用增加行程阀来实现。在应用气-液阻尼缸调速时，切忌在油液中混入空气，若混入少量空气，则速度平稳性会受到严重影响。因此，必须在阻尼缸的高处设置放气阀，一旦混入空气应立即排除，以确保运动速度的平稳性。气-液阻尼缸的气缸和液压缸无论采取串联还是并联连接，其外形尺寸都比较大。这种调速方案适用于金属切削加工等要求速度平稳性高的场合。

④采用排气节流阀调速。这种调速是将排气节流阀直接连接在换向阀的排气口上，来实现调速的一种方法。与采用单向节流阀的排气节流调速相同，这种调速也只能实现全行程调速，且其调速效果受换向阀至执行元件之间的管道容腔的影响，因此，调速的平稳性也不高，同样只能应用于对速度平稳性要求不高的场合。

⑤终端缓冲调速。图 13-4 所示为液体灌装生产线上的一个单元气动回路。它用一只气-液阻尼缸通过齿条齿轮，驱动回转工作台做间歇回转运动，在回转工作台上设有计量灌装、起盖、压盖等工位。生产工艺要求：工作台起动和停止时运动平稳，以免液体溢出。由于气-液阻尼缸安装在回转工作台的下面，其工作情况未引起注意。在

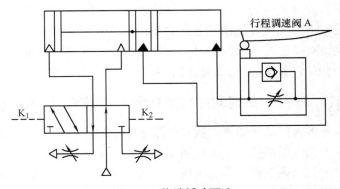

图 13-4　终端缓冲调速

调试设备时，其他部分一切都已正常，只有工作台起动及停止时冲击过大而无法正常工作，调试人员反复调试排气节流阀后仍无济于事。因为这种调速属于全行程调速，要快全行程都快，要慢全行程都慢，对终端缓冲不起作用。后来，经反复研究发现，阀 A 是一只行程调速阀，于是对该阀的初始位置进行了调节，才使问题得以圆满解决。由此可见，在探测和排除故障时要非常仔细，并应熟悉各种元器件的性能与用途。

4）控制阀的早期故障。控制阀（包括逻辑元件）都存在早期故障（失效）的问题。为了更好地说明问题，以气动系统中用得较广的电磁换向阀为例，简要说明控制阀的早期故障问题。控制元件的失效大致有两种形式：一种为功能性失效，即元件失去了规定的功能；另一种是技术性能失效，指某技术性能指标下降超过规定的值。根据经验推断和实验验证，得出图 13-5 所示的规律曲线。由图 13-5 可知，气动产品的失效规律曲线，可分为三个阶段：第一个阶段为早期失效阶段，它的特点是时间短，失效率随时间的增加而迅速下降；

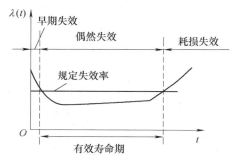

图 13-5　失效规律曲线

第二个阶段为偶然失效阶段，特点是失效率较低且比较稳定；第三个阶段是耗损失效阶段，主要出现在气动产品使用的后期，其特点是失效率随时间增加而迅速上升。

根据试验和现场调查，对电磁换向阀来说其失效的形式主要有以下几种：

①先导阀线圈烧坏，隔磁管焊缝拉断和通电后发出蜂鸣声。换向阀密封件损坏导致泄漏和换向不灵敏。这种失效约占失效总数的 56% 左右。

②在全部失效中，先导阀失效的约占 61.1% ，换向阀失效的占 38.9%。这说明在实际使用中，先导阀失效是主要方面。

③用户使用不当，现场条件不符合使用要求。生产厂提供的使用说明书不配套，用户不知如何使用。甚至一些不合格的产品流入市场，这些都会造成气动产品过早失效。

以上指出了早期故障给气动应用系统带来的影响。因此，有些气动产品在出厂前要进行一定次数的"磨合"运行试验，使故障尽早发现并排除后，才准许产品出厂，这种做法对保证产品质量具有一定的意义。

上面介绍的故障检测及排除方法，都是从特定的条件和场合下分析讨论的，但在实践中，故障发生的原因可能是错综复杂的。因此，遇到问题时一定要仔细分析，先按图样弄清楚气动系统中各元器件之间的关系，结合现场实际，由表及里地寻找产生问题的原因，切忌在没有搞清楚故障原因时，就随便调节、拆卸管道或元件。因为这样不但不能排除故障，反而会使设备产生更大的故障和损坏。

13-10　如何对数控机床气动系统常见故障进行分析及排除？

各种气动元器件在数控机床工作过程中的状态直接影响着机床的工作状态。由于数控机床上的气压系统元、辅件质量不稳定和使用、维护不当，且系统中各元件和工作介质都是在封闭管路内工作，不像机械设备那样直观，也不像电气设备那样可利用各种检测仪器方便地测量各种参数，而且一般故障根源有许多种可能，这都给数控机床气动系统故障诊断带来了困难。因此，气动部件的故障诊断及维护、维修对数控机床的影响是至关重要的。气动系统在数控机床的机械控制与系统调整中占有很重要的位置，气动系统主要用在对工件、刀具定位面（如主轴锥孔）和交换工作台的自动吹屑、封闭式机床安全防护门的开关、加工中心上机械手的动作和主轴松刀等。

1. 数控机床气动系统故障分析

（1）气缸故障现象及排除

1）气缸主要故障。气缸主要故障是：气缸泄漏、输出力不足、动作不平稳、缓冲效果不好及气缸损伤。产生上述故障的原因有以下几类：润滑不良，密封圈损坏，活塞杆偏心或有损伤，缸体内表面有锈蚀或缺陷，进入了冷凝水杂质，缓冲部分密封圈损坏或性能差，活塞或活塞杆卡住，气缸速度太快，调节螺钉损坏，由偏心负荷或冲击负荷引起的活塞杆折断等。

2）排除方法。排除上述故障的方法通常是：更换密封圈，加润滑油，清除杂质；重新安装活塞杆使其不受偏心载荷；清洗或更换过滤器；更换缓冲装置调节螺钉或其密封圈；避免偏心载荷和冲击载荷加在活塞杆上，在外部或回路中设置缓冲机构。

（2）各种阀的故障现象及排除方法

1）方向控制阀常见的故障与排除方法。方向控制阀常见的故障主要有：不能换向、阀产生振动和阀泄漏等。造成的原因：润滑不良、滑动摩擦和滑动阻力大、密封圈压缩量大或膨胀变形、杂质被卡在滑动部分或阀座上、弹簧卡住或损坏等。排除方法：针对故障现象，有目的地进行清洗，更换损坏零件和密封件，改善润滑条件等。

2）溢流阀常见的故障与排除方法。溢流阀常见的故障主要有：压力量已上升但不溢流，压力未超过设定值却溢流，有振动、漏气等。故障原因：阀内部有杂质或异物，将孔堵塞或将阀的移动件卡住、压力上升速度慢、调压弹簧损坏、阀座损伤、密封件损坏、膜片破裂、阀放出流量过多引起振动等。排除方法比较简单，更换损坏的零件、密封件、弹簧；注意保持阀内清洁，微调溢流量与压力上升速度匹配。

3）减压阀常见的故障与排除方法。减压阀常见的故障主要有：二次压力升高、压力差很大、漏气、阀体泄漏、异常振动等。造成此类故障的原因有：调压弹簧损坏、阀座有划伤或阀座橡胶剥离、阀体中进入灰尘、活塞导向部分摩擦阻力大、阀体接触面有伤痕等。排除方法比较简单，首先找准故障部位，查清原因，然后对出现故障的地方进行处理，如更换弹簧、阀座、阀体、密封件；同时清洗过滤器，做好防尘措施。

2. 数控机床气动系统维护的要点

（1）保持气动系统的密封性　漏气不仅增加了能量的消耗，也会导致供气压力的下降，甚至造成气动元件工作失常。严重的漏气在气动系统停止运行时，由漏气引起的响声很容易发现；轻微的漏气则利用仪表，或用涂抹肥皂水的办法进行检查。

（2）保证气动装置具有合适的工作压力和运动速度　调节工作压力时，压力表应当工作可靠，读数准确。减压阀与节流阀调节好后，必须紧固调压阀盖或锁紧螺母，防止松动。

（3）保证空气中含有适量的润滑油　大多数气动执行元件和控制元件均要求有适度的润滑。如果润滑不良将会发生以下故障：由于密封材料的磨损而造成空气泄漏；由于生锈造成元件的损伤及动作失灵；由于摩擦阻力增大而造成气缸推力不足，阀芯动作失灵。

润滑的方法一般采用油雾器进行喷雾润滑，油雾器一般安装在过滤器和减压阀之后。油雾器的供油量一般不宜过多，通常每 $10m^3$ 的自由空气供 $1mL$ 的油量（即 $40 \sim 50$ 滴）。检查

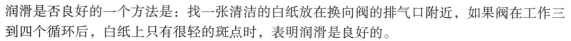

润滑是否良好的一个方法是：找一张清洁的白纸放在换向阀的排气口附近，如果阀在工作三到四个循环后，白纸上只有很轻的斑点时，表明润滑是良好的。

（4）保证气动元件中运动零件的灵敏性 从空气压缩机排出的压缩空气，包含有粒度为 $0.01\sim0.08\mu m$ 的压缩机油微粒，在排气温度为 $120\sim220℃$ 的高温下，这些油粒会迅速氧化，氧化后油粒颜色变深，黏性增大，并逐步由液态固化成油泥。这种微米级以下的颗粒，一般过滤器无法滤除。当它们进入到换向阀后便附着在阀芯上，使阀的灵敏度逐步降低，甚至出现动作失灵。为了清除油泥，保证灵敏度，可在气动系统的过滤器之后，安装油雾分离器，将油泥分离出来。此外，定期清洗阀也可以保证阀的灵敏度。

（5）保证供给洁净的压缩空气 压缩空气中通常都含有水分、油分和粉尘等杂质。油分会使橡胶、塑料和密封材料变质；水分会使管道、阀和气缸腐蚀；粉尘会造成阀体动作失灵。选用合适的过滤器，可以清除压缩空气中的杂质，使用过滤器时应及时排除积存的液体，否则，当积存液体接近挡水板时，气流仍可将积存物卷起。

3. 数控机床气动系统的点检与定检

（1）管路系统点检 主要内容是对冷凝水和润滑油的管理。冷凝水的排放，一般应当在气动装置运行之前进行。但是当夜间温度低于 $0℃$ 时，为防止冷凝水冻结，气动装置运行结束后，就应开启放水阀门将冷凝水排放。补充润滑油时，要检查油雾器中油的质量和滴油量是否符合要求。此外，点检还应包括检查供气压力是否正常，有无漏气现象等。

（2）气动元件的定检

1）油雾器的定检。定期检查油杯油量是否足够，润滑油是否变色、浑浊，油杯底部是否沉积有灰尘和水；油量是否适当。

2）过滤器的定检。定期检查储水杯中是否积存冷凝水；滤芯是否应该清洗或更换；冷凝水排放阀动作是否可靠。

3）减压阀的定检。定期检查压力表读数是否在规定范围内；调压阀盖或锁紧螺母是否锁紧；有无漏气。主要内容是彻底处理系统的漏气现象，定期检验测量仪表、安全阀和压力继电器等。

4）电磁阀的定检。定期检查电磁阀外壳温度是否过高；电磁阀动作和阀芯工作是否正常；紧固螺栓及管接头是否松动；气缸行程到末端时，通过检查阀的排气口是否有漏气来确定电磁阀是否漏气；电压是否正常，电线是否有损伤；通过检查排气口是否被油润湿或排气是否会在白纸上留下油雾斑点来判断润滑是否正常。

5）气缸的定检。定期检查活塞杆是否划伤；活塞杆与端盖之间是否漏气；管接头、配管是否松动、损伤；缓冲效果是否合乎要求；气缸动作时有无异常声音。

6）安全阀及压电继电器的定检。定期检查再调定压力下动作是否可靠；校验合格后，是否有铅封或锁紧；电线是否损伤，绝缘是否合格。

参 考 文 献

[1] 雷天觉. 新编液压工程手册 [M]. 北京：北京理工大学出版社，1998.

[2] 李新德. 液压与气压传动 [M]. 北京：中国商业出版社，2006.

[3] 李新德. 液压系统故障诊断与维修技术手册 [M]. 2版. 北京：中国电力出版社，2013.

[4] 徐国强，李新德. 液压传动与气压传动 [M]. 郑州：河南科学技术出版社，2010.

[5] 赵波，王宏元. 液压与气压技术 [M]. 北京：机械工业出版社，2005.

[6] 马振福. 液压与气压传动 [M]. 北京：机械工业出版社，2004.

[7] 张宏民. 液压与气压技术 [M]. 大连：大连理工大学出版社，2004.

[8] 李芝. 液压传动 [M]. 北京：机械工业出版社，2002.

[9] 李新德. 液压与气压技术 [M]. 北京：清华大学出版社，2009.

[10] 李新德. 液压与气压传动 [M]. 北京：北京航空航天出版社，2013.

[11] 李新德. 液压传动实用技术 [M]. 北京：中国电力出版社，2015.

[12] 李新德. 气动元件与系统（原理　使用　维护）[M]. 北京：中国电力出版社，2015.

[13] 孙兵. 气液动控制技术 [M]. 北京：科学出版社，2008.

[14] 李新德. 液压与气压技术 [M]. 北京：清华大学出版社，2015.

[15] 蒋映东，袁嫒. 气马达间隙泄漏及其控制 [J]. 山西机械，2001（12）：38-39.

[16] 温惠清. 气动马达缸体失效分析与热处理工艺改进 [J]. 胜利油田职工大学学报，2001（4）：17-36.

[17] 林茂. 活塞式气动马达曲轴断裂分析 [J]. 现代制造技术与装备，2002（5）：29.

[18] 张文建. 阀岛技术在轴承自动化清洗线的应用 [J]. 液压与气动，2011（2）：11-13.

[19] 吕世霞. 总线型阀岛在自动化生产线实训台中的应用 [J]. 机床与液压，2009，37（10）：110-113.

[20] 施柏平. 汽车起重机变幅液压缸爬行振动与维修 [J]. 起重运输机械，2010（2）：95-96.

[21] 章宏甲. 液压与气压传动 [M]. 北京：机械工业出版社，2003.

[22] 袁承训. 液压与气压传动 [M]. 北京：机械工业出版社，2000.

[23] 刘延俊. 液压元件使用指南 [M]. 北京：化学工业出版社，2008.

[24] 张应龙. 液压维修技术问答 [M]. 北京：化学工业出版社，2008.

[25] 张利平. 液压阀原理、使用与维护 [M]. 北京：化学工业出版社，2005.

[26] 刘延俊. 液压系统使用与维修 [M]. 北京：化学工业出版社，2007.

[27] 陆望龙. 实用液压机械故障排除与修理大全 [M]. 长沙：湖南科学技术出版社，1995.

[28] 李新德. 气泡对液压系统的危害及预防措施 [J]. 液压气动与密封，2003（6）：26-27.

[29] 李新德. 液压系统噪声的分析与控制 [J]. 矿山机械，2005（8）：81-84.

[30] 蔡永泽，赵辉，吴建成，等. 浅谈对大型液压缸的现场修复 [J]. 液压与气动，2009（2）：83-84.

[31] 邬国秀. 压力表密封性检测设备气动系统的改进 [J]. 液压与气动，2001（5）：28-29.

[32] 张西亚. 医用气动物流传输系统的改进 [J]. 中国医疗设备，2008，23（5）：93-94.

[33] 季宏. 医院气动物流传输系统的日常保养和故障排除 [J]. 中国医学装备，2008，5（12）：55-57.

[34] 王峰. JKG-1A型空气干燥器故障分析及对策 [M]. 轨道交通装备与技术，2006（3）：18-21.

[35] 邱效果，尹星. DF_{10D}型机车空气干燥器排风不止的原因与检修方法 [J]. 铁道机车与动车，2008（3）：43.

[36] 马原兵. SS_4改型机车空气干燥器干燥剂粉尘化原因分析及防治措施 [J]. 电力机车与城轨车辆，2008，31（1）：55-56.

［37］ 马春峰. 液压与气压技术［M］. 北京：人民邮电出版社，2007.

［38］ 李新德. 工程机械液力传动系统油温过高的原因及对策［J］. 工程机械，2007，38（2）：39-41.

［39］ 李新德. 工程机械液压系统漏油预防措施［J］. 液压气动与密封，2005（2）：45-46.

［40］ 李新德. 工程机械液压缸漏油原因分析及对策.［J］. 液压气动与密封，2005（3）：44-46.

［41］ 邓劭华. 气囊式蓄能器及其常见故障［J］. 流体传动与控制，2011（6），50-53.

［42］ 卫顺. 工程机械液压管接头的防漏措施［J］. 工程机械与维修，2001（5）：100.